普通高等教育"十三五"规划教材

Mechanics of Materials

材料力学

辽宁石油化工大学　　张巨伟　　王　伟　主编

王文广　主审

化学工业出版社

·北京·

《材料力学》按照教育部高等学校工科力学课程教学指导委员会最新制订的"材料力学课程基本要求"编写。内容既包含了材料力学的基本理论及应用，又包含了材料力学较为深入的内容，为有潜力的学生留有深入学习的余地，可供 48～72 学时的材料力学课程选用。教材共十二章，主要内容包括绪论、拉伸与压缩、圆轴扭转、弯曲内力、弯曲应力、梁的弯曲变形与刚度、应力和应变分析、组合变形、压杆稳定、动载荷、能量方法及超静定结构以及附录部分：平面图形的几何性质、常用截面的几何性质及型钢表。此外，本教材精选了习题、综合题，并且附有参考答案。

　　《材料力学》可供高等院校理工类各专业本科生、大专学生作为"材料力学"课程的教材使用，还可供对材料力学感兴趣的各界人士参考阅读。

图书在版编目（CIP）数据

　　材料力学/张巨伟，王伟主编；王文广主审. —北京：化学工业出版社，2020.1
　　普通高等教育"十三五"规划教材
　　ISBN 978-7-122-35821-9

　　Ⅰ.①材…　Ⅱ.①张…②王…③王…　Ⅲ.①材料力学-高等学校-教材　Ⅳ.①TB301

　　中国版本图书馆 CIP 数据核字（2019）第 266147 号

责任编辑：满悦芝		文字编辑：陈　喆	
责任校对：宋　玮		装帧设计：张　辉	

出版发行：化学工业出版社（北京市东城区青年湖南街 13 号　邮政编码 100011）
印　　装：三河市双峰印刷装订有限公司
787mm×1092mm　1/16　印张 18¼　字数 454 千字　2020 年 2 月北京第 1 版第 1 次印刷

购书咨询：010-64518888　　　　　　　售后服务：010-64518899
网　　址：http://www.cip.com.cn
凡购买本书，如有缺损质量问题，本社销售中心负责调换。

定　　价：58.00 元

前　言

　　材料力学是高等工科院校开设的专业基础课程，具有较强的理论性，内容经典，是一门应用领域非常广泛的学科。部分高校向应用型转变，是党中央、国务院重大决策部署，是教育领域人才供给侧结构性改革的重要内容。随着教学内容和课程体系改革的深入，为使学生充分利用有限的学时理解和掌握材料力学的基本理论和基本方法，编者根据教育部高等学校工科材料力学课程（中、少学时）教学的基本要求、教育部高等学校工科力学课程教学指导委员会理论课程教学改革的要求，编写了本书。教材在内容上力求既能满足广大师生的要求，又能让学生通过学习本书打下扎实的基础，并且为学生拓展能力服务。编写一本适用于中、少学时的，具有石化类院校特色的，面向"应用型"转型高校普遍适用的《材料力学》教材正是本教材编写的初衷。

　　在编写过程中，编者根据多年来在材料力学教学中积累的经验，注意汲取同类教材的精华，尝试用现代和实用的观点阐述材料力学的核心内容和方法，既满足了本课程的基本要求，又注意与先修课程的衔接及向专业课的过渡；在优化教学内容的同时，加强学生能力的培养。全书特点概括如下：

　　注重以工程实际为背景，加深对基本概念的阐述和解决工程实际问题能力的培养；在重视基本理论的前提下，加强对解题过程的分析，激发学生的学习兴趣和主观能动性。

　　本书定位明确，可作为高等学校石油、化工类相关专业本科及专科材料力学课程的教材，对于学生进一步深入学习也留有空间。

　　本书包含的内容共十二章。第一章由李晋、王丽编写，第二章由李晋编写，第三章、第四章由李金权编写，第五章、第六章和综合练习部分由张巨伟编写，第七章由王伟、王丽编写，第八章由王伟编写，第九章、第十章由王丽编写，第十一章、第十二章由杨雪峰编写，附录部分由张园园执笔。张巨伟、王伟作为主编负责全书统稿、修改和定稿工作。王文广担任主审。

　　本教材在编写过程中参考了相关的著作、教材和资料，在此一并向其作者致以谢意。衷心希望各位专家、学者以及广大读者对本书的不足之处给予指教，不胜感激。

辽宁石油化工大学力学教研室

2019 年 12 月

目 录

第十二章　超静定结构

附　录

综合练习

参考答案

参考文献

第一章 绪 论

第一节 材料力学的任务

当工程结构或机械工作时，构件将受到载荷的作用。在外力作用下，构件会发生变形甚至破坏。因此，为保证工程结构或机械的正常工作，构件应有足够的承受规定载荷的能力，应当满足以下三个方面的基本要求。

（1）强度要求，指构件应有足够的抵抗破坏的能力，即杆件在外力作用下不会发生破坏。

（2）刚度要求，指构件应有足够的抵抗变形的能力，即构件在外力作用下，构件即使有足够的强度，但如果变形过大，仍不能正常工作。

（3）稳定性要求，指构件应有足够的保持原有平衡形态的能力，即在某种外力作用下，其平衡形式不发生突然改变。

材料力学的基本任务就是在满足强度、刚度和稳定性要求的前提下，为设计既经济又安全的构件提供必要的理论基础和计算方法。

一般情况下，构件都应满足以上三个要求，但对具体构件又往往有所侧重。例如，储气罐主要是要保证强度，车床主轴主要是要具备足够的刚度，而受压的细长杆则应保持稳定性。此外，对某些特殊构件还可能有相反的要求。例如，为防止超载，当载荷超出某一极限时，安全销应立即破坏；为发挥缓冲作用，车辆的缓冲弹簧应有较大的变形等。

第二节 变形固体的基本假设

工程中的构件一般由固体材料制成，其具体组成与微观结构是非常复杂的。这些固体材料受力后会产生变形甚至破坏，故称为变形固体。为便于对构件强度、刚度和稳定性的研究，根据变形固体的主要性质对其作下列假设。

1. 连续性假设

该假设认为组成固体的物质毫无空隙地充满了固体的几何空间。因此，就可以将构件中的一些力学参量表示为固体上点的坐标连续函数，并可采用数学分析中的微积分方法。而实际上，组成固体的粒子之间有空隙、并不连续，但这种空隙的大小与构件的尺寸相比极其微小，可以不计。于是，就认为固体在其整个体积内是连续的。

2. 均匀性假设

该假设认为材料的力学性能在固体内处处相同。也就是说，从构件内部任何部位所切取的微小单元体，都具有与构件完全相同的性质。而实际上，材料组成部分的力学性能往往存在不同程度的差异。例如，金属是由无数微小晶粒组成的，各晶粒的力学性能并不完全相同，但因构件内部任一部分中都包含为数极多的晶粒，而且各晶粒无规则地排列。因此，按统计学观点，固体的力学性能可以看成是各晶粒的力学性能的统计平均值，所以可以认为各部分的力学性能是均匀的。

3. 各向同性假设

该假设认为材料沿任何方向具有相同的力学性能，即认为是各向同性的。就金属的单一晶粒而言，沿不同的方向，力学性能并不一样。但金属构件包含数量极多的晶粒，且各晶粒又无规则地排列，这样，沿各个方向的力学性能就接近相同了。具有这种属性的材料称为各向同性材料，如玻璃、铸铁为典型的各向同性材料。若材料沿不同方向力学性能不同，则称为各向异性材料，如竹子、木材、多晶陶瓷等。

材料力学就是研究连续、均匀、各向同性的变形固体在受到外力作用时的强度、刚度和稳定性问题，且是在弹性范围内的小变形研究。

第三节　外力与内力

一、外力及其分类

外力是指来自构件外部的力，即假想地把构件从周围物体中取出，用力来代替周围物体对构件的作用。按外力在构件表面分布情况，可分为表面力和体积力。表面力是指作用于构件表面的力，又可分为分布力和集中力。分布力是连续作用于构件表面某一范围的力，若分布力的作用范围远小于物体的表面尺寸，或沿杆件轴线的分布范围远小于杆件长度，就可看作是作用于一点的力，称为集中力。

按载荷随时间变化的情况，又可分成静载荷和动载荷。随时间变化缓慢或者无变化的载荷，称为静载荷。若载荷随时间显著地变化或使构件产生明显的加速度，则称为动载荷，例如，起重机加速提升重物时吊索所受的力。若动载荷是随时间作周期性变化的，则称为交变载荷；例如变速箱的齿轮传动中，齿上所受的力都是随时间作周期性变化的。若动载荷是在瞬时内发生突然变化所引起的，则称为冲击载荷，例如，锻造时汽锤的锤杆、急刹车时飞轮的轮轴等受到的作用。

材料在静载荷和动载荷作用下的力学性能不同，分析方法也有差异。静载荷问题所建立的理论和分析方法是解决动载荷问题的基础。

二、内力与截面法

内力是指杆件受力变形后，内部相连各部分之间产生的相互作用的力。材料力学中的内力，是由于有外载荷的作用产生的；内部相互作用力的变化量，即是物体内部各部分之间因外力而引起的附加相互作用力。内力随外力的增大而加大，达到某一限度时就会使构件变形甚至破坏。内力的大小与构件的强度、刚度和稳定性密切相关。因此，内力分析是材料力学的基础分析之一。

为了显示构件中的内力并确定其大小，通常用截面法。如图 1.1 所示，杆件上作用的外力有 F_1、F_2、F_3、$\cdots$、F_n，假设构件在这些力作用下处于平衡状态。为了显示其在外力作用下 m—m 截面上的内力，现用该截面假想地把构件分成左右两部分 [图 1.1 (a)]。任取其中一部分，例如选取左半部分作为研究对象，则其上作用的外力有 F_1、F_2。欲使左半部分保持平衡，应将右半部分作用于左半部分 m—m 截面上的力用内力来代替，如图 1.1 (b) 所示。由连续性假设可知，在 m—m 截面上各处都有内力作用，所以内力是分布于截面上的一个分布力系。若取右半部分，同理。

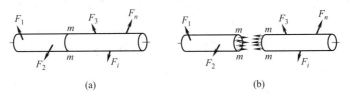

图 1.1

根据力系简化理论，将这个分布内力系向截面形心 C 简化，可得主矢 F_R 与主矩 M [图 1.2 (a)]；将主矢与主矩沿三个坐标轴分解 [图 1.2 (b)]，得内力分量 F_N、F_{Sy}、F_{Sz} 以及内力偶矩分量 M_x、M_y 和 M_z。

综上所述，可将截面法归纳为以下几个步骤。

(1) 欲求构件某一截面上的内力时，可沿该截面假想地把构件切开成两部分，任取一部分（一般取受力情况较简单的部分）作为研究对象，舍去另一部分。

(2) 在选取部分的截面上加上内力，以代替舍去部分对选取部分的作用。

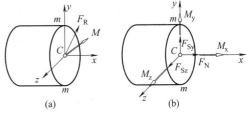

图 1.2

(3) 建立选取部分的平衡方程，求解截面上未知的内力。

第四节　应力与应变

一、应力

在图 1.2 中我们可知，内力 F_R 和 M 是 m—m 截面上分布内力系向 C 点简化后的结果。用它们可以说明内力与截面上部分外力的平衡关系，但不能说明分布内力系在截面内某一点处的强弱程度。现引入内力分布集度，即应力的概念。

如图 1.3 (a) 所示，在 m—m 截面上有任一点 k，若围绕 k 点取微小面积 ΔA，作用在 ΔA 上的分布内力的合力为 ΔF，则 ΔF 与 ΔA 的比值称为 ΔA 内的平均应力，用 p_m 表示。

$$p_m = \frac{\Delta F}{\Delta A} \tag{1.1}$$

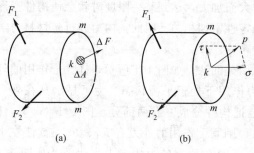

图 1.3

一般情况下，随着 ΔA 的逐渐缩小，p_m 的大小和方向都将逐渐变化。为了更精确地描述内力的分布情况，应使 ΔA 趋于零，即当 ΔA 趋于零时，平均应力将趋于某极限值。此时，称为截面 $m—m$ 上 k 点处的应力，用 p 表示。

$$p = \lim_{\Delta A \to 0} \frac{\Delta F}{\Delta A} \qquad (1.2)$$

p 即为分布内力系在 k 点的集度，反映内力系在一点的强弱程度。p 是一个矢量，为分析方便，通常把应力 p 分解成沿截面法向与切向的两个分量，如图 1.3（b）所示。沿截面法向的应力称为正应力，用 σ 表示；沿截面切向的应力称为切应力，用 τ 表示。

我国法定计量单位中，应力的单位为 Pa，称为"帕斯卡"，$1Pa = 1N/m^2$。一般情况下，应力的常用单位为 MPa，$1MPa = 10^6\ Pa$。

二、应变

由于有外力作用，构件发生变形并产生内力。为了确定内力在截面上的分布规律，研究构件变形的特征，引入应变的概念。

为描述一点处应变的概念，从受力构件中任一点处取一个正六面体的微元体，如图 1.4（a）所示。其棱边沿三个坐标轴方向，长度分别为 Δx、Δy、Δz。构件受力后，微元体将发生变形。假设变形后各棱边均保持为直线，各表面也保持为平面，则微元体的变形只表现为各棱边长度的改变和各棱边之间夹角的改变。如图 1.4（b）所示，微元体棱边单位长度的平均伸长或缩短称为平均应变，即

$$\varepsilon_m = \frac{\Delta u}{\Delta x} \qquad (1.3)$$

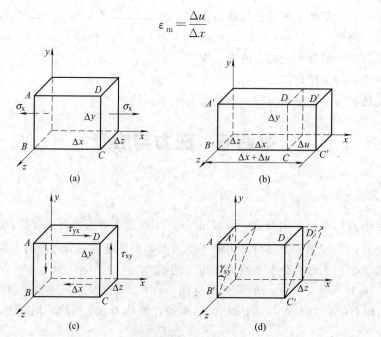

图 1.4

一般情况下，随着 Δx 的逐渐缩小，ε_m 的大小和方向都将逐渐变化。为了精确描述一点，如点 B 沿棱边 BC 的变化情况，对微元体变形后的位移 Δu 与变形前的位移 Δx 的比值取极限，即

$$\varepsilon_x = \lim_{\Delta x \to 0} \frac{\Delta u}{\Delta x} \tag{1.4}$$

ε_x 称为 B 点沿 x 方向的正应变（或线应变）。用同样的方法还可讨论 B 点沿 y 和 z 方向的应变。

如图 1.4（c）所示，微元体的各棱边除可能有长度变化外，由于有切应力存在，还可能发生相互垂直的两棱边之间的直角的改变。由图 1.4（d）可知，微元体在 xy 平面内的角度的变化量 γ_{xy} 为：对微元体变形前的角度与变形后的角度 $\angle A'B'C'$ 之差取极限，即

$$\gamma_{xy} = \lim_{\substack{\Delta x \to 0 \\ \Delta y \to 0}} \left(\frac{\pi}{2} - \angle A'B'C' \right) \tag{1.5}$$

γ_{xy} 称为 B 点在 xy 平面内的切应变（或角应变），用弧度（rad）单位来度量。

正应变 ε 和切应变 γ 是度量一点处变形程度的两个基本量，它们均为无量纲量。

第五节　杆件的基本变形

工程结构或机械中，构件的形状多种多样，其中最常见的、最基本的承载构件是杆件。一个方向的尺寸远大于其他两个方向尺寸的构件称为杆。杆的形状与尺寸由其轴线（截面形心的连线）与垂直于轴线的几何图形（横截面）确定，如图 1.5 所示。

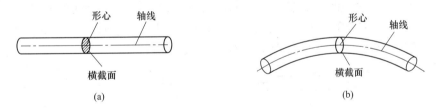

图 1.5

杆件若按轴线曲直分，可分为直杆和曲杆。轴线是直线的杆，称为直杆 [图 1.6（a）、(b)]；轴线是曲线的杆，称为曲杆 [图 1.6（c）]。若按横截面面积分，可分为等截面杆和变截面杆。任意横截面相同的直杆，称为等截面直杆（或等直杆），如图 1.6（a）所示，它是材料力学研究的主要对象；各横截面不同的杆，称为变截面杆 [图 1.6（b）]。等截面直杆的分析计算原理，一般也可近似地用于曲率较小的曲杆与截面无显著变化的变截面杆。

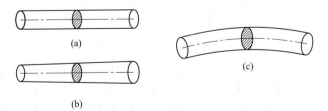

图 1.6

除此之外，材料力学研究的构件还有一些板、壳和块体。所谓板就是一个方向的尺寸远

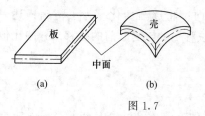

图 1.7

小于其他两个方向尺寸的构件。平分板件厚度的几何面称中面,中面为平面的板件称为板 [图 1.7 (a)];中面为曲面的板件称为壳 [图 1.7 (b)]。而三个相互垂直方向尺寸相近的构件称为块 [图 1.7 (c)]。

构件的几何形状是多种多样的,作用在构件上的外力也是多种多样的,因此产生的变形也各有不同。杆件变形的基本形式有以下四种。

1. 轴向拉伸或压缩

杆件在大小相等、方向相反、作用线与轴线重合的一对力作用下,变形表现为杆件的伸长与缩短,如图 1.8 (a) 和 (b) 所示。例如起吊机的钢索、桁架杆件等结构的变形,都属于拉伸或压缩变形。

2. 剪切

杆件受大小相等、方向相反的一对横向外力作用,其横截面将沿外力方向发生错动,如图 1.8 (c) 所示。例如机械中常用的连接件,如螺栓、键、销钉等变形,都属于剪切变形。

3. 扭转

在垂直于杆件轴线的两个平面内,分别作用大小相等、方向相反的两个力偶,则杆的任意两个横截面将绕轴线相对转动,如图 1.8 (d) 所示。例如汽车的传动轴、电机的主轴等,都属于扭转变形。

4. 弯曲

在杆件轴线的纵向平面内,作用两个方向相反的力偶,或垂直轴线的横向力,则杆件在纵向平面内将发生弯曲变形。变形表现为轴线由直线变成曲线,如图 1.8 (e) 和 (f) 所示。例如火车的轮轴、桥式起重机的大梁等,都属于弯曲变形。

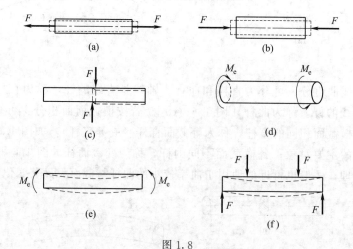

图 1.8

工程实际中,杆件可能同时承受不同形式的力,同时发生几种基本变形。例如一些传动轴,除了受到垂直于杆件轴线的两个力偶作用发生扭转变形外,还会因齿轮啮合力垂直轴线又发生弯曲变形,这样的变形称为组合变形。本书将首先讨论基本变形的强度等问题,然后再讨论组合变形。

小 结

本章介绍了材料力学的主要任务，内力、应力以及截面法的概念等内容。其主要内容为：

（1）构件应当满足的三个基本要求，即强度要求、刚度要求、稳定性要求。

（2）变形固体的基本假设，即连续性假设、均匀性假设、各向同性假设。

（3）用截面法求内力的几个步骤：

① 假想把构件切开成两部分，任取一部分作为研究对象；

② 在截面上加上内力以及所有外力；

③ 建立平衡方程，求解截面上未知的内力。

（4）应力与应变。

平均应力：$p_m = \dfrac{\Delta F}{\Delta A}$

应力：$p = \lim\limits_{\Delta A \to 0} \dfrac{\Delta F}{\Delta A}$

通常把应力 p 分解成沿截面法向与切向的两个分量。沿截面法向的应力称为正应力，用 σ 表示；沿截面切向的应力称为切应力，用 τ 表示。

平均应变：$\varepsilon_m = \dfrac{\Delta u}{\Delta x}$

正应变：$\varepsilon = \lim\limits_{\Delta x \to 0} \dfrac{\Delta u}{\Delta x}$

切应变：$\gamma = \lim\limits_{\substack{\Delta x \to 0 \\ \Delta y \to 0}} \left(\dfrac{\pi}{2} - \angle A'B'C' \right)$

（5）杆件的基本变形形式有拉（压）、剪切、扭转、弯曲，此外还存在组合变形。

习 题

1.1 如图 1.9 所示的两个微元体，虚线表示其变形。试计算 A 处的切应变 γ 分别为何值？

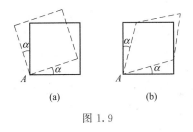

图 1.9

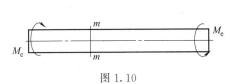

图 1.10

1.2 如图 1.10 所示的圆截面杆，两端承受一对大小相等、方向相反的力偶 M_e 作用。试分析横截面 m—m 上存在的内力分量。

1.3 如图 1.11 所示的简易吊车横梁，F 力可以左右移动。试求截面 1—1 和 2—2 上的内力分量。

1.4 如图 1.12 所示，在杆件的斜截面 m—m 上，任一点 A 处的总应力 $p=100\text{MPa}$，其方位角 $\theta=60°$，试求该点处的正应力 σ 与切应力 τ。

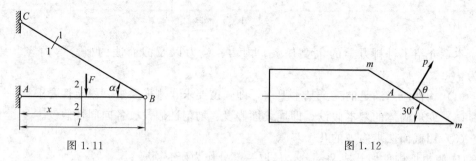

图 1.11   图 1.12

1.5 如图 1.13 所示的拉伸试样，标距 AB 长 $l=50\text{mm}$。在试验机上拉伸后，测得两点间距离的增量为 $\Delta l = 2.5 \times 10^{-2}\text{mm}$。试求 A 与 B 两点间的平均应变 ε_m。

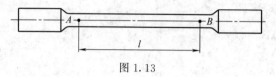

图 1.13

第二章 轴向拉伸与压缩

第一节 概　　述

工程实际中，许多杆件经常受到拉伸或压缩的作用。例如在起重机的吊架中，BC 杆受

(a)
(b)

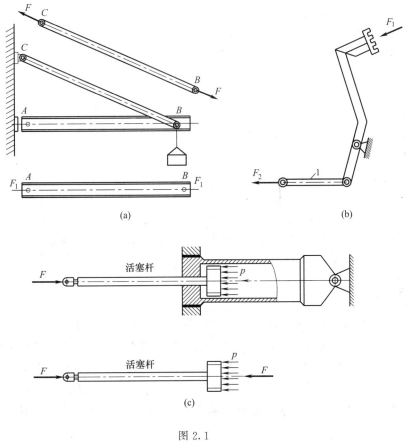

活塞杆

活塞杆

(c)

图 2.1

到轴向拉力的作用，沿杆件轴线方向伸长；而 AB 杆则受到轴向压缩的作用，沿杆件轴线方向缩短，如图 2.1（a）所示。汽车离合器踏板在力 F_1 作用下，1 杆产生拉伸变形，如图

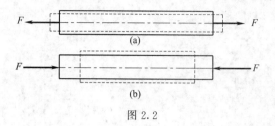

（a）

（b）

图 2.2

2.1（b）所示。气压活塞杆受 F 力和气体压力 p 的作用，气体压力的合力为 F，产生压缩变形，如图 2.1（c）所示。还有千斤顶的螺杆在顶起重物时，受到压缩的力作用；桁架中的杆件或是受拉伸长，或是受压缩短等。

因轴向拉伸或压缩的受力特点是，作用于杆件上的外力或外力的合力的作用线与杆件轴线重合，杆件变形是沿轴线方向的伸长或缩短，如图 2.2 所示。所以，以轴向伸长或缩短为主要特征的变形称为轴向拉压变形；沿杆件轴线作用的载荷称为轴向载荷。

第二节　轴力与轴力图

一、轴力

欲求杆件在轴向拉伸或压缩时的内力，可以采用截面法求解。假想沿任一横截面截开，取其中一部分作为研究对象；如图 2.3 所示截取 m—m 截面，取左半部分作为研究对象，弃去右半部分；用分布内力的合力 F_N 来代替右半部分对左半部分的作用。

由于杆件整体是平衡的，所以截开后各部分仍然保持平衡，建立平衡方程

$$\sum F_x = 0 \qquad F_N - F = 0$$

可得

$$F_N = F$$

式中，F_N 为杆件任一截面 m—m 上的内力，其作用线与杆件轴线重合，故称 F_N 为轴力。

同理，若取右半部分作为研究对象，则在 m—m 截面上也可得到同样的轴力。轴力或为拉力，或为压力。通常规定，轴力与横截面的外法线方向一致为正，

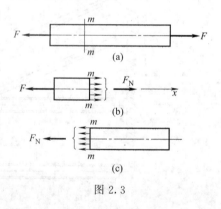

图 2.3

反之为负。轴力为正，杆件受拉伸长；轴力为负，杆件受压缩短。为计算简便，可将轴力假设为拉力，即采用设正法。

二、轴力图

为了形象地表示轴力沿杆件轴线的变化情况，通常采用图线法表示。因此，把表示轴力沿杆件轴线变化的图线称为轴力图。该图一般以杆轴线为横轴表示截面位置，纵轴表示轴力大小。它能确定出最大轴力的数值及其所在横截面的位置，即确定危险截面位置，为强度计算提供依据。一般情况下，在轴力图绘制中，将拉力画在 x 轴的上侧；压力画在 x 轴的下侧。因此，轴力图不仅可以显示出杆件各段内轴力的大小，还可以表示出各段内是拉伸还是压缩变形。

【例 2.1】 已知图 2.4（a）所示杆件上的力，试画出杆的轴力图，并确定最大轴力值。

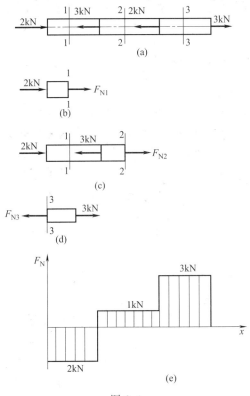

图 2.4

解： 使用截面法分段计算横截面上的轴力。沿截面 1—1 将杆件分成两段，取左段，并画出受力图 [图 2.4（b）]。用 F_{N1} 表示右段对左段的作用，假设该截面的轴力为拉力，即假设 F_{N1} 为正。有左段的平衡方程，即

$$\sum F_x = 0 \qquad 2 + F_{N1} = 0$$

可得

$$F_{N1} = -2kN$$

同理，可以计算 2—2、3—3 截面的轴力 F_{N2}、F_{N3}，如图 2.4（c）、（d）所示。对截面 2—2 左段建立平衡方程，即

$$\sum F_x = 0 \qquad 2 - 3 + F_{N2} = 0$$

可得

$$F_{N2} = 1kN$$

由于 3—3 截面右段外力较少，因此选右段建立平衡方程，即

$$\sum F_x = 0 \qquad 3 - F_{N3} = 0$$

可得

$$F_{N3} = 3kN$$

从以上分析计算可以看出，所得 F_{N1} 为负值，说明轴力实际方向与假设方向相反，即为压力；F_{N2}、F_{N3} 为正值，假设方向与实际一致，即为拉力。

根据上述计算结果，作出其轴力图如图 2.4（e）所示。其轴力最大值为

$$F_{Nmax} = 3kN$$

第三节　拉（压）杆的应力

一、拉（压）杆横截面上的应力

用同一材料制成粗细不同的两根杆，在相同的拉力下，两杆的轴力自然是相同的。但当拉力逐渐增大时，细杆必定先被拉断。这说明，杆的强度不仅与轴力的大小有关，而且与横截面面积有关。所以，我们用应力来度量杆件的内力系在某点的强弱程度。

首先观察杆的变形。取一等截面直杆，如图 2.5 所示。变形前，在等直杆的侧面作两条

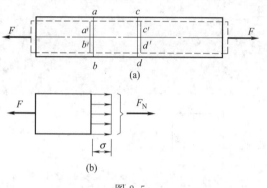

图 2.5

相邻的垂直于杆轴线的直线 ab 和 cd。然后施加轴向拉力，使杆件发生拉伸变形。发现变形后 ab 和 cd 仍为直线，且仍然垂直于轴线，只是分别平行地移至 $a'b'$ 和 $c'd'$。这一现象说明，杆件的任一横截面上各点的变形是相同的，即可以假设杆件变形前是平面的横截面，变形后仍是平面且仍垂直于杆件的轴线，称为平面假设。

由于轴力垂直于杆件的横截面，因此与轴力 F_N 对应的应力是正应力 σ。根据连续性假设，横截面上到处都存在着内力。设横截面面积为 A，取微分面积 dA，其上的内力为垂直于横截面的空间平行力系，则整个面积 A 上内力系的合力就是轴力 F_N。又根据材料均匀性假设，所有纵向纤维的力学性能相同，则可以推想各纵向纤维的受力是一样的。因此，横截面上各点的正应力 σ 相等，即正应力 σ 等于常量。由静力学求合力

$$F_N = \int_A \sigma dA = \sigma \int_A dA = \sigma A$$

可得拉压杆横截面上的正应力公式

$$\sigma = \frac{F_N}{A} \tag{2.1}$$

上式适用于横截面为任意形状的等截面拉压杆。正应力与轴力具有相同的正负号，即拉应力为正、压应力为负。

应当指出，当作用在杆端的轴向外力沿横截面非均匀分布时，外力作用点附近各截面的应力也为非均匀分布。此时，集中力作用点附近区域内的应力分布比较复杂，式（2.1）只能计算这个区域内横截面上的平均应力。圣维南原理指出，集中力作用于杆端的分布方式只影响杆端局部范围的应力分布，影响区域的轴向范围约离杆端 1～2 个杆的横向尺寸。在离外力作用区域略远处，上述影响就非常微小了，可以不计。此原理已被大量试验与计算所证实。如图 2.6 所示，拉杆的横向尺寸为 h，在距杆端 $h/4$ 处的横截面 1—1 上，应力并非均匀分布，轴线附近区域应力最大，大约是上下两端的 13 倍；在 $h/2$ 处的横截面 2—2 上，最大应力仍在轴线附近，是最小应力的 2 倍左右；而在 h 处的横截面 3—3 上，应力分布已基本趋向均匀。

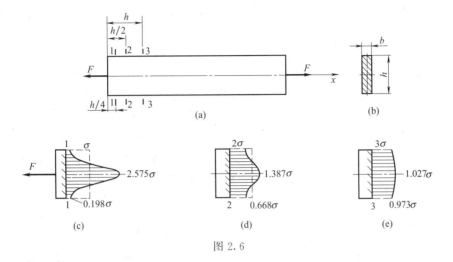

图 2.6

【例 2.2】　如图 2.7 （a）所示的托架，已知：杆 AB 为钢板条，横截面面积 $A_1=$ 10cm^2；杆 AC 为 14 号工字钢，横截面面积 $A_2=$ 21.516cm^2，$\alpha=30°$。若 $F=100$kN，求各杆的应力。

解：（1）计算两杆轴力　以节点 A 为研究对象，假设 AB 杆，即 1 杆受拉，AC 杆，即 2 杆受压；1、2 杆的轴力分别为 F_{N1} 和 F_{N2}。受力分析如图 2.7 （b）所示，建立平衡方程

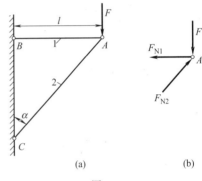

$$\sum F_x=0 \quad F_{N2}\sin\alpha-F_{N1}=0$$
$$\sum F_y=0 \quad F_{N2}\cos\alpha-F=0$$

解方程可得

$$F_{N1}=57.8\text{kN}$$
$$F_{N2}=115.5\text{kN}$$

图 2.7

（2）计算各杆的应力　根据式（2.1），得 1 杆横截面上的应力 σ_1

$$\sigma_1=\frac{F_{N1}}{A_1}=\frac{57.8\times10^3\text{N}}{10\times10^{-4}\text{m}^2}=57.8\times10^6\text{Pa}=57.8\text{MPa}$$

2 杆横截面上的应力 σ_2

$$\sigma_2=\frac{F_{N2}}{A_2}=\frac{115.5\times10^3\text{N}}{21.516\times10^{-4}\text{m}^2}=53.7\times10^6\text{Pa}=53.7\text{MPa}$$

可见，1 杆受拉，2 杆受压，与假设一致。

二、拉（压）杆斜截面上的应力

前面研究了轴向拉（压）杆横截面上的正应力，但不同材料的试验表明，拉（压）杆的破坏并不总是在横截面上，有时也会沿斜截面发生。例如，铸铁在压缩时是沿着大约与轴线成 45°的斜截面发生破坏，因此有必要讨论直杆斜截面上的应力。

如图 2.8 所示的拉杆，设直杆的轴向拉力为 F，沿任一斜截面 $k-k$ 将杆件切开，该截面方位与外法线的夹角为 α [图 2.8 （a）]。设横截面面积为 A，那么斜截面的面积为 $A/\cos\alpha$。横截面上的正应力为 σ，斜截面上的应力为 p_α [图 2.8 （b）]，将 p_α 向法向 n 和切向

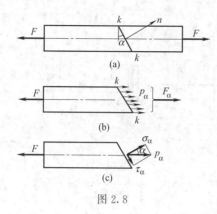

图 2.8

τ 分解，可得斜截面的正应力 σ_α、切应力 τ_α [图 2.8 (c)]。

则由左段的平衡方程

$$F_\alpha = F$$

可得斜截面上的应力

$$p_\alpha = \frac{F_\alpha}{A_\alpha} = \frac{F}{A_\alpha} = \frac{F}{A}\cos\alpha = \sigma\cos\alpha$$

把应力 p_α 分解成垂直于斜截面的正应力 σ_α 和相切于斜截面的切应力 τ_α。

$$\sigma_\alpha = p_\alpha \cos\alpha = \sigma\cos^2\alpha \qquad (2.2)$$

$$\tau_\alpha = p_\alpha \sin\alpha = \frac{\sigma}{2}\sin 2\alpha \qquad (2.3)$$

可见，拉（压）杆的任一斜截面上不仅存在正应力，还存在切应力，其大小则均随截面方位变化。

由式（2.2）可知，当 $\alpha = 0°$ 时，斜截面 $k—k$ 为垂直于轴线的横截面，正应力达到最大值，即

$$\sigma_{\alpha max} = \sigma \qquad (2.4)$$

由式（2.3）可知，当 $\alpha = 45°$ 时，切应力达到最大值，即

$$\tau_{\alpha max} = \frac{\sigma}{2} \qquad (2.5)$$

由此可见，轴向拉伸或压缩时，最大正应力值在杆件的横截面上；最大切应力发生在与杆件轴线成 45° 的斜截面上，数值上等于最大正应力的二分之一。此外，当 $\alpha = 90°$ 时，正应力和切应力均为 0，这说明在平行于杆件轴线的纵向截面上无任何应力。

为便于计算，现对方位角与切应力符号作如下规定：以 x 轴为始边，方位角 α 为逆时针转向者为正；将斜截面外法线沿顺时针方向旋转 90°，切应力 τ 与该方向相同的为正。

三、应力集中

应该指出，拉（压）杆横截面上的正应力公式是由等截面直杆推导出来的。对于变截面直杆，如果杆件的横截面是沿轴线缓慢变化的，则仍可以认为轴向变形是均匀的，可用式（2.6）进行计算。

$$\sigma = \frac{F_N(x)}{A(x)} \qquad (2.6)$$

但如果横截面有突变情况，如开孔、开槽或阶梯状的构件，由于截面形状突然变化使截面上的应力分布不均匀，那么在孔边或阶梯杆轴肩处就会形成局部高应力区。这种因杆件形状突然变化而引起局部应力急剧增大的现象，称为应力集中。研究结果表明，截面尺寸改变得越急剧、角越尖、孔越小，应力集中的程度就越严重。因此，零件上应尽可能避免带尖角的孔或者槽，阶梯轴的轴肩处应用圆弧过渡。

应力集中的程度可用应力集中因数来度量。如图 2.9 所

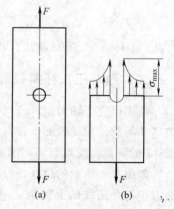

图 2.9

示，原孔洞应力向两旁分配，造成应力分配不均匀。发生应力集中的截面上的最大应力为 $\sigma_{\max}$，截面上的名义应力或平均应力为 σ_n，两者的比值为

$$K = \frac{\sigma_{\max}}{\sigma_n} \tag{2.7}$$

称为应力集中因数。它反映了应力集中的程度，是一个大于 1 的因数。

　　一般情况下，材料对应力集中的敏感程度并不相同。对于塑性材料，当局部的最大应力 $\sigma_{\max}$ 达到屈服极限 σ_s 时，该处材料的变形可以继续增长，而应力却不再加大。随着外力增加，截面上其他尚未屈服的点承担应力，相继增大到屈服极限。因此，塑性材料在静载作用下，可以不考虑应力集中的影响。对于脆性材料，当局部的最大应力 $\sigma_{\max}$ 达到屈服极限 σ_b 时，该处将首先产生裂纹。所以脆性材料应力集中的危害性很严重，即使在静载下，也应考虑应力集中对零件承载能力的削弱。

第四节　材料拉（压）时的力学性能

　　材料的力学性能也称为机械性质，在分析构件的强度、刚度问题时，除计算构件的应力、应变外，还应通过试验来测定材料的力学性能。在外力作用下，材料在变形和破坏过程中所表现出的性能，称为材料的力学性能。拉伸试验是研究材料力学性能最基本、最常用的试验。标准拉伸试样在国家标准中都有统一规定，如图 2.10 所示。取试样上长为 l 的一段作为测量变形的试验段，l 称为标距。如采用圆截面试样，标距 l 与横截面直径 d 的比值规定为

$$l = 5d \quad \text{或} \quad l = 10d$$

图 2.10

　　拉伸或压缩试验均在万能试验机上完成，其工作原理是通过试验机夹头或承压平台的位移，使试件发生变形，可通过示力盘或相连的计算机读出试件的抗力。

一、低碳钢拉伸时的力学性能

　　低碳钢是工程中应用比较多的金属材料，在拉伸试验中表现的力学性能也最为典型。

　　首先将低碳钢试件装入试验机夹头内，然后缓慢加载。试件受到从零开始逐渐增加的拉力 F 的作用，同时试件也发生伸长的变形，加载直到试件被拉断为止。试验机上附有自动绘图装置，可以绘出试件在试验过程中拉力 F 与伸长量 Δl 的定量关系的曲线，称为拉伸图或 $F\text{-}\Delta l$ 曲线，如图 2.11（a）所示。

　　通常情况，$F\text{-}\Delta l$ 曲线不仅与试验的材料有关，还与试件的形状和尺寸有关。比如，试件的横截面面积越大，需拉断的力越大；在相同拉力作用下，标距越大，拉伸变形也越大。为了消除这些因素带来的影响，将拉力 F 除以试样原来的横截面面积 A，得到正应力 σ；同时，把伸长量 Δl 除以标距的原始长度 l，得到应变 ε。以 σ 为纵坐标，ε 为横坐标，这样的曲线称应力-应变图或 $\sigma\text{-}\varepsilon$ 曲线，如图 2.11（b）所示。$\sigma\text{-}\varepsilon$ 曲线的形状与 $F\text{-}\Delta l$ 曲线相似，但

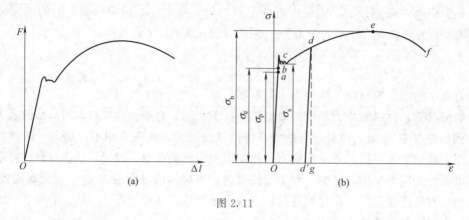

图 2.11

能反映材料本身的特性。

由图 2.11（b）可见，整个拉伸过程大致分为四个阶段。

1. 弹性阶段

试件在拉伸的初始阶段，即图中 Ob 段，其变形完全是弹性的。也就是说，载荷全部卸除后，试件将恢复原长，因此把这一段称为弹性阶段。

应该指出，这一段是由 Oa 和 ab 两段构成的。其中 Oa 段为直线段，这说明应力、应变成正比，即

$$\sigma \propto \varepsilon$$

此时 a 点所对应的应力值称为比例极限 σ_p。显然，当材料的应力低于比例极限时，应力才与应变成正比，材料才服从胡克定律，此时材料是线弹性的。当应力 σ 超过比例极限 σ_p 后，ab 段不再是直线，胡克定律不再适用。但这段任意时刻去除外力，试件的变形仍然能恢复，即为弹性变形，此时 b 点所对应的应力值称为弹性极限 σ_e。由于比例极限和弹性极限数值上非常接近，因此通常工程应用中不作严格区分，统称为弹性极限。

2. 屈服阶段

当应力 σ 超过弹性极限 σ_e 后，应力会突然下降，随后又上升，在小范围反复上下波动，

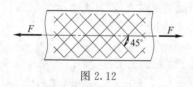

图 2.12

形成小锯齿，但此时应变 ε 却迅速增加。这种应力变化不大而变形显著增加的现象，称为材料的屈服或流动。图 2.11（b）中 bc 段所对应的阶段，即为屈服阶段或流动阶段。在该阶段内，应力 σ 的最高值和最低值分别称为上屈服极限和下屈服极限。上屈服极限一般不稳定，而下屈服极限则有比较稳定的值，能够反映材料的性能。通常就把下屈服极限称为屈服极限，并用 σ_s 来表示。

在屈服阶段内，如果试件表面光滑，则可以看出试件表面有与轴线大致成 45° 倾角的条纹。这是由于材料内部沿试件的最大切应力面发生相对滑移而形成的，称为滑移线（图 2.12）。可见，屈服现象的出现与最大切应力有关。

3. 强化阶段

材料经过屈服阶段以后，因塑性变形使其组织结构得到调整，若需要增加应变则需要增加应力，即材料又恢复了抵抗变形的能力。这种要使试件继续变形而增大拉力的现象，称为材料的强化。在图 2.11（b）中，σ-ε 曲线又开始上升，到最高点 e 处的应力达到材料能承

受的极限值，称为强度极限或抗拉强度 σ_b；图中 ce 段所对应的阶段，称为强化阶段。

4. 局部变形阶段

当材料拉伸到强度极限 σ_b 后，在试件的某一局部范围内横截

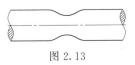

图 2.13

面急剧缩小，形成颈缩现象（图 2.13）。试验过程中可以看到，颈缩部分横截面面积迅速减小，杆件继续伸长，而观察试样所需要的拉力也相应减小，最终导致试件断裂。图 2.11（b）中 σ-ε 曲线的 ef 段为局部变形阶段。

综上所述，当材料应力达到屈服极限 σ_s 后，材料出现了明显的塑性变形，而材料的强度极限 σ_b 则说明材料抵抗破坏的最大能力，所以，σ_s 和 σ_b 是用来衡量材料强度的两个重要指标。

试样拉断后，弹性变形消失，但保留了塑性变形。为了衡量材料塑性性能的好坏，常用的塑性指标有两个：

伸长率 δ

$$\delta = \frac{l_1 - l}{l} \times 100\%$$
（2.8）

断面收缩率 ψ

$$\psi = \frac{A - A_1}{A} \times 100\%$$
（2.9）

式中，l 为标距原长；l_1 为拉断后标距的长度；A 为试件原横截面面积；A_1 为断后颈缩处的最小横截面面积，如图 2.14 所示。

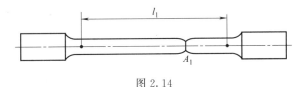

图 2.14

试样的塑性变形越大，δ 和 ψ 也就越大。因此，伸长率和断面收缩率是衡量材料塑性的指标。低碳钢的伸长率平均值在 20%～30% 之间，断面收缩率约为 60%～70%，这说明低碳钢的塑性性能很好。通常工程上按伸长率的大小把材料分成两大类，$\delta \geqslant 5\%$ 的材料称为塑性材料或延性材料，如结构钢、铝、铜等；把 $\delta < 5\%$ 的材料称为脆性材料，如铸铁、玻璃、砖石等。

试验表明，在强化阶段中，若把试样拉到超过屈服极限 σ_s 的任一点，如图中 d 点 [图 2.11（b）]，然后逐渐地减小载荷，则卸载过程中的应力和应变关系沿斜直线 dd' 到达 d' 点。该直线与 Oa 几乎平行。σ-ε 曲线中，$d'g$ 表示随卸载而消失的弹性应变 ε_e，而 Od' 表示不再消失的塑性变形 ε_p。

试验中还发现，如果卸载后立刻再次加载，则加载后的应力和应变基本沿卸载时的斜直线 dd' 变化。过 d 点后，又沿曲线 def 变化，直至 f 点断裂。也就是说，当再次加载时，过 d 点后才开始出现塑性变形。因此，工程上常通过卸载和再次加载来预加塑性变形，使材料的比例极限或弹性极限提高，但断裂时的残余变形会减小，这种现象称为冷作硬化。冷作硬化现象经退火后可消除。

二、铸铁拉伸时的力学性能

灰口铸铁是一种典型的脆性材料。对于这类材料，在拉伸时，σ-ε 曲线是一条微弯曲线，即应力与应变不成正比，如图 2.15 所示。通常可以用割线代替微弯曲线，使其满足胡

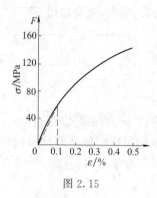

图 2.15

克定律，以此来确定弹性模型。由于没有屈服和颈缩，拉断时延伸率很小，应变仅为 $0.4\%\sim0.5\%$，故强度极限 σ_b 是衡量强度的唯一指标。

铸铁等脆性材料的抗拉强度很低，所以不宜作为抗拉零部件的材料。但经球化处理后的铸铁，即球墨铸铁，其力学性能有显著变化，强度和塑性性能都得以提升。

三、其他材料拉伸时的力学性能

工程上有一些弹塑性材料，如图 2.16 所示，为 30 铬锰硅钢、50 钢、硬铝的应力-应变曲线。可以看出，这些材料没有明显的屈服阶段。对没有明显屈服阶段的塑性材料，工程上规定，以产生 0.2% 塑性应变时的应力为屈服指标，称为名义屈服极限，用 $\sigma_{0.2}$ 来表示（图 2.17）。

近些年，复合材料应用较广泛。复合材料是指由两种或两种以上不同材质的材料，通过一定复合方式优化组合而成的新材料。如玻璃钢是由玻璃纤维与聚酯类树脂组合而成的；碳纤维增强环氧树脂复合材料是由碳纤维材料和环氧树脂材料在一起组合而成的新材料。由于增强纤维的存在，这类复合材料在力学性能上明显地存在各向异性，这一缺陷可采用叠层复合材料方式来解决。

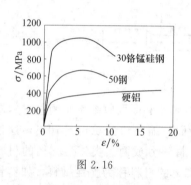

图 2.16

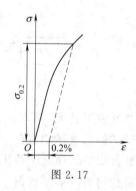

图 2.17

四、材料在压缩时的力学性能

金属材料的压缩试样一般制成短圆柱，其高度约为直径的 $1.5\sim3$ 倍，如低碳钢、铸铁等；非金属材料的压缩试样常采用立方体形状，如水泥、石料等。

如图 2.18 所示，实线为低碳钢压缩时的 σ-ε 曲线。比较低碳钢的拉伸曲线（虚线部分），可以看出：在两种情况下的弹性阶段和屈服阶段曲线基本重合，即弹性模量 E 和屈服极限 σ_s 都大致相同；不同的是，进入强化阶段以后，两曲线逐渐分离，压缩曲线上升，观察压缩试样被越压越扁，横截面面积不断增大，试样抗压能力也继续增强，因而得不到压缩时的强度极限。

如图 2.19 所示，实线为铸铁压缩时的 σ-ε 曲线。比较铸铁的拉伸曲线（虚线部分），可以看出：铸铁压缩时的 σ-ε 曲线也没有直线部分，也只是近似地服从胡克定律；试样仍然在较小的变形下突然破坏；断面与法线、轴线大约成 $45°$，表明铸铁试样沿斜截面因剪切而被破坏。对比可知，铸铁的抗压强度极限比它的抗拉强度极限高 $4\sim5$ 倍。除铸铁外的其他脆性材料，抗压性能也远高于抗拉性能，如混凝土、石料等，宜于作为抗压构件。

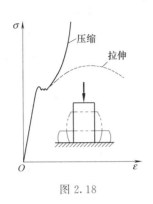

图 2.18

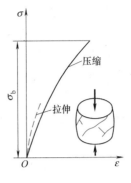

图 2.19

综上所述，衡量材料力学性能的指标主要有：比例极限 σ_p、弹性极限 σ_e、屈服极限 σ_s、强度极限 σ_b、弹性模量 E、伸长率 δ 和断面收缩率 ψ 等。材料的力学性能并不是固定不变的，随着所处的条件不同，性能也会有所改变。比如，材料的塑性和脆性会因为制造方法、工艺条件而有所转变。通常所指的力学性能，如无特殊说明，均指常温、静载下的数值。

表 2.1 列出了几种常用材料的主要力学性能。

表 2.1　几种常用材料的主要力学性能

材料类别	牌号	σ_s/MPa	σ_b/MPa	δ_5/%
普通碳素钢	Q215	215	335～450	26～31
	Q235	235	375～500	21～26
	Q255	255	410～550	19～24
优质碳素钢	35	315	530	20
	45	355	600	16
	55	380	645	13
合金钢	20Cr	540	835	10
	40Cr	785	980	9
	30CrMnSi	885	1080	10
铝合金	2A12	274	412	19
灰铸铁	HT150		120～175	
球墨铸铁	QT450-10		450	10(δ)

注：δ_5 是指 $l=5d$ 的标准试样的伸长率。

第五节　拉（压）杆的强度计算

一、失效与许用应力

在常温静载下，当材料的应力达到了材料的屈服极限或抗拉极限时，将产生较大的塑性变形或断裂。因此，可以把断裂和出现塑性变形统称为失效。受压短杆的被压溃、压扁同样也是失效。如果断裂或者出现塑性变形是由于强度不足造成的，则可称为强度失效。

通常将强度极限与屈服极限统称为材料的极限应力，并用 σ_u 表示。对于脆性材料，强度极限 σ_b 是构件失效时的极限应力；对于塑性材料，屈服极限 σ_s 是构件失效时的极限应力。

极限应力一般是由实验的方法确定的，由于实际测量过程中，数据的读取难免会存在一些误差；或是实际材料的均匀性不能完全符合变形固体的均匀性假设，从而力学性能会有所不同，这种差别在脆性材料中尤为显著；再或是公式和理论也是在一定假设条件下建立起来的，所以有一定的近似性。如遇到构件在使用过程中偶尔会出现超载等多种因素的情况，都会造成不安全的后果。为保证构件有足够的强度，在载荷作用下，构件实际应力 σ（工作应力）的最大容许值必须低于材料的极限应力。工作应力的最大容许值称为材料的许用应力，用 $[\sigma]$ 来表示。

$$[\sigma] = \frac{\sigma_u}{n} \tag{2.10}$$

式中，n 为大于 1 的因数，称为安全因数。

安全因数由多种因素决定，可从相关规范或手册中查到。工程上，一般常温静载情况，对于塑性材料，按屈服应力所规定的安全因数 n_s，取 $1.2 \sim 2.5$；对于脆性材料，按屈服应力所规定的安全因数 n_b，取 $2.0 \sim 3.5$，甚至更大。

二、强度条件

为了保证拉（压）杆安全正常地工作，必须使构件工作应力 σ 不超过许用应力 $[\sigma]$。建立拉（压）杆的强度条件，即

$$\sigma_{max} = \frac{F_N}{A} \leqslant [\sigma] \tag{2.11}$$

式中，F_N 和 A 分别为危险截面上的轴力与横截面面积。

根据以上强度条件，可解决以下三类强度计算问题。

（1）校核强度　若已知杆件横截面的尺寸、材料所受的外力和许用应力，即可用上式验算杆件是否满足强度条件。

（2）截面设计　若已知材料所受的外力和许用应力，则由强度条件可确定杆件的安全横截面面积 A，即

$$A \geqslant \frac{F_N}{[\sigma]}$$

（3）确定许可载荷　若已知杆件横截面的尺寸及材料的许用应力，则由强度条件可确定杆件能承受的最大载荷，即

$$F_{Nmax} \leqslant A[\sigma]$$

还应指出，若最大工作应力超过了许用应力，但只要超过值不大（一般不超过 5% 时），则在工程计算中仍然是容许的。

【例 2.3】　如图 2.20（a）所示的三角支架，已知 AB、AC 杆均为直径 $d = 20\text{mm}$ 的 20R 钢，材料的许用应力 $[\sigma] = 245\text{MPa}$，两杆夹角 $\alpha = 30°$，$F = 30\text{kN}$，试：（1）校核支架的强度；（2）选择最经济的直径 d。

解：（1）校核杆的强度　设 AC 杆和 AB 杆上的轴力分别 F_{N1} 和 F_{N2}。取 A 节点作为研究对象，假设 AC 杆受拉，AB 杆受压，如图 2.20（b）所示，根据平衡方程计算 F_{N1} 和 F_{N2}。

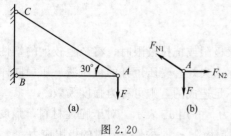

图 2.20

$$\sum F_x = 0 \qquad F_{N2} - F_{N1}\cos 30° = 0$$
$$\sum F_y = 0 \qquad F_{N1}\sin 30° - F = 0$$

解得

$$F_{N1} = 60\text{kN}, \quad F_{N2} = 52\text{kN}$$

可见，假设结果与实际结果一致。

由于两杆横截面面积相同，因此只需校核轴力大的 AC 杆即可。代入式（2.11）的强度条件，校核 AC 杆的强度。

$$\sigma_{AC} = \frac{F_{N1}}{A} = \frac{60 \times 10^3\,\text{N}}{\dfrac{\pi}{4} \times 20^2 \times 10^{-6}\,\text{m}^2} = 191.1 \times 10^6\,\text{Pa} = 191.1\text{MPa} < [\sigma]$$

满足强度要求，安全。

（2）选择最佳截面尺寸　根据式（2.11）的强度条件，得

$$A \geqslant \frac{F_{N1}}{[\sigma]} = \frac{60 \times 10^3\,\text{N}}{245 \times 10^6\,\text{Pa}} = 2.45 \times 10^{-4}\,\text{m}^2$$

可得

$$d \geqslant \sqrt{\frac{4A}{\pi}} = \sqrt{\frac{4 \times 245 \times 10^{-6}\,\text{m}^2}{\pi}} = 1.766 \times 10^{-2}\,\text{m} = 17.66\text{mm}$$

因为两杆直径相同，且 $|F_{N1}| > |F_{N2}|$，所以只需用 AC 杆求直径即可。取直径为 18mm，即可满足强度要求。

【例 2.4】 如图 2.21 (a) 所示的铰接正方形结构，各杆的横截面面积均为 20cm^2，材料为铸铁，其许用拉应力 $[\sigma_t] = 30\text{MPa}$，许用压应力 $[\sigma_c] = 120\text{MPa}$，试求结构的许可载荷。（不考虑稳定性杆件稳定性问题）

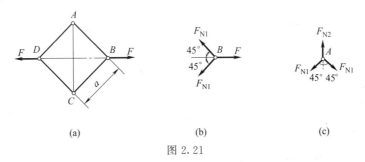

图 2.21

解：（1）求各杆轴力　由于结构受力对称，故 AB、BC、CD、DA 杆轴力相同，设为 F_{N1}。取 B 节点作为研究对象，如图 2.21 (b) 所示，建立平衡方程，可得

$$\sum F_x = 0 \qquad F - 2F_{N1}\cos 45° = 0$$
$$F_{N1} = \frac{F}{\sqrt{2}}$$

即 AB、BC、CD、DA 杆轴力为 $\dfrac{F}{\sqrt{2}}$，均受拉。

再取 A 节点作为研究对象，设 AC 杆轴力为 F_{N2}，如图 2.21 (c) 所示。建立平衡方程，可得

$$\sum F_y = 0 \qquad F_{N2} - 2F_{N1}\cos 45° = 0$$
$$F_{N2} = -F$$

即 AC 杆轴力为 $-F$，受压。

(2) 求许可载荷 由 AB、BC、CD、DA 杆四个杆的拉伸强度条件

$$\sigma_t = \frac{F_{N1}}{A} = \frac{F}{\sqrt{2}A} \leqslant [\sigma_t]$$

得 $F \leqslant \sqrt{2}A[\sigma_t] = \sqrt{2} \times 20 \times 10^{-4}\,\mathrm{m}^2 \times 30 \times 10^6\,\mathrm{Pa} = 84.8 \times 10^3\,\mathrm{N} = 84.8\,\mathrm{kN}$

由 AC 杆的压缩强度条件

$$\sigma_c = \frac{F_{N2}}{A} = \frac{F}{A} \leqslant [\sigma_c]$$

得 $F \leqslant A[\sigma_c] = 20 \times 10^{-4}\,\mathrm{m}^2 \times 120 \times 10^6\,\mathrm{Pa} = 240 \times 10^3\,\mathrm{N} = 240\,\mathrm{kN}$

比较以上结果可知，结构的许可载荷为 84.8kN。

尽管拉力 F_{N1} 要比压力 F_{N2} 小约 30%，但结构的许可载荷还是受拉伸强度所限制，这是因为铸铁的抗拉强度要比其抗压强度低得多。在工程实际中，受压构件通常选用铸铁等脆性材料，而受拉构件一般选用低碳钢等塑性材料，以合理地利用各种材料的力学性能。

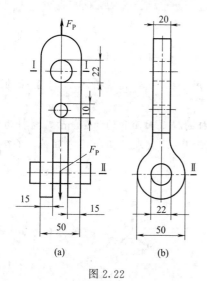

图 2.22

【例 2.5】 零件受力如图 2.22 所示，其中 $F_P = 80\mathrm{kN}$。求零件横截面的最大正应力，并指出发生在哪一横截面上。

解：用截面法分析零件各横截面上的轴力，得轴力都是相同的，即

$$F_N = F_P$$

又因为开孔使截面积减小，所以最大正应力可能发生在孔径比较大的两个横截面 Ⅰ—Ⅰ 或 Ⅱ—Ⅱ 上。

对于 Ⅰ—Ⅰ 截面，其横截面积

$$A_1 = (50-22)\mathrm{mm} \times 20\mathrm{mm} = 560\mathrm{mm}^2 = 5.6 \times 10^{-4}\,\mathrm{m}^2$$

对于 Ⅱ—Ⅱ 截面，其横截面积

$$A_2 = (50-22)\mathrm{mm} \times 15\mathrm{mm} \times 2 = 840\mathrm{mm}^2$$
$$= 8.4 \times 10^{-4}\,\mathrm{m}^2$$

比较两个截面可知，最大正应力发生在 Ⅰ—Ⅰ 截面，其上正应力为

$$\sigma_{max} = \frac{F_N}{A_1} = \frac{F_P}{A_1} = \frac{80 \times 10^3\,\mathrm{N}}{5.6 \times 10^{-4}\,\mathrm{m}^2} = 142.9 \times 10^6\,\mathrm{Pa} = 142.9\mathrm{MPa}$$

由于开孔，在孔边形成应力集中，因而横截面上的正应力并不是均匀分布的。严格地讲，不能采用上述方法计算应力。上述方法只是不考虑应力集中时的应力，称为"名义应力"。如果将名义应力乘上一个应力集中系数，就可得到开孔附近的最大应力。应力集中系数可从有关手册中查得。

第六节 拉（压）杆的变形

一、轴向变形与横向变形

杆件在受轴向载荷作用时，会引起轴向与横向尺寸的同时变化。沿杆件轴线方向的变形

称轴向变形；垂直轴线方向的变形称为横向变形。

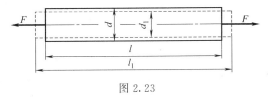

图 2.23

如图 2.23 所示，等直杆受轴向拉力 F 作用，横截面面积为 A。杆件原长 l，变形后为 l_1；横向尺寸为 d，变形后为 d_1，杆件在轴线方向的变形 Δl 及轴线方向的应变 ε 为

$$\Delta l = l_1 - l$$

$$\varepsilon = \frac{\Delta l}{l} \tag{a}$$

横截面上的正应力为

$$\sigma = \frac{F}{A} = \frac{F_N}{A} \tag{b}$$

同时，杆件的横向变形 Δd 与横向应变 ε' 为

$$\Delta d = d_1 - d$$

$$\varepsilon' = \frac{\Delta d}{d} \tag{c}$$

试验结果表明，轴向拉伸时，杆件沿轴向伸长，横向尺寸减小；轴向压缩时正好相反。可见，横向应变 ε' 与轴向应变 ε 恒为异号。而且，当应力不超过比例极限时，横向应变 ε' 与轴向应变 ε 之比的绝对值是一个常数，即

$$\mu = \left| \frac{\varepsilon'}{\varepsilon} \right| \quad\quad 或 \quad\quad \varepsilon' = -\mu\varepsilon \tag{2.12}$$

式中，μ 称为横向变形因数或泊松比，是一个量纲为 1 的量。

几种常用材料的弹性模量 E 和泊松比 μ 如表 2.2 所示。

表 2.2　几种常用材料的 E 和 μ 的约值

材料名称	E/GPa	μ
钢及合金钢	$200\sim220$	$0.25\sim0.3$
铝合金	$70\sim72$	$0.26\sim0.34$
灰铸铁	$78.5\sim157$	$0.23\sim0.27$
铜及其合金	$72.6\sim128$	$0.31\sim0.42$

二、胡克定律

由轴向拉伸和压缩的试验曲线可以看出，工程上使用的很多材料，其应力 σ 与应变 ε 在比例极限内都是成正比的，引入比例系数 E，则有

$$\sigma = E\varepsilon \tag{2.13}$$

上式为轴向拉压的胡克定律。E 为与材料有关的比例常数，称为材料的弹性模量。E 的量纲与 σ 相同，常用单位为 GPa（$1\mathrm{GPa} = 10^9\mathrm{Pa}$）。由应力-应变曲线图可以看出初始直线的斜率，即为弹性模量的值。

将式（a）与式（b）代入式（2.13）可知，在线弹性范围内，杆的变形量与杆截面上的轴力 F_N、杆的长度 l 成正比，与截面尺寸 A 成反比。或描述为线弹性范围内，应力应变成

23

正比，即

$$\Delta l = \frac{F_N l}{EA} \tag{2.14}$$

式中，EA 称为抗拉压刚度。上述关系式仍称为胡克定律，适用于等截面轴向拉压杆。对上式分析可知，轴向变形与轴力具有相同的符号，即伸长为正，缩短为负。胡克定律是材料力学最基本的定律之一。

应当指出，在计算 Δl 时，l 长度内其 F_N、E、A 均应为常量。但如果杆件上各段不同，则应分段计算，求其代数和得总变形，即

$$\Delta l = \sum_{i=1}^{n} \frac{F_{Ni} l_i}{E_i A_i} \tag{2.15}$$

三、叠加原理

所谓叠加原理就是几种载荷同时作用产生的效果，等于每种载荷单独作用产生效果的总和。叠加原理应用于内力、应力、应变和位移与外力成线性关系，即材料服从胡克定律。

如图 2.24 所示，AC 杆上有轴向载荷 F_1、F_2 的作用，试分析杆 AC 的轴向变形 Δl。

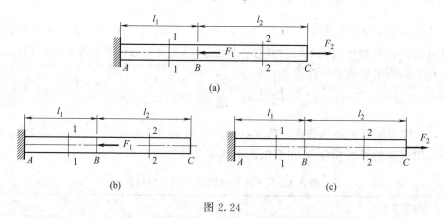

图 2.24

杆上同时承受轴向载荷 F_1、F_2 的作用，可以看成单独 F_1 作用 [图 2.24（b）] 和单独 F_2 作用 [图 2.24（c）] 产生变形的总和。

当 F_1、F_2 单独作用时，利用截面法求得产生的轴力 F_{N1}、F_{N2} 分别为

$$\left. \begin{array}{l} F_{N1} = -F_1 \\ F_{N2} = F_2 \end{array} \right\} \tag{d}$$

由式（2.14）可知，产生的轴向变形 Δl_1、Δl_2 分别为

$$\left. \begin{array}{l} \Delta l_1 = \dfrac{F_{N1} l_1}{EA} = \dfrac{-F_1 l_1}{EA} \\ \Delta l_2 = \dfrac{F_{N2} l_2}{EA} = \dfrac{F_2 (l_1 + l_2)}{EA} \end{array} \right\} \tag{e}$$

将式（d）、式（e）代入式（2.15），则两种载荷同时作用产生的轴向变形为

$$\Delta l_{AC} = \Delta l_1 + \Delta l_2 = \frac{F_2 (l_1 + l_2)}{EA} - \frac{F_1 l_1}{EA}$$

求得杆件的轴向变形量，根据需要，限制最大变形量不超过某一规定数值，就得到轴向

拉压变形的刚度条件，即

$$\Delta l = \frac{F_N l}{EA} \leqslant [\Delta l] \qquad (2.16)$$

根据以上刚度条件，可解决刚度校核、截面设计、确定许可载荷等计算问题。

【例2.6】　如图2.25（a）所示，1、2杆均为圆截面钢杆，重物大小为 F，杆端为铰接；两杆长度 L、直径 d、材料 E 与铅垂方向夹角 α 均相等。试求节点 A 在力 F 作用下的位移。

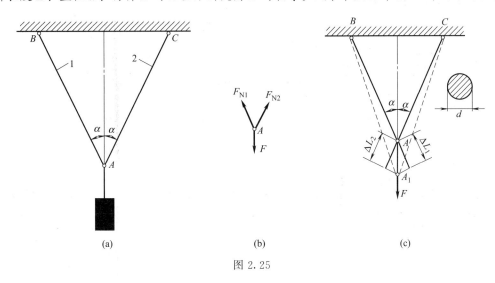

图 2.25

解：设1、2杆的轴力为 F_{N1} 和 F_{N2}，在力 F 作用下，均为轴向拉伸，如图2.25（b）所示。由静力平衡关系，得

$$\left. \begin{aligned} \sum F_x = 0 \quad & F_{N1} \sin\alpha = F_{N2} \sin\alpha \\ \sum F_y = 0 \quad & 2F_{N1} \cos\alpha = F \end{aligned} \right\} \qquad (a)$$

可得

$$F_{N1} = F_{N2} = \frac{F}{2\cos\alpha}$$

代入胡克定律式（2.14）解得1、2杆的变形量

$$\Delta L_1 = \Delta L_2 = \frac{F_{N1} L}{EA} = \frac{FL}{2\cos\alpha E \frac{\pi}{4} d^2} \qquad (b)$$

但两杆铰接在一起，不能自由伸长，可判断出变形后节点 A 位移向下。分别以 B、C 为圆心，$L+\Delta L_1$、$L+\Delta L_2$ 为半径作圆弧，所作圆弧的交点 A 就是杆件变形后节点 A 的位置。在实际工程中，为了便于计算，从杆件变形后的端点作杆件的切线，用切线代替圆弧线，近似认为其交点 A_1 为变形后 A 的位置，AA_1 为节点 A 的位移，如图2.25（c）所示。这种求位移的方法称为图解法。

A 点的位移

$$AA_1 = \frac{\Delta L_1}{\cos\alpha} = \frac{FL}{2\cos^2\alpha E \frac{\pi}{4} d^2}$$

理论上计算节点位移时，应由两杆伸长后的长度为半径画圆弧，两圆弧的交点即为节点新的位置。但由于杆件的变形是小变形，因此实际上是用切线代替圆弧来简化运算。作图法简单易行，计算结果满足工程要求。

【例2.7】 如图2.26 (a) 所示的结构，已知 AB 杆是直径为 40mm 的圆杆，BC 杆为 $2\times No.8$ 槽钢；材料均为铝合金，$E=70GPa$，$F=20kN$。试计算 B 点的位移。

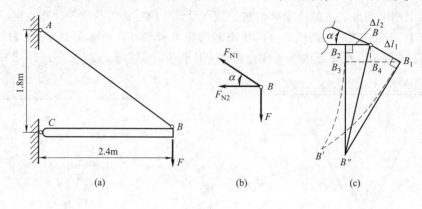

图 2.26

解：(1) 计算各杆轴力 设 AB、BC 杆均受拉，其轴力分别为 F_{N1} 和 F_{N2}。对节点 B 受力分析，如图2.26 (b) 所示。建立平衡方程，得

$$\sum F_x = 0 \quad -F_{N1}\cos\alpha - F_{N2} = 0$$
$$\sum F_y = 0 \quad F_{N1}\sin\alpha - F = 0$$

解得

$$F_{N1} = 1.67F, \ F_{N2} = -1.34F$$

可以看出 AB 杆受拉，BC 杆受压。

(2) 计算各杆的变形 设 AB 杆变形量为 Δl_1，BC 杆变形量为 Δl_2。查表可得 No.8 槽钢的截面面积为 10.248cm^2。由胡克定律得两杆的轴向变形

$$\Delta l_1 = \frac{F_{N1}l_1}{EA_1} = \frac{1.67\times 20\times 10^3 \text{N}\times 2.5\text{m}}{70\times 10^9 \text{Pa}\times \frac{\pi}{4}\times 40^2\times 10^{-6}\text{m}^2} = 0.950\times 10^{-3}\text{m} = 0.95\text{mm}$$

$$\Delta l_2 = \frac{F_{N2}l_2}{EA_2} = \frac{-1.34\times 20\times 10^3 \text{N}\times 2\text{m}}{70\times 10^9 \text{Pa}\times 2\times 10.248\times 10^{-4}\text{m}^2} = -0.374\times 10^{-3}\text{m} = -0.374\text{mm}$$

计算结果表明，AB 杆伸长，BC 杆缩短。

(3) 计算节点 B 点的位移（以切代弧） 分别以 A 点、C 点为圆心，AB_1、CB_2 长度为半径画弧，交于 B' 点，用切线代替弧线，交于 B'' 点，BB'' 即为所求。作辅助线 B_1B_3、BB_4，可以看出 $BB_1 = \Delta l_1$，$B_2B = \Delta l_2$。

其中
$$B_3B_1 = |\Delta l_2| + \Delta l_1\cos\alpha$$
$$B_2B'' = BB_1\sin\alpha + B_3B_1\cot\alpha$$
$$= \Delta l_1\sin\alpha + (|\Delta l_2| + \Delta l_1\cos\alpha)\cot\alpha = 2.082 \ (\text{mm})$$

则 B 点的位移为

$$BB'' = \sqrt{B_2B''^2 + B_2B^2}$$
$$= \sqrt{2.082^2 + 0.374^2} = 2.12 \ (\text{mm})$$

第七节 简单拉压超静定问题

一、超静定的概念

在前面对于杆件的约束力与轴力，可通过静力平衡方程确定。但在工程实际中，常常会遇到利用静力平衡方程无法解出全部未知力的情况，出现这类情况的原因是未知力数目多于平衡方程的数目，这类问题称为超静定问题或静不定问题。

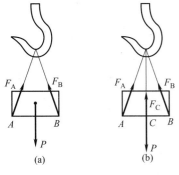

图 2.27

如图 2.27 所示，重物分别用绳子悬挂，可以看出所受的力构成平面汇交力系，有两个平衡方程。在图 2.27（a）中，有两个未知的约束力，故是静定的；而在图（b）中，有三个未知约束力，因此是超静定的。

二、超静定问题的解法

在超静定问题中，都有存在多余维持平衡所需要的约束，这些约束可能是支座或者杆件，习惯上称其为"多余"约束。由于这种"多余"约束的存在，未知力多于独立的平衡方程的数目。未知力的个数减去独立方程的个数，所得的数目就是超静定的次数。对于求解超静定问题，必须考虑物体因受力作用而产生的变形，这要求除了利用理论力学的知识建立平衡方程外，还要建立若干个补充方程，使未知力个数和方程个数相等。

由于有多余的约束存在，杆件的变形受到了附加限制，这为求解超静定问题建立补充方程提供了条件。求解超静定问题，必须从静力、几何、物理三个方面进行。

以下面三杆桁架的求内力和固定端求约束为例说明超静定问题的解法。

【例 2.8】 如图 2.28（a）所示，三杆受载荷 P 作用，杆 1、杆 2 的抗拉刚度均为 $E_1 A_1$，与杆 3 夹角均为 α，杆 3 的抗拉刚度为 $E_3 A_3$，长度为 l。求桁架中各杆的内力。

解：设 1、2、3 杆的轴力分别为 F_{N1}、F_{N2}、F_{N3}，三杆变形量分别为 Δl_1、Δl_2 和 Δl_3。在载荷 P 作用下，三杆均伸长，故设三杆均受拉。节点 A 的受力如图 2.28（b）所示，其平衡方程为

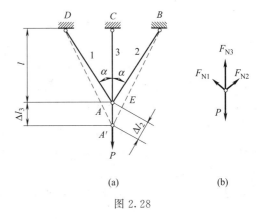

$$\sum F_x = 0 \quad -F_{N1}\sin\alpha + F_{N2}\sin\alpha = 0 \left.\begin{array}{l}\\\\\end{array}\right\} \quad (a)$$

$$\sum F_y = 0 \quad F_{N3} + 2F_{N2}\cos\alpha = 0$$

由于三杆连接于同一点 A，变形后仍相连，杆 1、2 的抗拉刚度相同，因此，节点 A 沿铅垂方向下移，且仍可认为 $\angle A'BC = \alpha$，变形关系如图 2.28（a）所示。可以看出，为保证三杆变形后仍相交于同一点，且 $\Delta l_1 = \Delta l_2$，应满足如下关系

(a)   (b)

图 2.28

$$\Delta l_1 = \Delta l_2 = \Delta l_3 \cos\alpha \tag{b}$$

为保证结构连续性所应满足的变形几何关系，称为变形协调方程或几何方程。变形协调方程即为求解超静定问题的补充条件。

由胡克定律可知，各杆的轴力与变形间的关系为

$$\Delta l_1 = \Delta l_2 = \frac{F_{N1} l_1}{E_1 A_1} = \frac{F_{N1} l}{E_1 A_1 \cos\alpha} \quad , \quad \Delta l_3 = \frac{F_{N3} l}{E_3 A_3} \tag{c}$$

联立式（a）~式（c）求解未知力，得

$$F_{N1} = F_{N2} = \frac{P\cos^2\alpha}{2\cos^3\alpha + \dfrac{E_3 A_3}{E_1 A_1}}, \qquad F_{N3} = \frac{P}{1 + 2\dfrac{E_1 A_1}{E_3 A_3}\cos^3\alpha}$$

以上结果均为正值，说明各杆的轴力均为拉力，假证正确。

【例2.9】 如图2.29（a）所示的立柱，上、下两端都有固定约束，C 处有载荷 P 作用，若抗拉压刚度 EA 已知，试求两端反力。

解：设杆的约束反力为 R_1 和 R_2，如图2.29（b）所示，建立平衡方程，即

$$\sum F_y = 0 \qquad R_1 + R_2 - P = 0 \tag{a}$$

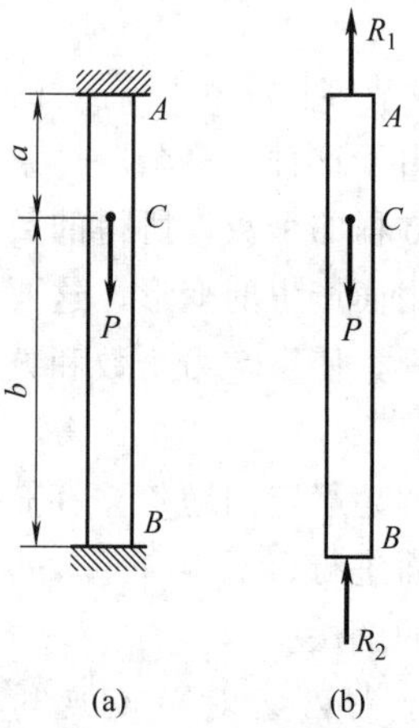

设 AC 段变形量为 Δl_1，CB 段变形量为 Δl_2。由于立柱的上、下两端均已固定，故杆的总变形为零，即

$$\Delta l = \Delta l_1 + \Delta l_2 = 0 \tag{b}$$

上式即为变形协调方程。

考虑到 AC 段，其轴力 $F_{N1} = R_1$；BC 段，其轴力 $F_{N2} = -R_2$，由胡克定律得

$$\Delta l_1 = \frac{F_{N1} a}{EA} = \frac{R_1 a}{EA}, \quad \Delta l_2 = \frac{F_{N2} b}{EA} = -\frac{R_2 b}{EA} \tag{c}$$

将式（c）代入式（b），得

$$\Delta l = \frac{R_1 a}{EA} - \frac{R_2 b}{EA} = 0$$

即

$$R_1 a - R_2 b = 0 \tag{d}$$

图 2.29

联立式（d）与式（a），求解两端反力，得

$$R_1 = \frac{b}{a+b}P, \quad R_2 = \frac{a}{a+b}P$$

应该注意，R_1 和 R_2 方向可任意假设，但在建立补充方程时，杆件所受的力必须与产生的变形一致，才能得到正确答案。

【例2.10】 正方形截面组合杆如图2.30所示，由两根截面尺寸相同、材料不同的杆1和杆2组成，长度均为 l，二者的弹性模量为 E_1 和 E_2（$E_1 > E_2$），若使两杆均匀受压，求载荷 F 的偏心距 e。

解：设1、2杆所受的轴力分别为 F_{N1} 和 F_{N2}。由静力平衡关系，得

$$\left.\begin{array}{l} \sum F_x = 0 \qquad F_{N1} + F_{N2} = F \\[2mm] \sum M_A = 0 \quad Fe - F_{N1}\dfrac{b}{2} + F_{N2}\dfrac{b}{2} = 0 \end{array}\right\} \tag{a}$$

可以看出该结构为一次超静定问题。由于1、2杆均匀受压，因此缩短量 Δl_1 和 Δl_2 应

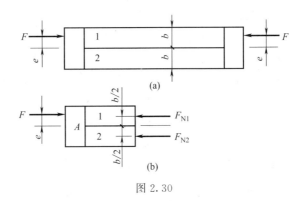

图 2.30

满足以下关系：

$$\Delta l_1 = \Delta l_2 \tag{b}$$

这就是变形关系。

由胡克定律得

$$\Delta l_1 = \frac{F_{N1} l}{E_1 A_1}, \qquad \Delta l_2 = \frac{F_{N2} l}{E_2 A_2} \tag{c}$$

联立式（a）～式（c）解得

$$F_{N1} = \frac{E_1}{E_1 + E_2} F, \quad F_{N2} = \frac{E_2}{E_1 + E_2} F \tag{d}$$

代入式（d）中第二式解得偏心距 e 为

$$e = \frac{b(E_1 - E_2)}{2(E_1 + E_2)}$$

综上所述，求解超静定问题必须考虑以下三个方面内容：满足静力平衡方程；满足变形协调方程（几何方程）；满足力与变形间的一些物理方程，即综合静力、几何、物理三方面的关系。

三、装配应力

对于静定问题，不存在装配应力，但在超静定结构中，由于杆件的尺寸不准确，强行装配在一起，这样在未受载荷之前，杆内已产生内力。由于装配而引起的应力称为装配应力。

以图 2.31（a）为例进行讲解。已知三杆皆为刚性杆，杆 1、杆 2 的抗拉刚度均为 $E_1 A_1$，与杆 3 夹角均为 α，杆 3 的抗拉刚度为 $E_3 A_3$，三杆预在 A 点装配。由于杆 3 加工尺寸出现误差，比预加工尺寸 l 短了 δ 长度，若强行装配在一起，分析各杆产生的内力。

设 1、2、3 杆的轴力分别为 F_{N1}、F_{N2}、F_{N3}，三杆变形量分别为 Δl_1、Δl_2 和 Δl_3。若三杆装配在一起，杆 1、杆 2 必然受压缩短，杆 3 受拉伸长，节点 A 的受力如图 2.31（b）所示，其平衡方程为

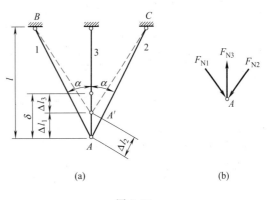

图 2.31

$$\left.\begin{array}{ll} \sum F_x=0 & F_{N1}\sin\alpha-F_{N2}\sin\alpha=0 \\[4pt] \sum F_y=0 & F_{N3}-F_{N1}\cos\alpha-F_{N2}\cos\alpha=0 \end{array}\right\} \tag{a}$$

由于三杆连接于同一点 A，变形后仍相连，杆 1、杆 2 的抗拉刚度相同，因此，节点 A 沿铅垂方向下移，变形关系如图 2.31（a）所示。可以看出，为保证三杆变形后仍相交于同一点，有 $\Delta l_1=\Delta l_2$，且 $\Delta l_1=\Delta l_2/\cos\alpha$。结构应满足如下关系，即变形协调方程

$$\Delta l_3+\frac{\Delta l_2}{\cos\alpha}=\delta \tag{b}$$

由胡克定律可知，各杆的轴力与变形间的关系（即物理方程）为

$$\Delta l_1=\Delta l_2=\frac{F_{N1}l}{E_1A_1\cos\alpha}, \quad \Delta l_3=\frac{F_3l}{E_3A_3} \tag{c}$$

联立方程式（a）～式（b）得

$$F_{N1}=F_{N2}=\frac{\delta E_3A_3}{l\left(1+\dfrac{E_3A_3}{2E_1A_1\cos^3\alpha}\right)\times 2\cos\alpha}, \quad F_{N3}=\frac{\delta E_3A_3}{l\left(1+\dfrac{E_3A_3}{2E_1A_1\cos^3\alpha}\right)}$$

四、温度应力

由于温度变化，结构或构件产生伸缩，而当伸缩受到限制时，结构或构件内部便产生应力，称为温度应力。若杆件是受温度均匀变化的静定结构时，并不会引起构件的内力。但如超静定结构的变形受到部分或全部约束，温度变化时，往往就要引起内力。

【例 2.11】 如图 2.32（a）所示的结构，已知杆 1 为钢杆，$E_1=200\text{GPa}$，$\alpha_1=12\times 10^{-6}\,℃^{-1}$，$A_1=30\text{mm}^2$；杆 2 为铜杆，$E_2=100\text{GPa}$，$\alpha_2=16.5\times 10^{-6}\,℃^{-1}$，$A_2=40\text{mm}^2$，两杆长度均为 L，载荷 $F=60\text{kN}$。若 AB 为刚杆且始终保持水平，试问温度升高还是降低？求温度的改变量 ΔT。

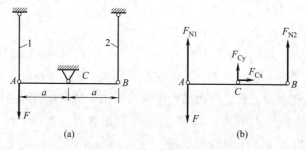

图 2.32

解：（1）静力平衡关系 设由 F、ΔT 引起的 1 杆、2 杆的内力为 F_{N1} 和 F_{N2}。建立平衡方程，得

$$\sum M_C=0 \quad -F_{N1}a+F_{N2}a+Fa=0$$

即

$$F_{N1}=F_{N2}+F \tag{a}$$

显然，该结构为一次超静定问题。

（2）变形协调关系

$$\Delta L_1=\Delta L_2=0 \tag{b}$$

其中

$$\Delta L_1 = \Delta L_{1N} + \Delta L_{1T} = 0$$
$$\Delta L_2 = \Delta L_{2N} + \Delta L_{2T} = 0$$

（3）物理关系

$$\left. \Delta L_{1N} = \frac{F_{N1}L}{E_1 A_1} \; , \quad \Delta L_{1T} = \alpha_1 \Delta TL \atop \Delta L_{2N} = \frac{F_{N2}L}{E_2 A_2} \; , \quad \Delta L_{2T} = \alpha_2 \Delta TL \right\} \qquad \text{(c)}$$

联立式（a）～式（c）解得

$$\Delta T = \frac{F}{\alpha_2 E_2 A_2 - \alpha_1 E_1 A_1}$$

$$= \frac{60 \times 10^3 \, \text{N}}{16.5 \times 10^{-6} \, \text{℃}^{-1} \times 100 \times 10^9 \, \text{Pa} \times 40 \times 10^{-6} \, \text{m}^2 - 12 \times 10^{-6} \, \text{℃}^{-1} \times 200 \times 10^9 \, \text{Pa} \times 30 \times 10^{-6} \, \text{m}^2}$$

$$= -10\text{℃}$$

即温度降低 10℃，可保证 AB 刚杆始终保持水平。

综上所述，装配应力和温度应力同属于超静定问题，求解简单静不定问题的关键是列出正确的变形几何关系。

第八节 连接件的强度计算

在工程实际中，机械结构的各个部分往往需要互相连接，通常要用到各种各样的连接件，如螺栓、平键、销钉、耳片等。

连接件一般体积较小，受力与变形均比较复杂，而且在很大程度上还受到加工工艺的影响。它对整体结构的牢固性和安全性起着至关重要的作用。因此，我们有必要对连接件的受力与变形问题进行分析。一般采用实用计算的方法，来解决连接件的强度计算问题。实践证明，这种方法简便有效，由此校核强度或计算构件尺寸等问题基本上是适用的。

一、剪切与挤压变形

如图 2.33（a）所示，销轴的连接受一对轴向力 P 作用。对销钉进行受力分析，在杆件两个侧面上，即垂直销钉轴线方向有外力作用，大小相等、方向相反、作用线相距很近，如图 2.33（b）所示。由于横截面上有剪力 Q 存在，两个力之间的截面沿剪切面相对错动，发生剪切变形，如图 2.33（c）所示。可能被剪断的截面称为剪切面，则横截面上的切应力为

$$\tau = \frac{Q}{A} \qquad (2.17)$$

要判断构件是否会发生剪切破坏，需要建立剪切的强度条件，即

$$\tau = \frac{Q}{A} \leqslant [\tau] \qquad (2.18)$$

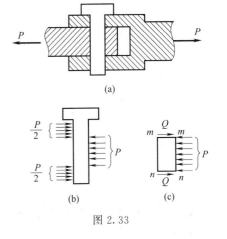

图 2.33

式中，Q 为剪切面上的剪力，它与 P 的关系由平衡方程确定；A 为剪切面面积。

从图 2.33 中还可以看出销钉与轴连接的部分不仅存在剪切变形，还存在挤压变形。在连接件和被连接件的接触面上相互压紧，即伴随着局部受压现象，这种变形称为挤压变形。连接件和被连接件的接触面称为挤压面，如图 2.34 所示。在接触面上的压力称为挤压力；引起的应力称为挤压应力，用 σ_{bs} 表示。

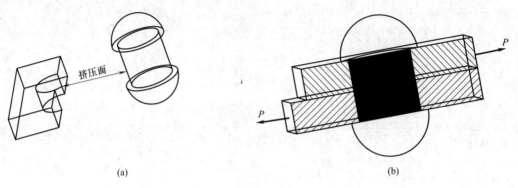

图 2.34

挤压应力在接触面附件的区域，分布比较复杂。因此，和剪切的实用计算一样，也采用挤压的实用计算，即假定挤压应力在挤压面上是均匀分布的，其计算公式为

$$\sigma_{bs} = \frac{P}{A_{bs}} \tag{2.19}$$

若要判断构件是否会发生挤压破坏，需要建立挤压的强度条件，即

$$\sigma_{bs} = \frac{P}{A_{bs}} \leqslant [\sigma_{bs}] \tag{2.20}$$

式中，P 为挤压面上的挤压力；A_{bs} 为挤压面面积，在实用计算中，以圆孔或圆钉的直径平面面积作为挤压面面积，即过圆柱直径的横截面面积。

二、剪切应力与挤压应力的实用计算

【例 2.12】 齿轮和轴用平键连接，如图 2.35 所示。已知轴的直径 $d=80\text{mm}$，键的尺寸 $b \times h \times l = 18\text{mm} \times 10\text{mm} \times 100\text{mm}$，传递的力偶矩 $M_e = 4\text{kN} \cdot \text{m}$，键的许用应力 $[\tau] = 60\text{MPa}$，许用挤压应力 $[\sigma_{bs}] = 180\text{MPa}$。试校核键的强度。

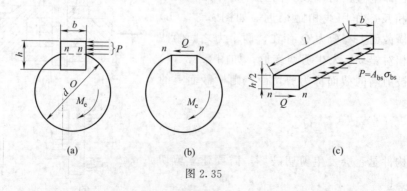

图 2.35

解：（1）计算键所受剪力的大小 将键沿截面 $n—n$ 假想切开成两部分，并把截面以下部分和轴作为一个整体来考虑。$n—n$ 截面上的剪力 Q 为

$$Q = A\tau = bl\tau$$

由平衡条件 $\sum M_O = 0$ 得

$$Q\frac{d}{2} - M_e = 0$$

$$Q = \frac{2M_e}{d}$$

（2）校核键的剪切强度

$$\tau = \frac{2M_e}{bld} = \frac{2 \times 4 \times 10^3\,\text{N} \cdot \text{m}}{18 \times 100 \times 80 \times 10^{-9}\,\text{m}^3} = 55.6\text{MPa} < [\tau]$$

故平键满足剪切强度条件。

（3）校核键的挤压强度　键受到的挤压力为 P，挤压面面积 $A_{bs} = \dfrac{hl}{2}$，由挤压强度条件得

$$\sigma_{bs} = \frac{P}{A_{bs}} = \frac{2bl\tau}{hl} = \frac{2b\tau}{h} = \frac{2 \times 18 \times 10^{-3} \times 55.6 \times 10^6}{10 \times 10^{-3}} = 200.2\text{MPa} > [\sigma_{bs}]$$

故平键不满足挤压强度条件。

【例2.13】　如图 2.36（a）所示，拖车挂钩由插销与板件连接。已知插销直径 $d = 40\text{mm}$，板件厚度 $t = 16\text{mm}$；插销材料为 Q345 钢，许用切应力 $[\tau] = 60\text{MPa}$，挤压许用应力为 $[\sigma_{bs}] = 160\text{MPa}$。若牵引力 $P = 120\text{kN}$，试校核插销的剪切强度与挤压强度。

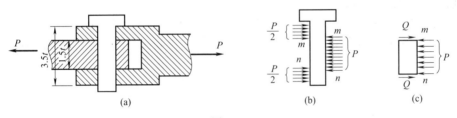

图 2.36

解：（1）计算插销所受力的大小　受力分析如图 2.36 所示。将插销沿截面 m—m 和 n—n 假想切开（双剪切面），如图 2.36（c）所示。列平衡方程可得

$$Q = \frac{P}{2}$$

（2）校核插销的剪切强度

$$\tau = \frac{Q}{A} = \frac{120 \times 10^3\,\text{N}}{2 \times \dfrac{\pi}{4}(40 \times 10^{-3})^2\,\text{m}^2} = 47.8 \times 10^6\,\text{Pa} = 47.8\text{MPa} < [\tau]$$

故插销满足剪切强度的要求。

（3）校核插销的挤压强度　考虑中段的直径面积小于上段和下段直径面面积之和 $2dt$，故校核中段的挤压强度为

$$\sigma_{bs} = \frac{P}{A_{bs}} = \frac{P}{1.5td} = \frac{120 \times 10^3\,\text{N}}{1.5 \times 16 \times 10^{-3}\,\text{m} \times 40 \times 10^{-3}\,\text{m}} = 125 \times 10^6\,\text{Pa} = 125\text{MPa} < [\sigma_{bs}]$$

故插销也满足挤压强度的要求。

【例2.14】　如图 2.37 所示的冲床，冲剪力 $F = 400\text{kN}$，冲头的许用应力 $[\sigma] = $

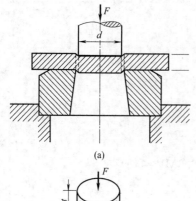

图 2.37

210MPa，剪切强度极限 $\tau_b = 360\text{MPa}$。设计冲头的最小直径 d 及钢板最大厚度 t。

解：（1）按冲头压缩强度计算 d　根据拉压强度理论

$$\sigma = \frac{F}{A} = \frac{4F}{\pi d^2} \leqslant [\sigma]$$

可得

$$d \geqslant \sqrt{\frac{4F}{\pi[\sigma]}} = \sqrt{\frac{4 \times 400 \times 10^3 \text{N}}{3.14 \times 210 \times 10^6 \text{Pa}}} = 0.0493\text{m} = 49.3\text{mm}$$

（2）按钢板剪切强度计算 t　根据式（2.18）剪切强度条件得

$$\tau = \frac{F_s}{A} = \frac{F}{\pi d t} \geqslant \tau_b$$

$$t \leqslant \frac{F}{\pi d \tau_b} = \frac{400 \times 10^3 \text{N}}{3.14 \times 49.3 \times 10^{-3}\text{m} \times 360 \times 10^6 \text{Pa}} = 0.0072\text{m} = 7.2\text{mm}$$

小　结

本章讨论了杆件在轴向拉伸或压缩时截面上的内力、应力、变形等计算，以及剪切、挤压的实用计算。其主要内容为：

（1）用截面法求内力　拉（压）杆的轴力 F_N 的计算以及轴力图的绘制。

（2）拉（压）杆的应力计算　横截面上正应力 σ、斜截面上的正应力 σ_α 和切应力 τ_α：

$$\sigma = \frac{F_N}{A}$$

$$\sigma_\alpha = p_\alpha \cos\alpha = \sigma \cos^2\alpha$$

$$\tau_\alpha = p_\alpha \sin\alpha = \frac{\sigma}{2}\sin 2\alpha$$

（3）材料在拉伸和压缩时的力学性能　低碳钢拉伸的 σ-ε 曲线以及拉伸的四个阶段。

（4）轴向拉压的胡克定律

$$\sigma = E\varepsilon \quad \text{或} \quad \Delta l = \frac{F_N l}{EA}$$

拉（压）杆的强度条件　$\sigma_{max} = \dfrac{F_N}{A} \leqslant [\sigma]$

拉（压）杆的刚度条件　$\Delta l = \dfrac{F_N l}{EA} \leqslant [\Delta l]$

（5）简单拉压超静定问题的求解　即综合静力、几何、物理三方面关系；装配应力和温度应力的概念与求解。

（6）连接件的实用计算

剪切强度条件　$\tau = \dfrac{Q}{A} \leqslant [\tau]$

挤压强度条件　$\sigma_{bs} = \dfrac{P}{A_{bs}} \leqslant [\sigma_{bs}]$

习　　题

2.1　试求图 2.38 中各杆的轴力，并指出轴力的最大值。

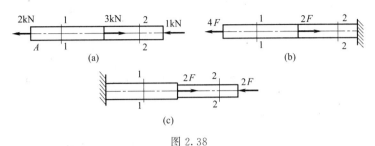

图 2.38

2.2　如图 2.39 所示的阶梯圆截面杆，已知 AB 与 BC 段直径分别为 $d_1 = 25\text{mm}$ 和 $d_2 = 35\text{mm}$，承受轴向载荷 $F_1 = 20\text{kN}$ 与 F_2 作用，欲使 AB 与 BC 段横截面上的正应力相同，试求载荷 F_2 之值。

2.3　图 2.40 所示的两木杆是粘接而成的，粘接面的方位角 $\theta = 45°$，杆的横截面面积 $A = 2000\text{mm}^2$，承受轴向载荷 $F = 20\text{kN}$ 作用，试计算该截面上的正应力与切应力，并画出应力的方向。

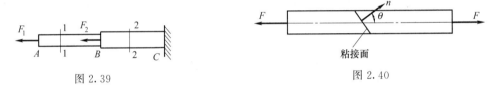

图 2.39

图 2.40

2.4　图 2.41 所示为某拉伸试验机的结构示意图。若试验机的 CD 杆与试样 AB 的材料同为 45 钢，其 $\sigma_p = 200\text{MPa}$，$\sigma_s = 353\text{MPa}$，$\sigma_b = 598\text{MPa}$。试验机的最大拉力为 200kN。

（1）用这一试验机作拉断试验时，试样直径最大可达何值？

（2）若设计时取试验机的安全因数 $n = 2.5$，试确定 CD 杆的横截面面积。

（3）若试样直径 $d = 20\text{mm}$，今欲测弹性模量 E，求所加载荷的最大限定值。

2.5　某曲柄滑块机构如图 2.42 所示。当 AB 杆处于水平位置时，轴向力 $F = 1200\text{kN}$。

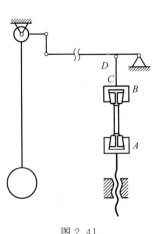

图 2.41

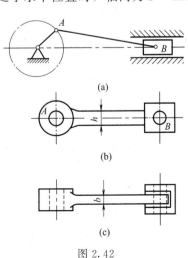

图 2.42

AB 杆为矩形截面，宽度 b 与高度 h 之比为 $1:1.4$。材料为 40 钢，许用应力 $[\sigma]=58\mathrm{MPa}$，试确定截面尺寸 b 及 h。

2.6 如图 2.43 所示的桁架结构，杆 1 和杆 2 材料相同，横截面均为圆形。已知两杆直径分别为 $d_1=40\mathrm{mm}$ 与 $d_2=25\mathrm{mm}$，许用应力 $[\sigma]=80\mathrm{MPa}$。若节点 A 处承受载荷 $F=70\mathrm{kN}$ 作用，试校核桁架的强度。

2.7 如图 2.44 所示的简易桁架结构，1 杆为钢杆，横截面面积 $A_1=800\mathrm{mm}^2$，$[\sigma]_{钢}=60\mathrm{MPa}$；2 杆为木杆，横截面面积 $A_2=1600\ \mathrm{mm}^2$，$[\sigma]_{木}=15\mathrm{MPa}$。试求许可吊重 $[F]$。

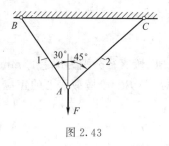

图 2.43

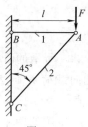

图 2.44

2.8 如图 2.45 所示为一混凝土立柱，横截面为正方形的短粗阶梯形。已知混凝土的密度 $\rho=2.04\times10^3\mathrm{kg/m}^3$，压缩许用应力 $[\sigma_c]=2\mathrm{MPa}$，载荷 $F=100\mathrm{kN}$。试根据强度条件确定截面尺寸 a 与 b。

2.9 如图 2.46 所示的平面桁架，已知 $F=40\mathrm{kN}$，各杆的横截面面积均为 $250\mathrm{mm}^2$，各杆材料均采用 Q245R 钢，许用应力 $[\sigma]=180\mathrm{MPa}$。试校核其中拉杆 AD 和 CD 的强度。

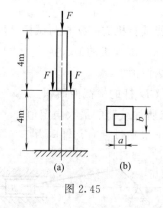

图 2.45

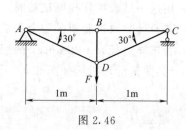

图 2.46

2.10 如图 2.47 所示，油缸盖与缸体用 6 个对称分布的螺栓连接。已知油压 $p=1\mathrm{MPa}$，油缸内径 $D=350\mathrm{mm}$，螺栓材料的许用应力 $[\sigma]=40\mathrm{MPa}$。试设计螺栓直径 d。

2.11 如图 2.48 所示的阶梯形杆 AC，已知 $l_1=l_2=200\mathrm{mm}$，$A_1=2A_2=100\mathrm{mm}^2$，$F=20\mathrm{kN}$，$E=200\mathrm{GPa}$，试计算杆 AC 的轴向变形 Δl。

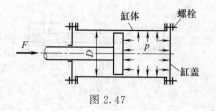

图 2.47

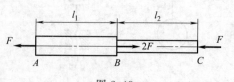

图 2.48

2.12 如图 2.49 所示的圆形截面杆，已知中间部分直径为 30mm，$E = 70$GPa。若轴向拉力 $F = 20$kN，试计算中间部分横截面上的应力。若中间部分的杆长 $L = 200$mm，试求杆的总伸长量。

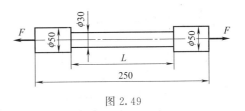

图 2.49

2.13 如图 2.50 所示的桁架，杆 1 与杆 2 材料相同，已知两杆横截面面积 $A_1 = A_2 = 400$mm^2，$E_1 = E_2 = 200$GPa，在节点 A 处承受载荷 F 作用。从试验中测得杆 1 与杆 2 的纵向正应变分别为 $\varepsilon_1 = 2.0 \times 10^{-4}$，$\varepsilon_2 = 1.0 \times 10^{-4}$，试确定载荷 F 及其方位角 θ 之值。

2.14 图 2.51 所示的简单杆系中，AB 和 AC 为圆截面杆。已知两杆直径分别为 20mm 和 24mm，$E = 200$GPa，$F = 5$kN。试求 A 点的铅垂位移。

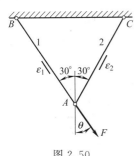

图 2.50

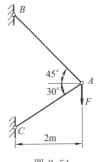

图 2.51

2.15 如图 2.52 所示为两端固定等截面直杆，横截面的面积为 A，承受轴向载荷 F 作用，试计算杆内横截面上的最大拉应力与最大压应力。

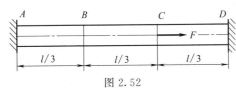

图 2.52

2.16 如图 2.53 所示的结构，梁 BD 为刚体，杆 1 与杆 2 用同一种材料制成，横截面面积均为 $A = 150$mm^2，许用应力 $[\sigma] = 140$MPa，载荷 $F = 100$kN，试校核杆的强度。

2.17 如图 2.54 所示的桁架，杆 1、杆 2 与杆 3 分别用铸铁、铜与钢制成。已知 $A_1 = A_2 = 2A_3$，弹性模量分别为 $E_1 = 160$GPa，$E_2 = 100$GPa，$E_3 = 200$GPa；许用应力分别为 $[\sigma_1] = 80$MPa，$[\sigma_2] = 60$MPa，$[\sigma_3] = 120$MPa。若载荷 $F = 160$kN，试确定各杆的横截面面积。

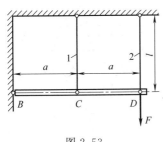

图 2.53

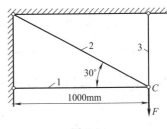

图 2.54

2.18 如图 2.55 所示的结构，横梁为刚性杆。已知钢杆 1、2、3 的长度 $l = 1$m，横截面面积 $A = 2$cm^2，弹性模量 $E = 200$GPa。若因制造误差，杆 3 短了 $\delta = 0.8$mm，试计算强行安装后三根刚杆的轴力。

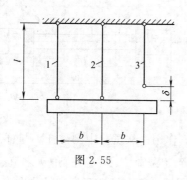

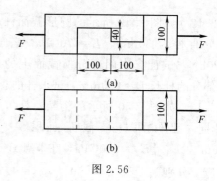

图 2.55   图 2.56

2.19 如图 2.56 所示的木榫接头，$F = 80$kN，试求接头的剪切与挤压应力。

2.20 如图 2.57 所示的摇臂，已知载荷许用切应力 $[\tau] = 100$MPa，许用挤压应力 $[\sigma_{bs}] = 240$MPa。若 $F_1 = 50$kN，$F_2 = 35.4$kN，试确定轴销 B 的直径 d。

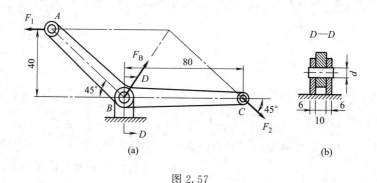

图 2.57

2.21 如图 2.58 所示的连接件由两块钢板用 4 个铆钉铆接而成，板件与铆钉的材料相等。已知：板宽 $b = 80$mm，板厚 $\delta = 10$mm，铆钉直径 $d = 16$mm，许用应力 $[\sigma] = 160$MPa，许用切应力 $[\tau] = 120$MPa，许用挤压应力 $[\sigma_{bs}] = 340$MPa。若轴向载荷 $F = 80$kN，试校核接头的强度。

2.22 如图 2.59 所示的带肩杆件，已知材料的许用切应力 $[\tau] = 100$MPa，许用挤压应力 $[\sigma_{bs}] = 320$MPa，许用拉应力 $[\sigma] = 160$MPa。试确定许可载荷。

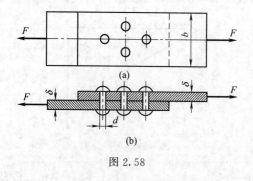

图 2.58

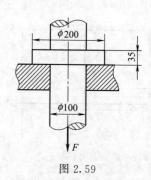

图 2.59

2.23 如图 2.60 所示的结构，已知轴的直径 $d = 80$mm，键的尺寸 $b = 24$mm，$h =$

14mm，键的许用切应力 $[\tau]=40$MPa，许用挤压应力 $[\sigma_{bs}]=90$MPa。若由轴通过键传递的力偶矩 $M=3$kN·m，请确定键的长度 l。

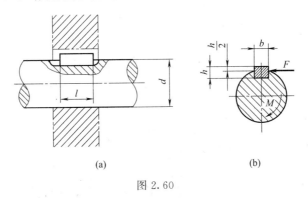

(a)   (b)

图 2.60

第三章　扭　转

第一节　扭转的概念和实例

　　在实际工程中，有很多承受扭转变形的构件，例如，图 3.1 所示的汽车转向轴，当汽车转向时，驾驶员通过转向盘在转向轴的上端作用一力偶（F，F'），转向轴的下端受到来自于转向器的阻力偶作用；图 3.2 所示的攻螺纹丝锥，当钳工攻螺纹时，通过手柄在锥杆的上端作用一力偶（F，F'），丝锥杆的下端则受到工件的阻抗力偶作用。这些实例都是在杆件的两端作用两个大小相等、方向相反且作用平面垂直于杆件轴线的力偶，致使杆件的任意两个横截面都发生绕杆件轴线的相对转动，这就是扭转变形。使杆产生扭转变形的外力偶，其矩称为外力偶矩。可见，在上述力偶的作用下，汽车转向轴、丝锥杆都将发生扭转变形。以扭转变形为主的直杆件称为轴，杆件截面为圆形的轴称为圆轴。

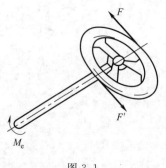

图 3.1

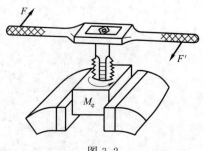

图 3.2

　　实际工程中，有很多构件，如车床的光杆、搅拌机轴、汽车传动轴等，都是受扭构件。对于一些轴类零件，如电动机主轴、水轮机主轴、机床传动轴等，除扭转变形外还有弯曲变形，属于组合变形。

　　本章主要研究圆截面轴的扭转问题，包括轴的外力、内力、应力与变形，并在此基础上研究轴的强度与刚度计算。

第二节　外力偶矩的计算与扭矩和扭矩图

在研究扭转的应力和变形之前，先讨论作用于轴上的外力偶矩及横截面上的内力。

一、外力偶矩的计算

作用于轴上的外力偶矩往往不直接给出，通常是给出轴所传送的功率和轴的转速。此时，需要根据转速与功率来求出作用于轴上的外力偶矩。例如，在图 3.3 中，由电动机的转速和功率，可以求出传动轴 AB 的转速及通过带轮输入的功率。功率输入到 AB 轴上，再经右端的齿轮输送出去。设通过带轮输入 AB 轴的功率为 P（单位为 kW），因 $1\,kW = 1000\,N \cdot m/s$，所以输入功率 P，就相当于在每秒内输入 $P \times 1000 \times 1s$ 的功。输入的功驱使传动轴转动，即相当于通过带轮给传动轴施加了外力偶矩 M_e。设轴的转速为 n（单位为 r/min），由动力学可知，力偶的功率等于力偶矩 M_e 与角速度 ω 的乘积，则 M_e 在每秒内完成的功应为 $2\pi \times \dfrac{n}{60} \times M_e \times 1s$。因为 M_e 所完成的功也就是给 AB 轴输入的功，因而有

$$2\pi \times \frac{n}{60} \times M_e = P \times 1000$$

由此求出计算外力偶矩 M_e 的公式为

$$\{M_e\}_{N \cdot m} = 9\,549 \times \frac{\{P\}_{kW}}{\{n\}_{r/min}} \qquad (3.1)$$

由式（3.1）可知，轴所承受的外力偶矩与所传递的功率成正比，与轴的转速成反比。这意味着，在传递同样功率时，低速轴所受的外力偶矩要比高速轴大。因此在传动系统中，低速轴都要比高速轴粗一些。

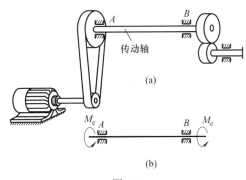

图 3.3

二、扭矩和扭矩图

圆轴在外力偶的作用下，其横截面上将产生连续分布内力。根据截面法，这一分布内力应组成一作用在横截面内的合力偶，从而与作用在垂直于轴线平面内的外力偶相平衡。由分布内力组成的合力偶的力偶矩，称为扭矩，用 T 表示。扭矩的量纲和外力偶矩的量纲相同，均为 $N \cdot m$ 或 $kN \cdot m$。

当作用在轴上的外力偶矩确定之后，应用截面法可以很方便地求得轴上各横截面内的扭矩。如图 3.4（a）所示的圆轴，在其两端有一对大小相等、转向相反，其矩为 M_e 的外力偶作用。为求圆轴任一截面 $n—n$ 的扭矩，可假想地将圆轴沿截面 $n—n$ 切开分成两段，由于整个轴是平衡的，所以其中任一段也处于平衡状态，考察左段的平衡，如图 3.4（b）所示。由平衡条件 $\sum M_x = 0$，可得

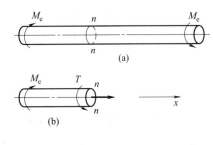

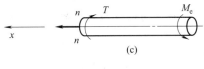

图 3.4

$$T - M_e = 0$$
$$T = M_e$$

注意，在上面的计算中，我们是以圆轴的左段为分离体。如果改以圆轴的右段为分离体，如图 3.4 (c) 所示，则在同一横截面上所求得的扭矩与上面求得的扭矩在数值上完全相同，但转向却恰恰相反。为了使从左段圆轴和右段圆轴求得的扭矩不仅有相同的数值而且有相同的符号，我们对扭矩的符号作如下规定：若按右手螺旋法则把 T 表示为矢量，当矢量方向与截面的外法线方向一致时，T 为正，反之则为负；亦即，以右手四指握向表示扭矩转向，若大拇指的指向离开该扭矩所作用的截面时，扭矩为正，反之为负。除此之外，还可对着假想截开的截面看，扭矩逆时针转时为正，反之为负。根据上述规则，在图 3.4 中，n—n 截面上的扭矩无论就左半段还是右半段来说，都是一致的，且是正的。

应用截面法求扭矩时，一般都采用设正法，即先假设截面上的扭矩为正，若计算所得的符号为负号，则说明扭矩转向与假设方向相反。

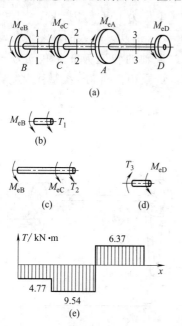

图 3.5

若作用于轴上的外力偶多于两个，也与拉伸（压缩）问题中画轴力图一样，可用图线来表示各横截面上扭矩沿轴线变化的情况；图中以横轴表示横截面的位置，纵轴表示相应截面上的扭矩，这种图线称为扭矩图。绘图时一般规定将正的扭矩画在横轴的上侧，将负的扭矩画在横轴的下侧。若采用设正法，则求得的正值扭矩绘在横轴的上侧，而负值的扭矩绘在横轴的下侧。下面用例题说明横截面上扭矩的计算和扭矩图的绘制。

【例 3.1】 一传动轴如图 3.5 (a) 所示，其轴的转速为 $n = 300 \text{r/min}$，主动轮 A 输入功率 $P_A = 500 \text{kW}$。若不计轴承摩擦所耗的功率，三个从动轮 B、C、D 输出功率分别为 $P_B = 150 \text{kW}$、$P_C = 150 \text{kW}$ 及 $P_D = 200 \text{kW}$。试画出该轴的扭矩图。

解：按公式（3.1）算出作用于各轮上的外力偶矩

$$M_{eA} = \left(9549 \times \frac{500}{300}\right) \text{N} \cdot \text{m} = 15.91 \times 10^3 \text{N} \cdot \text{m} = 15.91 \text{kN} \cdot \text{m}$$

$$M_{eB} = M_{eC} = \left(9549 \times \frac{150}{300}\right) \text{N} \cdot \text{m} = 4.77 \times 10^3 \text{N} \cdot \text{m} = 4.77 \text{kN} \cdot \text{m}$$

$$M_{eD} = \left(9549 \times \frac{200}{300}\right) \text{N} \cdot \text{m} = 6.37 \times 10^3 \text{N} \cdot \text{m} = 6.37 \text{kN} \cdot \text{m}$$

从受力情况看出，轴在 BC、CA、AD 三段内，各截面上的扭矩是不相等的。现在用截面法，根据平衡方程计算各段内的扭矩。

在 BC 段内，以 T_1 表示截面 1—1 上的扭矩，并把 T_1 的方向假设为与其规定的正方向相一致的方向，如图 3.5 (b) 所示。由平衡方程

$$T_1 + M_{eB} = 0$$

得

$$T_1 = -M_{eB} = -4.77 \text{kN} \cdot \text{m}$$

等号右边的负号只说明，在图 3.5（b）中对 T_1 所假定的方向与截面 1—1 上的实际扭矩方向相反。按照扭矩的符号规定，与图 3.5（b）中假设方向相反的扭矩是负的。在 BC 段内各截面上的扭矩不变，皆为 $-4.77 \text{kN} \cdot \text{m}$，所以在这一段内扭矩图为一水平线 [图 3.5（e）]。同理，在 CA 段内，由图 3.5（c）得

$$T_2 + M_{eB} + M_{eC} = 0$$
$$T_2 = -M_{eB} - M_{eC} = -9.54 \text{kN} \cdot \text{m}$$

在 AD 段内 [图 3.5（d）]

$$T_3 - M_{eD} = 0$$
$$T_3 = M_{eD} = 6.37 \text{kN} \cdot \text{m}$$

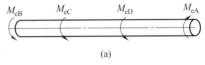

(a)

根据所得数据，把各截面上的扭矩沿轴线变化的情况用图 3.5（e）表示出来，就是扭矩图。从图中看出，最大扭矩发生于 CA 段，且 $|T|_{\max} = 9.54 \text{kN} \cdot \text{m}$。

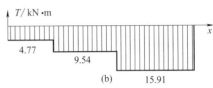

(b)

对同一根轴，若把主动轮 A 安置于轴的一端，例如放在右端，则轴的扭矩图将如图 3.6 所示。这时，轴的最大扭矩 $|T|_{\max} = 15.91 \text{kN} \cdot \text{m}$。可见，

图 3.6

传动轴上主动轮和从动轮安置的位置不同，轴所承受的最大扭矩也就不同，两者相比，显然图 3.5 所示布局比较合理。

第三节　纯　剪　切

为了研究切应力和切应变的规律以及两者间的关系，先考察薄壁圆筒的扭转。

一、薄壁圆筒扭转时的切应力

若在薄壁圆筒的外表面画上一系列互相平行且等间距的纵向直线和横向圆周线，将其分成一个个小方格，则其中代表性的一个小方格如图 3.7（a）所示。这时使筒在外力偶 M_e 作用下扭转，扭转后相邻圆周线绕轴线相对转过一微小转角 φ，纵向线均倾斜一微小倾角 γ，从而使方格变成菱形，但圆筒沿轴线及周线的长度都没有变化 [图 3.7（b）]。这表明，当薄壁圆筒扭转时，其横截面和包含轴线的纵向截面上都没有正应力，横截面上只有切于截面的切应力 τ；因为筒壁的厚度 δ 很小，所以可以认为沿筒壁厚度方向切应力不变，又根据圆截面的轴对称性，横截面上的切应力 τ 沿圆环处处相等。设圆筒的平均半径为 r，则横截面上内力系对 x 轴的力矩应为 $2\pi r\delta\tau r$。根据图 3.7（c）所示部分的平衡方程 $\sum M_x = 0$ 得

$$M_e = 2\pi r\delta\tau r$$

$$\tau = \frac{M_e}{2\pi r^2 \delta} \tag{a}$$

二、切应力互等定理

图 3.7（d）是从薄壁圆筒上取出的相应于图 3.7（a）上小方块的单元体，它的厚度为壁厚 δ，宽度和高度分别为 dx、dy。当薄壁圆筒受扭时，此单元体分别相应于 $p—p$、$q—q$

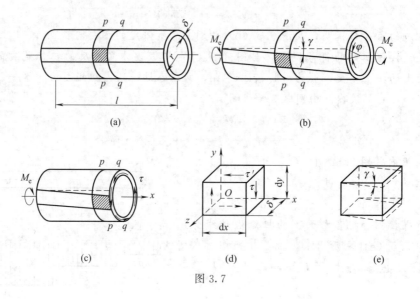

图 3.7

圆周面的左、右侧面上有切应力 τ，因此在这两个侧面上有剪力 $\tau\delta dy$，而且这两个侧面上的剪力大小相等、方向相反，形成一个力偶，其矩为 $(\tau\delta dy)dx$。为了平衡这一力偶，上、下水平面上也必须有一对切应力 τ' 作用，由 $\sum F_x = 0$ 知，上、下两个面上存在大小相等、方向相反的切应力 τ'，于是组成力偶矩为 $(\tau'\delta dx)dy$ 的力偶。对整个单元体，必须满足 $\sum M_z = 0$，即

$$(\tau\delta dy)dx = (\tau'\delta dx)dy$$
$$\tau = \tau' \tag{3.2}$$

上式表明，在相互垂直的两个平面上，切应力必然成对存在，且数值相等；两者都垂直于两个平面的交线，方向则共同指向或共同背离这一交线，这就是切应力互等定理。该定理具有普遍性，不仅对只有切应力的单元体正确，对同时有正应力作用的单元体亦正确。

由以上分析可以看出，在单元体上、下、左、右四个侧面上，仅存在切应力而无正应力，这种情况称为纯剪切。

三、切应变与剪切胡克定律

与图 3.7 (b) 中小方格（平行四边形）相对应，图 3.7 (e) 中单元体的相对两侧面发生微小的相对错动，使原来互相垂直的两个棱边的夹角改变了一个微量 γ，此直角的改变量称为切应变或角应变。如图 3.7 (b) 所示，若 φ 为圆筒两端的相对转角，即扭转角，l 为圆筒的长度，则切应变 γ 为

$$\gamma = \frac{r\varphi}{l} \tag{b}$$

利用薄壁圆筒的扭转，可以实现纯剪切试验。试验的结果表明切应力低于材料的剪切比例极限时，扭转角 φ 与扭转力偶矩 M_e 成正比 [图 3.8 (a)]。由式 (a) 和式 (b) 两式看出，切应力 τ 与 M_e 成正比，而切应变 γ 又与 φ 成正比。所以上述试验结果表明，当切应力不超过材料的剪切比例极限时，切应变 γ 与切应力 τ 成正比 [图 3.8 (b)]。这就是剪切胡克定律，可以写成

$$\tau = G\gamma \tag{3.3}$$

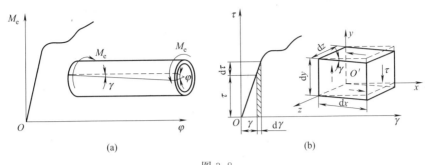

图 3.8

式中，G 为比例常数，称为材料的切变模量，其值随材料而异，并由试验测定。例如，钢的切变模量 $G = 70 \sim 80$GPa，铝与铝合金的切变模量 $G = 26 \sim 30$GPa。

还应指出，理论与试验研究均表明，对于各向同性材料，弹性模量 E、泊松比 μ 和切变模量 G 存在如下关系：

$$G = \frac{E}{2(1+\mu)} \tag{3.4}$$

因此，当已知任意两个弹性常数后，由上述关系可确定第三个弹性常数。由此可见，各向同性材料只有两个独立的弹性常数。

第四节　圆轴扭转时的应力

工程中要求对受扭杆件进行强度计算，根据扭矩 T 确定横截面上各点的切应力。为了研究圆轴扭转横截面上的应力，需要从圆轴扭转时的变形几何关系、材料的应力应变关系（物理关系）以及静力平衡关系等三个方面进行综合考虑。下面用实心圆轴推导切应力在横截面上的分布规律。

一、扭转切应力

1. 变形几何关系

取一实心圆轴，该轴一端固定、一端自由，在其表面等距离地画上圆周线和纵向线，如图 3.9（a）所示；然后在圆轴自由端施加一扭转力偶矩 M'_e，使其产生扭转变形，如图 3.9（b）所示。可观察到圆轴表面上各圆周线的形状、大小和间距均未改变，仅是绕圆轴线作了相对转动；各纵向线均倾斜了一微小角度。可见，得到了与薄壁圆筒相似的实验现象，可以认为这是圆轴扭转变形在其表面的反映，根据这些现象可由表及里地推测圆轴内部的变形情况。可以设想，圆轴的扭转是无数层薄壁圆筒扭转的组合，其内部也存在同样的变形规律。这样，根据圆周线形状大小不变、两相邻圆周线发生相对转动的现象，可以设想，圆轴扭转时各横截面如同刚性平面一样绕轴线转动，即假设圆轴各横截面仍保持为一平面，且其形状大小不变；横截面上的半径亦保持为一直线，这个假设称平面假设。根据圆轴的形状和受力情况的对称性，可证明这一假设的正确性。根据上述实验现象还可推断，与薄壁圆筒扭转时的情况一样，圆轴扭转时其横截面上不存在正应力，仅有垂直于半径方向的切应力 τ 作用，其方向与所在截面半径垂直，与扭矩 T 的转向一致。

圆轴扭转时，横截面上的切应力非均匀分布，仅依靠静力方程无法求出，必须利用变形条件建立补充方程，即切应力的导出需按解超静定问题的相似步骤进行。

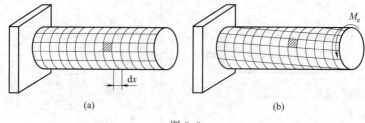

图 3.9

根据上述假设，从圆轴中取相距为 $\mathrm{d}x$ 的微段进行研究，如图 3.10（a）所示。

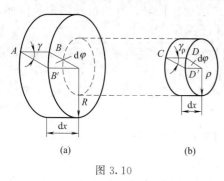

图 3.10

设半径为 R，根据平面假设，可以设想扭转时各横截面如同刚性平面一样绕杆轴线作相对转动。则由图可知变形后，纵向线段 $\overline{AB}$ 变为 $\overline{AB'}$，$\overline{AB}$ 和 $\overline{AB'}$ 的夹角为 γ（切应变），$\widehat{BB'}$ 对应横截面的圆心角 $\mathrm{d}\varphi$，在小变形的条件下可以建立如下关系。

$$\widehat{BB'} = \gamma\,\mathrm{d}x = R\,\mathrm{d}\varphi$$

$$\gamma = R\frac{\mathrm{d}\varphi}{\mathrm{d}x} \tag{a}$$

为了研究横截面上任意点的切应变，从圆轴截面内取半径为 ρ 的微段，如图 3.10（b）所示。同理可得

$$\gamma_\rho = \rho\frac{\mathrm{d}\varphi}{\mathrm{d}x} \tag{b}$$

上式表明，横截面上任意点的切应变 γ_ρ 同该点到圆心的距离 ρ 成正比关系，且发生于垂直半径的平面内。在式（a）、式（b）两式中，$\frac{\mathrm{d}\varphi}{\mathrm{d}x}$ 是扭转角 φ 沿 x 轴的变化率；对一个给定截面上的各点来说，它是常量。

2. 物理关系

以 τ_ρ 表示横截面上距圆心为 ρ 处的切应力，由剪切胡克定律知

$$\tau_\rho = G\gamma_\rho$$

将式（b）代入上式得

$$\tau_\rho = G\rho\frac{\mathrm{d}\varphi}{\mathrm{d}x} \tag{3.5}$$

上式表明，横截面上任意点的切应力，与该点到圆心的距离 ρ 成正比，因为 γ_ρ 发生于垂直于半径的平面内，所以 τ_ρ 也与半径垂直。在横截面外表面处切应力最大，在圆心处切应力为零。切应力分布如图 3.11 所示。

因为公式（3.5）中的 $\frac{\mathrm{d}\varphi}{\mathrm{d}x}$ 尚未求出，所以仍不能用它计算切应力，这就要用到静力关系。

3. 静力关系

根据图 3.11 所示，在距圆心 ρ 处取一微面积 $\mathrm{d}A$，此微面积上的微剪力为 $\tau_\rho\mathrm{d}A$，则横截面上各微剪力对圆心 O 点的力

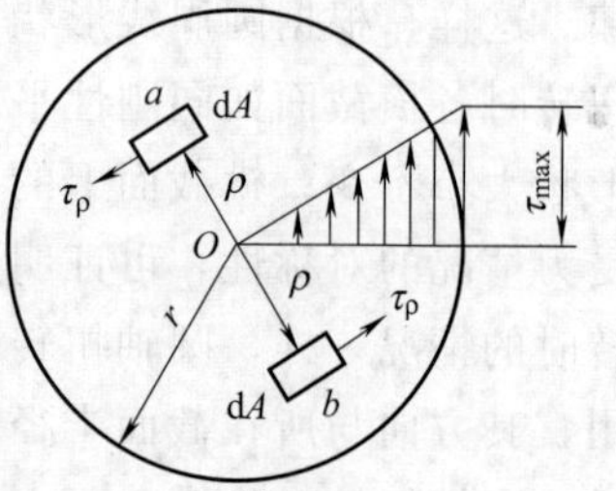

图 3.11

矩之和与扭矩有如下静力学关系。

$$T = \int_A \rho \tau_\rho \, \mathrm{d}A \qquad (c)$$

将式（3.5）代入式（c），并注意到在给定的截面上 $\dfrac{\mathrm{d}\varphi}{\mathrm{d}x}$ 为常量，于是有

$$T = \int_A \rho \tau_\rho \, \mathrm{d}A = G \frac{\mathrm{d}\varphi}{\mathrm{d}x} \int_A \rho^2 \, \mathrm{d}A \qquad (d)$$

以 I_p 表示上式中的积分，则

$$I_p = \int_A \rho^2 \, \mathrm{d}A \qquad (e)$$

式中，I_p 称为横截面对圆 O 点的极惯性矩（截面二次极矩）。这样，式（d）便可写成

$$\frac{\mathrm{d}\varphi}{\mathrm{d}x} = \frac{T}{GI_p} \qquad (3.6)$$

将式（3.6）代入式（3.5），得到圆轴扭转横截面上任意点切应力公式为

$$\tau_\rho = \frac{T\rho}{I_p} \qquad (3.7)$$

显然，在圆截面边缘处，即当 $\rho = R$ 时，切应力最大，为

$$\tau_{\max} = \frac{TR}{I_p} \qquad (3.8)$$

引用记号

$$W_t = \frac{I_p}{R} \qquad (f)$$

式中，W_t 称为抗扭截面系数，它是与截面形状和尺寸有关的量。则公式（3.8）可改写成

$$\tau_{\max} = \frac{T}{W_t} \qquad (3.9)$$

以上各式是以平面假设为基础导出的。试验结果表明，只有对横截面不变的直圆轴，平面假设才是正确的。所以，这些公式只适用于等直圆杆。对圆截面沿轴线变化缓慢的小锥度锥形杆，也可近似地用这些公式计算。此外，导出以上诸式时使用了胡克定律，因而只适用于 $\tau_{\max}$ 低于剪切比例极限的情况。

二、极惯性矩 I_p 和抗扭截面系数 W_t

截面极惯性矩 I_p 和抗扭截面系数 W_t，都是反映圆轴截面几何性质的量。

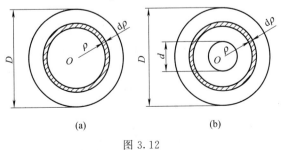

(a)　　　(b)

图 3.12

1. 实心圆轴截面

设圆轴的直径为 D，在截面任一半径 ρ 处，取宽度为 $\mathrm{d}\rho$ 的圆环作为微元面积，如图 3.12（a）所示，此微元面积 $\mathrm{d}A=2\pi\rho\mathrm{d}\rho$，代入式（e），得

$$I_\mathrm{p}=\int_A\rho^2\mathrm{d}A=\int_0^{\frac{D}{2}}\rho^2 2\pi\rho\mathrm{d}\rho=2\pi\int_0^{\frac{D}{2}}\rho^3\mathrm{d}\rho=\frac{\pi D^4}{32}\tag{3.10}$$

再由式（f）求出抗扭截面系数为

$$W_\mathrm{t}=\frac{I_\mathrm{p}}{R}=\frac{I_\mathrm{p}}{D/2}=\frac{\pi D^3}{16}\tag{3.11}$$

2. 空心圆轴截面

设空心圆轴截面的内、外径分别为 d 和 D，如图 3.12（b）所示。微元面积仍为 $\mathrm{d}A=2\pi\rho\mathrm{d}\rho$，只是积分的下限由 0 变为 $\frac{d}{2}$，于是得到

$$I_\mathrm{p}=\int_A\rho^2\mathrm{d}A=2\pi\int_{\frac{d}{2}}^{\frac{D}{2}}\rho^3\mathrm{d}\rho=\frac{\pi(D^4-d^4)}{32}$$

或写成

$$I_\mathrm{p}=\frac{\pi D^4}{32}(1-\alpha^4)\tag{3.12}$$

式中，α 为内、外径之比，即 $\alpha=d/D$。

抗扭截面系数为

$$W_\mathrm{t}=\frac{I_\mathrm{p}}{D/2}=\frac{\pi D^3}{16}(1-\alpha^4)\tag{3.13}$$

三、圆轴扭转强度条件

为了保证受扭圆轴安全可靠地工作，必须使轴横截面上的最大切应力不超过材料的许用切应力，即

$$\tau_\mathrm{max}\leqslant[\tau]\tag{3.14}$$

此即圆轴扭转时的强度计算准则，又称为扭转强度条件。对于等截面圆轴，切应力的最大值由下式确定：

$$\tau_\mathrm{max}=\frac{T_\mathrm{max}}{W_\mathrm{t}}$$

这时，最大扭矩 T_max 作用的截面称为危险截面。对于阶梯轴，由于各段轴的抗扭截面系数不同，因此最大扭矩作用面不一定是危险截面。这时，需要综合考虑扭矩与抗扭截面系数的大小，判断可能产生最大切应力的危险截面。所以在进行扭转强度计算时，必须画出扭矩图。

试验表明，材料许用扭转切应力 $[\tau]$ 和许用拉应力 $[\sigma]$ 有如下近似的关系。

对于塑性材料 $[\tau]=0.5\sim0.6[\sigma]$

对于脆性材料 $[\tau]=0.8\sim1.0[\sigma]$

因此可根据拉伸时的许用应力 $[\sigma]$ 来估计许用切应力 $[\tau]$。

根据扭转强度条件，可解决以下三类强度问题。

1. 扭转强度校核

已知轴的横截面尺寸、轴上所受的外力偶矩（或传递的功率和转速）及材料的扭转许用

切应力，用公式（3.14）校核构件能否安全工作。

2. 圆轴截面尺寸设计

已知轴所承受的外力偶矩以及材料的扭转许用切应力，圆轴的截面尺寸应满足

$$W_t \geqslant \frac{M_e}{[\tau]} \tag{3.15}$$

3. 确定圆轴的许可载荷

已知圆轴的截面尺寸和材料的扭转许用切应力，得到轴所承受的扭矩

$$M_e \leqslant [\tau]W_t \tag{3.16}$$

【例 3.2】 某实心圆轴受扭，已知直径 $D=50\text{mm}$，扭矩 $T=1\text{kN}\cdot\text{m}$。试求距圆心 12.5mm 处 A 点的切应力 τ_A 以及横截面上的最大切应力 $\tau_{\max}$。

解：（1）计算极惯性矩 I_p 与抗扭截面系数 W_t

$$I_p = \frac{\pi D^4}{32} = \frac{\pi}{32}(50 \times 10^{-3})^4\text{m}^4 = 61.3 \times 10^{-8}\text{m}^4$$

$$W_t = \frac{I_p}{D/2} = \frac{61.3 \times 10^{-8}}{25 \times 10^{-3}}\text{m}^3 = 24.5 \times 10^{-6}\text{m}^3$$

（2）求 τ_A 与 $\tau_{\max}$　由式（3.7）可得 A 点的切应力

$$\tau_A = \frac{T\rho}{I_p} = \frac{1000\text{N}\cdot\text{m} \times 12.5 \times 10^{-3}\text{m}}{61.3 \times 10^{-8}\text{m}^4} = 20.4 \times 10^6\text{Pa} = 20.4\text{MPa}$$

由式（3.9）可得横截面上的最大切应力

$$\tau_{\max} = \frac{T}{W_t} = \frac{1000\text{N}\cdot\text{m}}{24.5 \times 10^{-6}\text{m}^3} = 40.8 \times 10^6\text{Pa} = 40.8\text{MPa}$$

【例 3.3】 如图 3.13（a）所示，已知阶梯轴 AB 段的直径 $d_1=120\text{mm}$，BC 段的直径 $d_2=100\text{mm}$，所受外力偶矩 $M_{eA}=22\text{kN}\cdot\text{m}$、$M_{eB}=36\text{kN}\cdot\text{m}$、$M_{eC}=14\text{kN}\cdot\text{m}$，材料的许用扭转切应力 $[\tau]=80\text{MPa}$。试校核该轴的强度。

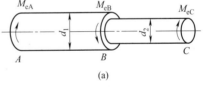

解：（1）作扭矩图　由截面法可得 AB 段、BC 段的扭矩分别为

$$T_{AB} = M_{eA} = 22\text{kN}\cdot\text{m}$$

$$T_{BC} = -M_{eC} = -14\text{kN}\cdot\text{m}$$

作出扭矩图如图 3.13（b）所示。

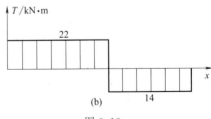

图 3.13

（2）校核强度　由于 AB、BC 两段轴的扭矩、直径均不相同，故需分段进行强度校核。根据圆轴扭转的强度条件，有

AB 段：

$$\tau_{AB} = \frac{T_{AB}}{W_{AB}} = \frac{T_{AB}}{\dfrac{\pi d_1^3}{16}} = \frac{22 \times 10^3\text{N}\cdot\text{m}}{\dfrac{\pi(0.12)^3}{16}\text{m}^3} = 64.8 \times 10^6\text{Pa} = 64.8\text{MPa} < [\tau]$$

BC 段：

$$\tau_{BC}=\frac{T_{BC}}{W_{BC}}=\frac{T_{BC}}{\dfrac{\pi d_2^3}{16}}=\frac{14\times10^3\,\mathrm{N\cdot m}}{\dfrac{\pi(0.1)^3}{16}\,\mathrm{m}^3}=71.3\times10^6\,\mathrm{Pa}=71.3\,\mathrm{MPa}<[\tau]$$

所以，该轴强度满足要求。

【例 3.4】 某汽车传动主轴为空心圆轴，已知该轴传递的最大转矩 $M_e=1760\,\mathrm{N\cdot m}$，材料的许用扭转切应力 $[\tau]=60\,\mathrm{MPa}$。若规定空心轴的内外径比 $\alpha=17/18$，试确定其内径、外径。

解：（1）计算扭矩　轴任意横截面上的扭矩均为

$$T=M_e=1760\,\mathrm{N\cdot m}$$

（2）确定截面尺寸　根据圆轴扭转的强度条件

$$\tau_{max}=\frac{T}{W_t}=\frac{1760\,\mathrm{N\cdot m}}{\dfrac{\pi D^3}{16}\left[1-\left(\dfrac{17}{18}\right)^4\right]\mathrm{m}^3}\leqslant60\times10^6\,\mathrm{Pa}$$

可得

$$D\geqslant\sqrt[3]{\frac{16\times1760\times18^4}{\pi\times(18^4-17^4)\times60\times10^6}}\,\mathrm{m}=90\times10^{-3}\,\mathrm{m}=90\,\mathrm{mm}$$

故可取该轴的外径为 $D=90\,\mathrm{mm}$，内径为 $d=D\alpha=90\times\dfrac{17}{18}=85\;(\mathrm{mm})$。

【例 3.5】 如把上例中的传动轴改为实心轴，要求它与原来的空心轴强度相同，试确定其直径，并比较实心轴和空心轴的重量。

解：（1）确定实心轴直径　由于扭矩 T 和材料的许用扭转切应力 $[\tau]$ 不变，若要求实心轴和空心轴强度相同，只需其抗扭截面系数 W_t 相同即可。设实心轴直径为 D_1，即有

$$\frac{\pi D_1^3}{16}=\frac{\pi D^3}{16}(1-\alpha^4)=29.3\times10^{-6}\;(\mathrm{m}^3)$$

由此解得

$$D_1=53.1\times10^{-3}\,\mathrm{m}=53.1\,\mathrm{mm}$$

（2）比较实心轴与空心轴的重量　实心轴横截面面积为

$$A_1=\frac{\pi D_1^2}{4}=\frac{\pi(53.1\times10^{-3}\,\mathrm{m})^2}{4}=22.1\times10^{-4}\,\mathrm{m}^2$$

空心轴横截面面积为

$$A=\frac{\pi}{4}(D^2-d^2)=\frac{\pi}{4}\times\left[(90\times10^{-3}\,\mathrm{m})^2-(85\times10^{-3}\,\mathrm{m})^2\right]=6.87\times10^{-4}\,\mathrm{m}^2$$

在两轴长度相等、材料相同的情况下，两轴重量之比等于横截面面积之比：

$$\frac{A}{A_1}=\frac{6.87\times10^{-4}\,\mathrm{m}^2}{22.1\times10^{-4}\,\mathrm{m}^2}=0.31$$

计算结果显示，在强度相同的情况下，空心轴的重量仅为实心轴的 31%，其在减轻重量、节约材料方面的效果是非常明显的。这是因为扭转圆轴横截面上的切应力沿半径呈线性分布，轴心附近的切应力很小，不能充分发挥材料的效能。改为空心轴后，相当于把轴心附近的材料向边缘转移，从而增大了截面的 I_p 和 W_t，提高了轴的扭转强度。因此，一些大型轴或对于减轻重量有较高要求的轴，通常做成空心的。

第五节　圆轴扭转时的变形

一、圆轴扭转时的变形分析

工程设计中，对于承受扭转变形的圆轴，除了要求足够的强度外，还要求有足够的刚度。即要求轴在弹性范围内的扭转变形不能超过一定的限度。例如，车床结构中的传动丝杠，其相对扭转角不能太大，否则将会影响车刀进给动作的准确性，降低加工的精度。又如，发动机中控制气门动作的凸轮轴，如果相对扭转角过大，会影响气门启闭时间等。

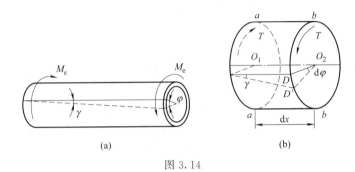

图 3.14

对某些重要的轴或者传动精度要求较高的轴，均要进行扭转变形计算。圆轴扭转时，两个横截面相对转动的角度 φ 即为圆轴的扭转变形，如图 3.14（a）所示。相距 $\mathrm{d}x$ 的微段两端截面间相对扭转角为［见图 3.14（b）］

$$\mathrm{d}\varphi = \frac{T}{GI_{\mathrm{p}}}\mathrm{d}x \qquad \text{(a)}$$

距离为 l 的两个横截面之间的相对转角为

$$\varphi = \int_l \mathrm{d}\varphi = \int_0^l \frac{T}{GI_{\mathrm{p}}}\mathrm{d}x \qquad \text{(b)}$$

若在两截面之间 T 的值不变，且轴为等直杆，则式（b）中 $\dfrac{T}{GI_{\mathrm{p}}}$ 为常量。例如只在等直圆轴的两端作用扭转力偶时，就是这种情况。这时式（b）化为

$$\varphi = \frac{Tl}{GI_{\mathrm{p}}} \qquad \text{(3.17)}$$

式中的 GI_{p} 反映了材料及轴的截面形状和尺寸对弹性扭转变形的影响，称为圆轴的"抗扭刚度"。抗扭刚度 GI_{p} 越大，相对扭转角 φ 就越小。

有时，轴在各段内的 T 并不相同，例如例 3.1 的情况；或者各段内的 I_{p} 不同，例如例 3.3 的情况。这时就应该分段计算各段的扭转角，得两端截面的相对转角为

$$\varphi = \sum_{i=1}^n \frac{T_i l_i}{GI_{\mathrm{p}i}} \qquad \text{(c)}$$

二、圆轴扭转时的刚度条件

为消除长度对变形的影响，引入单位长度的扭转角 φ'，即相距为 1 单位长度的两截面的相对转角，由公式（3.17）得出

$$\varphi' = \frac{\varphi}{l} = \frac{T}{GI_p} \tag{3.18}$$

单位是弧度/米（rad/m）。扭转的刚度条件就是限定 φ' 的最大值不得超过规定的许用值 $[\varphi']$，即

$$\varphi'_{max} = \frac{T_{max}}{GI_p} \leqslant [\varphi'] \tag{3.19}$$

工程中，习惯用（°）/m 作为 $[\varphi']$ 的单位。把上式中的弧度换算成度，得

$$\varphi'_{max} = \frac{T_{max}}{GI_p} \times \frac{180°}{\pi} \leqslant [\varphi'] \tag{3.20}$$

式（3.20）即为圆轴扭转的刚度条件。$[\varphi']$ 称为许用单位长度扭转角（可查有关手册），对其进行的计算称为扭转刚度计算。

最后，讨论一下空心轴的问题。根据例 3.5 的分析，把轴心附近的材料移向边缘，得到空心轴，它可在保持重量不变的情况下，取得较大的 I_p，即取得较大的刚度。因此，若保持 I_p 不变，则空心轴比实心轴可少用材料，重量也就较轻。所以，飞机、轮船、汽车的某些轴常采用空心轴，以减轻重量。车床主轴采用空心轴既提高了强度和刚度，又便于加工长工件。当然，如将直径较小的长轴加工成空心轴，则因工艺复杂，反而增加成本，并不经济。例如，车床的光杆一般就采用实心轴。此外，空心轴体积较大，在机器中要占用较大空间，而且若轴壁太薄，还会因扭转而不能保持稳定性。

与强度条件类似，利用刚度条件（3.20）可对轴进行刚度校核、设计截面尺寸及确定许可载荷等方面的刚度计算。

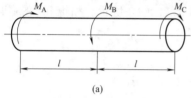

(a)

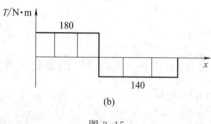

(b)

图 3.15

一般机械设备中的轴，先按强度条件确定轴的尺寸，再按刚度要求进行刚度校核。精密机器对轴的刚度要求很高，其截面尺寸的设计往往是由刚度条件所控制的。

【例 3.6】 如图 3.15（a）所示，圆截面轴 AC 承受外力偶矩 M_A、M_B 与 M_C 作用，试计算该轴的总扭转角 φ_{AC}（即截面 C 对截面 A 的相对转角），并校核轴的刚度。已知 $M_A = 180\text{N} \cdot \text{m}$，$M_B = 320\text{N} \cdot \text{m}$，$M_C = 140\text{N} \cdot \text{m}$，$I_p = 3.0 \times 10^5 \text{mm}^4$，$G = 80\text{GPa}$，$l = 2\text{m}$，$[\varphi'] = 0.5$（°）/m。

解：（1）扭转变形分析 利用截面法，得 AB、BC 段的扭矩分别为

$$T_1 = 180\text{N} \cdot \text{m}, \quad T_2 = -140\text{N} \cdot \text{m}$$

扭矩图见图 3.15（b），设上述二段轴的扭转角分别为 φ_{AB} 和 φ_{BC}，则由式（3.17）可知

$$\varphi_{AB} = \frac{T_1 l}{GI_p} = \frac{(180\text{N} \cdot \text{m})(2\text{m})}{(80 \times 10^9\text{Pa})(3.0 \times 10^5 \times 10^{-12}\text{m}^4)} = 1.50 \times 10^{-2}\text{rad}$$

$$\varphi_{BC} = \frac{T_2 l}{GI_p} = \frac{(-140\text{N} \cdot \text{m})(2\text{m})}{(80 \times 10^9\text{Pa})(3.0 \times 10^5 \times 10^{-12}\text{m}^4)} = -1.17 \times 10^{-2}\text{rad}$$

由此得轴 AC 的总扭转角为

$$\varphi_{AC}=\varphi_{AB}+\varphi_{BC}=1.50\times10^{-2}\,\text{rad}-1.17\times10^{-2}\,\text{rad}=0.33\times10^{-2}\,\text{rad}$$

各段轴的扭转角的转向，由相应扭矩的转向而定。

（2）刚度校核　轴 AC 为等截面轴，而 AB 段的扭矩最大，所以，应校核该段轴的扭转刚度。依据刚度条件有

$$\varphi'_{AB}=\frac{T_1}{GI_p}\times\frac{180^\circ}{\pi}=\frac{180\,\text{N}\cdot\text{m}}{(80\times10^9\,\text{Pa})(3.0\times10^5\times10^{-12}\,\text{m}^4)}\times\frac{180^\circ}{\pi}=0.43(^\circ)/\text{m}<[\varphi']$$

可见，该轴的扭转刚度符合要求。

【例3.7】 某传动轴如图3.16（a）所示，已知轴的额定转速 $n=300\text{r/min}$；主动轮输入功率 $P_A=36.7\text{kW}$，从动轮输出功率 $P_B=14.7\text{kW}$，$P_C=P_D=11\text{kW}$；许用切应力 $[\tau]=40\text{MPa}$，许用单位长度扭转角 $[\varphi']=2(^\circ)/\text{m}$，材料的切变模量 $G=80\text{GPa}$，试按强度条件及刚度条件设计此轴的直径。

解：（1）计算外力偶矩　由式（3.1）可得外力偶矩为

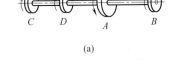

(a)

$$M_A=\left(9549\times\frac{36.7}{300}\right)\text{N}\cdot\text{m}=1168\text{N}\cdot\text{m}$$

$$M_C=M_D=\left(9549\times\frac{11}{300}\right)\text{N}\cdot\text{m}=350\text{N}\cdot\text{m}$$

$$M_B=\left(9549\times\frac{14.7}{300}\right)\text{N}\cdot\text{m}=468\text{N}\cdot\text{m}$$

（2）作扭矩图　采用截面法求得各段轴的扭矩分别为

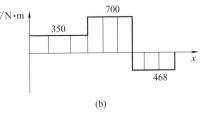

(b)

图3.16

CD 段：$T_1=M_C=350\text{N}\cdot\text{m}$

DA 段：$T_2=M_C+M_D=700\text{N}\cdot\text{m}$

AB 段：$T_3=-M_B=-468\text{N}\cdot\text{m}$

从而作出扭矩图，如图3.16（b）所示。由图可知，最大扭矩发生在 DA 段，为

$$|T|_{max}=700\text{N}\cdot\text{m}$$

（3）按强度条件设计轴的直径　根据圆轴扭转的强度条件

$$\tau_{max}=\frac{|T|_{max}}{W_t}=\frac{16|T|_{max}}{\pi D^3}\leqslant[\tau]$$

可得轴的直径

$$D\geqslant\sqrt[3]{\frac{16T}{\pi[\tau]}}=\sqrt[3]{\frac{16\times700}{\pi\times40\times10^6}}=4.47\times10^{-2}\,\text{m}=44.7\text{mm}$$

（4）按刚度条件设计轴的直径　根据圆轴扭转的刚度条件

$$\varphi'_{max}=\frac{32|T|_{max}}{G\pi D^4}\times\frac{180^\circ}{\pi}\leqslant[\varphi']$$

可得轴的直径

$$D\geqslant\sqrt[4]{\frac{32T\times180^\circ}{G\pi^2\times[\varphi']}}=\sqrt[4]{\frac{32\times700\times180^\circ}{80\times10^9\times\pi^2\times2}}=4.00\times10^{-2}\,\text{m}=40\text{mm}$$

为使轴同时满足强度条件和刚度条件，轴的直径应选取大值，即取 $D=44.7\text{mm}$。

小 结

（1）扭转特点

受力特点：承受外力偶作用，外力偶的作用面垂直于杆件轴线。

变形特点：杆件各横截面绕杆件轴线发生相对转动。

（2）外力偶矩与功率、转速之间的换算关系

$$M_e = 9549 \frac{P}{n}$$

式中，M_e 为外力偶矩，N·m；P 为功率，kW；n 为转速，r/min。

（3）扭矩　扭转变形时横截面上的内力称为扭矩，用截面法求解。

扭矩的符号规定如下：按右手螺旋定则，把扭矩表示为矢量，扭矩矢量方向与横截面外法线方向一致时扭矩为正，反之为负。这一符号规定保证了计算扭矩时，不论截面法中取哪一侧分析，截面的扭矩符号都一致。

扭矩图：表示扭矩随横截面位置变化规律的图线。

（4）切应力互等定理　在两个相互垂直的平面上，切应力必然成对出现，且数值相等，两者都垂直于两个平面的交线，方向则共同指向或共同背离两个平面的交线。

（5）剪切胡克定律　当切应力不超过材料的剪切比例极限时，切应力 τ 和切应变 γ 成正比，即

$$\tau = G\gamma$$

式中，G 为剪切弹性模量（或称为切变模量），常用单位为 GPa。详述请见第三章第三节。

（6）圆轴扭转时的应力和变形

① 圆轴扭转时横截面上产生切应力，切应力垂直于半径，呈线性分布，距圆心为 ρ 处的切应力计算式为

$$\tau_\rho = \frac{T}{I_p}\rho$$

式中，T 为横截面上的扭矩；I_p 为截面对圆心的极惯性矩；ρ 为所求应力处离圆心的距离。

其中圆心处切应力为零，横截面的外边缘处切应力最大，其计算式为

$$\tau_{max} = \frac{T}{W_t}$$

式中，$W_t = \dfrac{I_p}{\rho_{max}}$，为抗扭截面系数。圆轴扭转时的强度条件为

$$\tau_{max} = \frac{T_{max}}{W_t} \leqslant [\tau]$$

② 极惯性矩 I_p 和抗扭截面系数 W_t，对于实心圆截面，它们分别为

$$I_p = \frac{\pi D^4}{32} \quad \text{和} \quad W_t = \frac{\pi D^3}{16}$$

对于空心圆截面

$$I_p = \frac{\pi D^4}{32}(1-\alpha^4) \quad \text{和} \quad W_t = \frac{\pi D^3}{16}(1-\alpha^4)$$

式中，$\alpha = \dfrac{d}{D}$，是空心圆截面的内径 d 和外径 D 的比值。

③ 圆轴扭转时的变形用相对扭转角表示，指轴的一个截面相对于另一个截面转过的角度，长度为 l 的等截面圆轴两端的相对扭转角为

$$\varphi = \frac{Tl}{GI_{p}}$$

单位长度扭转角为

$$\varphi' = \frac{\varphi}{l} = \frac{T}{GI_{p}}$$

圆轴扭转时的刚度条件为

$$\varphi'_{max} = \frac{T_{max}}{GI_{p}} \times \frac{180°}{\pi} \leqslant [\varphi']$$

式中，$[\varphi']$ 的单位为（°）/m。

习　题

3.1　作图 3.17 所示各杆的扭矩图。

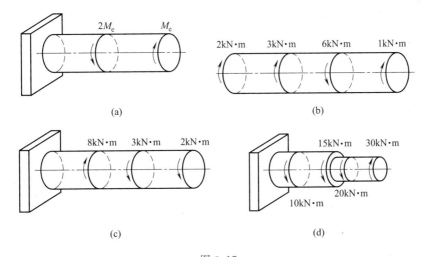

(a) $2M_e$ M_e

(b) 2kN·m 3kN·m 6kN·m 1kN·m

(c) 8kN·m 3kN·m 2kN·m

(d) 15kN·m 30kN·m 20kN·m 10kN·m

图 3.17

3.2　T 为圆杆横截面上的扭矩，试画出图 3.18 所示横截面上与 T 对应的切应力分布图。

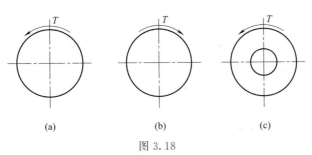

(a)　　　　(b)　　　　(c)

图 3.18

3.3　直径 $D=50\text{mm}$ 的实心圆轴，受到扭矩 $T=2.15\text{kN·m}$ 的作用。试求在距离轴心

10mm 处的切应力，并求轴横截面上的最大切应力。

3.4 某薄壁圆管，已知外径 $D=44$mm，内径 $d=40$mm，所传递转矩 $T=750$ N·m，试计算管内最大扭转切应力。

3.5 如图 3.19 所示，空心圆轴的外径 $D=40$mm，内径 $d=20$mm，所受扭矩 $T=1$ kN·m。试计算横截面上 $\rho_A=15$mm 的 A 点处的扭转切应力 τ_A，以及截面上的最大与最小扭转切应力。

3.6 某空心圆轴，已知所传递的扭矩 $T=5$ kN·m，材料的许用扭转切应力 $[\tau]=80$MPa。若轴的外径 $D=100$mm，试确定其内径 d。

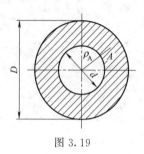

图 3.19

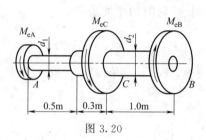

图 3.20

3.7 阶梯形实心圆轴直径分别为 $d_1=38$mm，$d_2=75$mm，轴上装有三个带轮，如图 3.20 所示。已知由主动轮 B 输入的功率为 $P_B=32$kW，从动轮 A、C 输出的功率分别为 $P_A=14$kW，$P_C=18$kW，轴作匀速转动，转速 $n=240$r/min，材料的许用扭转切应力 $[\tau]=60$MPa，$G=80$GPa，许用单位长度扭转角 $[\varphi']=2$ (°)/m。试校核轴的强度和刚度。

3.8 现欲以一内外径比 $\alpha=0.6$ 的空心圆轴来代替一直径为 400mm 的实心圆轴，使之具有相同的强度，试确定空心圆轴的内、外径，并比较两轴的重量。

3.9 阶梯轴 AB 如图 3.21 所示，AC 段直径 $d_1=40$mm，CB 段直径 $d_2=70$mm，外力偶矩 $M_B=1500$N·m，$M_A=600$N·m，$M_C=900$N·m，$G=80$GPa，$[\tau]=60$MPa，$[\varphi']=2$ (°)/m。试校核该轴的强度和刚度。

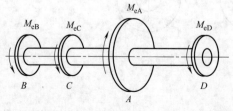

图 3.21

3.10 某传动轴如图 3.22 所示，已知额定转速 $n=300$r/min，主动轮 A 的输入功率 $P_A=36$kW，从动轮 B、C、D 的输出功率分别为 $P_B=P_C=11$kW、$P_D=14$kW。(1) 作出轴的扭矩图，并确定轴的最大扭矩；(2) 若材料的许用扭转切应力 $[\tau]=80$MPa，试确定轴的直径 d；(3) 若将轮 A 与轮 D 的位置对调，试问是否合理？为什么？

3.11 如图 3.23 所示，已知圆轴所受外力偶矩 $M_{eB}=10$kN·m，$M_{eC}=8$kN·m，轴的直径 $d=150$mm，长 $l=500$mm，材料的切变模量 $G=80$GP。试：(1) 作出轴的扭矩图；(2) 求轴内的最大切应力；(3) 计算 C、A 两截面间的相对扭转角 φ_{AC}。

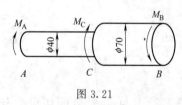

图 3.22

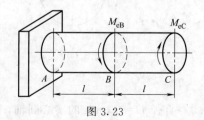

图 3.23

3.12 实心轴和空心轴通过牙嵌离合器连接，如图 3.24 所示。已知轴的转速 $n=120$ r/min，传递功率 $P=8.5$kW，材料的许用扭转切应力 $[\tau]=45$MPa。试确定实心轴的直径 D_1 和内外径比 $\alpha=0.5$ 的空心轴的外径 D_2。

3.13 如图 3.25 所示的阶梯轴，已知外力偶矩 $M_e=1$kN·m，材料的许用扭转切应力 $[\tau]=80$MPa，切变模量 $G=80$GPa，轴的许用单位长度扭转角 $[\varphi']=0.5$ (°)/m。试确定该阶梯圆轴的直径 d_1 与 d_2。

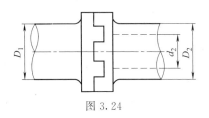

图 3.24

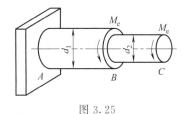

图 3.25

3.14 已知空心圆轴的外径 $D=100$mm，内径 $d=50$mm，材料的切变模量 $G=80$GPa。若测得间距 $l=2.7$m 的两截面间的相对转角 $\varphi=1.8°$，试求：（1）轴内的最大扭转切应力；（2）当轴以 $n=80$r/min 的转速转动时所传递的功率。

3.15 如图 3.26 所示，传动轴的直径为 50mm，额定转速为 300r/min，电动机通过轮 A 输入 100kW 的功率，由轮 B、C、D 分别输出 45kW、25kW、30kW 的功率以带动其他部件。已知材料的许用扭转切应力 $[\tau]=80$MPa，切变模量 $G=80$GPa，轴的许用单位长度扭转角 $[\varphi']=1$ (°)/m。试校核该传动轴的强度和刚度。

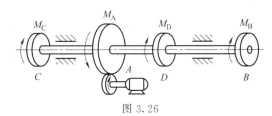

图 3.26

3.16 某传动轴受如图 3.27 所示外力偶矩作用，若材料采用 45 钢，切变模量 $G=80$GPa，许用扭转切应力 $[\tau]=60$MPa，轴的许用单位长度扭转角 $[\varphi']=1$ (°)/m。试设计轴的直径，并计算 A、D 两截面间的相对扭转角 φ_{AD}。

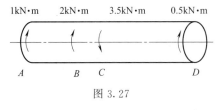

图 3.27

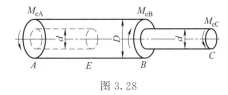

图 3.28

3.17 阶梯形圆轴如图 3.28 所示，已知 AE 为空心，BC 段与 EB 段为实心，$D=140$mm，$d=100$mm，扭转外力偶矩 $M_{eA}=18$kN·m，$M_{eB}=32$kN·m，$M_{eC}=14$kN·m，材料的许用扭转切应力 $[\tau]=80$MPa，切变模量 $G=80$GPa，轴的许用单位长度扭转角 $[\varphi']=1.2$ (°)/m。试校核该轴的强度和刚度。

3.18 直径 $d=25$mm 的钢制圆杆，受轴向拉力 60 kN 作用时，在标距为 200mm 的长度内伸长了 0.113mm；受矩为 0.2kN·m 的扭转外力偶作用时，在标距为 200mm 的长度

内相对转过了 $0.732°$。试确定钢材的弹性模量 E、切变模量 G 和泊松比 μ。

3.19 如图 3.29 所示,实心圆形截面传动轴的转速 $n=500\mathrm{r/min}$,主动轮 1 的输入功率 $P_1=368\mathrm{kW}$,从动轮 2 和 3 分别输出功率 $P_2=147\mathrm{kW}$,$P_3=221\mathrm{kW}$。已知材料的许用扭转切应力 $[\tau]=70\mathrm{MPa}$,切变模量 $G=80\mathrm{GPa}$,轴的许用单位长度扭转角 $[\varphi']=1(°)/\mathrm{m}$。(1) 试确定 AB 段的直径 D_1 和 BC 段的直径 D_2;(2) 若 AB 和 BC 两段选用同一直径,试确定直径 D;(3) 主动轮和从动轮应如何安排才比较合理?

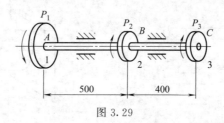

图 3.29

3.20 桥式起重机如图 3.30 所示,传动轴传递的力偶矩 $M_\mathrm{e}=1.08\ \mathrm{kN\cdot m}$,材料的许用扭转切应力 $[\tau]=70\mathrm{MPa}$,切变模量 $G=80\mathrm{GPa}$,同时规定轴的许用单位长度扭转角 $[\varphi']=0.5(°)/\mathrm{m}$。若采用实心圆轴,试设计轴的直径。

3.21 由厚度 $\delta=8\mathrm{mm}$ 的钢板卷制成的圆筒,平均直径 $D=200\mathrm{mm}$,接缝处用铆钉铆接(见图 3.31)。若铆钉直径 $d=20\mathrm{mm}$,许用切应力 $[\tau]=60\mathrm{MPa}$,许用挤压应力 $[\sigma_\mathrm{bs}]=160\mathrm{MPa}$,筒的两端受扭转力偶矩 $M_\mathrm{e}=30\ \mathrm{kN\cdot m}$ 作用,试求铆钉的间距 s。

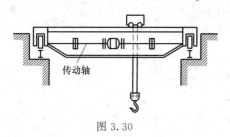

图 3.30

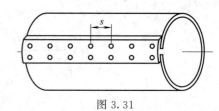

图 3.31

第四章 弯曲内力

第一节 弯曲的概念和实例

工程中，存在大量的受弯构件。例如，图 4.1（a）所示的桥式起重机大梁，图 4.1（b）所示的火车轮轴，图 4.1（c）所示的车床上的割刀及刀架等，均为受弯构件的实例。一般来说，作用于这些杆件上的外力垂直于杆件的轴线，或外力偶作用在杆件轴线所在平面内，使原为直线的轴线变形后成为曲线，这种形式的变形称为弯曲变形。以弯曲变形为主的杆件习惯上称为梁。

图 4.1

工程中常见的梁，其横截面往往有一根对称轴，如图 4.2 所示；这根对称轴与梁轴所组成的平面，称为纵向对称面（图 4.3）。上面提到的桥式起重机大梁、火车轮轴等都符合这

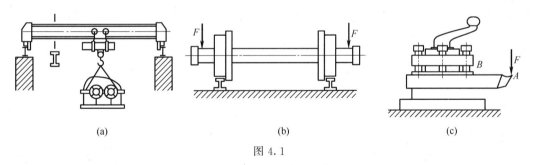

图 4.2

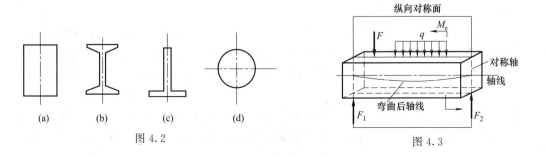

图 4.3

59

种情况。当作用在梁上的所有外力（包括荷载和支座约束力）和外力偶都在纵向对称面内时，梁变形后的轴线必定是一条在纵向对称面内的平面曲线。这种弯曲称为对称弯曲，又称平面弯曲，如图 4.3 所示。对称弯曲是弯曲问题中最简单和最常见的一种。若梁不具有纵向对称面，或者梁虽有纵向对称面但外载荷并不作用在对称面内，这种弯曲则统称为非对称弯曲。

本章主要讨论梁的平面弯曲横截面上的内力，以后两章将分别讨论平面弯曲的应力和变形。

第二节　受弯杆件的简化

工程实际中，梁所受的外力及支座情况一般比较复杂，为便于计算，在分析计算梁的内力、应力以及变形时，应首先对梁进行必要的简化，抽象出计算简图。在简化时，通常用梁的轴线来代表梁，并对作用于梁上的载荷和梁的支座作如下简化。

一、支座的几种基本形式

计算简图中对梁支座的简化，主要是根据每个支座对梁的约束情况来确定。例如，在图 4.1 （a）和（b）中的桥式起重机大梁和火车轮轴，都是通过车轮安置于钢轨之上的。钢轨不能限制车轮平面的轻微偏转，但车轮凸缘与钢轨的接触却可以约束轴线方向的位移。所以，可以把两条钢轨中的一条看作是固定铰支座，而另一条视为可动铰支座，如图 4.4 （a）和（b）所示。至于图 4.1 （c），车刀被牢牢地固定在刀架中，B 端截面既不能移动，也不能转动，可以简化为固定端，如图 4.4 （c）所示。

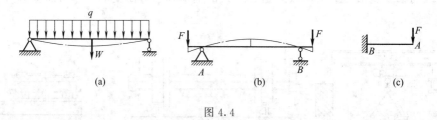

图 4.4

二、载荷的简化

作用在梁上的实际载荷通常可以简化为以下三种基本类型。

（1）集中力　当载荷作用于梁上的区域很小时，可简化为集中力。例如，图 4.1 （a）所示吊车梁上的吊重、图 4.1 （b）所示火车车厢对轮轴的压力、图 4.1 （c）所示割刀上的切削力等，都可以简化成集中力。

（2）集中力偶　工程中的某些梁有时会受到大小相等、方向相反但不在一条直线上的一对平行外力的作用，如图 4.3 所示。这一对外力构成作用在梁纵向对称面内的外力偶。由于该外力偶作用在承力构件与梁连接处的很小区域上，故可简化为集中力偶。集中力偶通常用其矩 M_e 来表示。

（3）分布载荷　连续作用在梁的一段或整个长度上的载荷应简化为分布载荷，如图 4.1 （a）所示的吊车梁上的自重。分布载荷的强弱通常用载荷集度 q，即单位长度上的载荷大小来衡量。

三、梁的类型

梁可分为静定梁和超静定梁。支座约束力可以根据静力平衡方程求出的梁称为静定梁；至于支座约束力不能完全由静力平衡方程确定的梁，称为超静定梁。静定梁包括单跨静定梁和多跨静定梁（又称静定组合梁）。根据支座约束的不同情况，单跨静定梁可分为三种基本形式。

（1）简支梁　梁的一端为固定铰支座，另一端为可动铰支座，见图 4.4（a）。

（2）外伸梁　梁的一端或两端伸出支座的简支梁，见图 4.4（b）。

（3）悬臂梁　梁的一端为固定端约束，另一端为自由端，见图 4.4（c）。

简支梁或外伸梁的两个铰支座之间的距离称为跨度，用 l 来表示。悬臂梁的跨度是固定端到自由端的距离。

第三节　剪力和弯矩

一、弯曲内力

根据梁的计算简图，当载荷已知时，由平衡方程即可确定静定梁的支座约束力，进一步就可以应用截面法研究梁各横截面上的内力。

如图 4.5（a）所示，简支梁 AB 受到已知载荷 F 和载荷集度为 q 的均布载荷及支座约束力 F_A、F_B 的作用，梁处于平衡状态。为求梁横截面 m—m 上的内力，沿该截面假想地把梁分成两段，左、右两段在切开截面上将出现相互作用的内力且各段仍处于平衡状态。若取左段为研究对象，如图 4.5（b）所示，因有支座约束力 F_A 作用，为使左段满足 $\sum F_y = 0$，则截面 m—m 上必然有与 F_A 等值、平行且反向的内力，这个内力是与横截面相切的分布内力系的合力 F_S，称为剪力；同时，因 F_A 对截面 m—m 的形心 C 点有一个力矩 $F_A a$ 的作用，为满足 $\sum M_C = 0$，则截面 m—m 上也必然有一个与力矩 $F_A a$ 大小相等且转向相反的内力偶矩 M 存在，它是与横截面垂直的分布内力系合成的力偶矩 M，称为弯矩。由此可见，梁发生弯曲时，横截面上同时存在着两个内力因素，即剪力和弯矩。剪力的常用单位为 N 或 kN，弯矩的常用单位为 N·m 或 kN·m。

剪力和弯矩的大小，可由左段梁的静力平衡方程求得，即

$$\sum F_y = 0, \quad F_A - F_S = 0$$

$$F_S = F_A$$

$$\sum M_C = 0, \quad M - F_A a = 0$$

$$M = F_A a$$

如果取右段梁作为研究对象，如图 4.5（c）所示，同样可求得截面 m—m 上的剪力和弯矩。但必须注意，分别以左段和右段为研究对象求出的剪力 F_S 和弯矩 M 数值是相等的，而方向和转向则是相反的，因为它们是作用力和反作用力的关系。

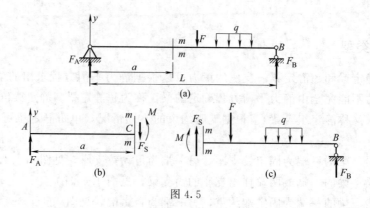

图 4.5

二、剪力和弯矩的正负号规定

为使上述两种算法得到的同一截面上的弯矩和剪力，不仅数值相同而且符号也一致，剪力和弯矩的符号规定如下：剪力对所选梁段上任一点的矩为顺时针转向时为正，即剪力使所选梁段发生左高右低或左上右下错动时为正，反之剪力为负，如图 4.6（a）所示；弯矩使梁的上部受压、下部受拉的弯矩为正，即弯矩使所选梁段产生向下凸的变形时为正，反之弯矩为负，如图 4.6（b）所示。

根据上述符号规则和内力与外力间的平衡关系可知，对水平梁的某一指定截面来说，在它左侧的向上外力，或右侧的向下外力，在该截面产生正的剪力；反之，产生负的剪力。至于弯矩，则无论在指定截面的左侧或右侧，都是向上的外力产生正的弯矩，向下的外力产生负的弯矩。

综上所述，用截面法求指定截面上的剪力和弯矩的步骤如下。

（1）计算支座约束力；

（2）用假想的截面在需求内力处将梁截成两段，取其中任一段为研究对象；

（3）画出研究对象的受力图（截面上的剪力 F_s 和弯矩 M 都先假设为正的方向）；

（4）建立平衡方程，解出内力。

下面举例说明用截面法计算指定截面上的剪力和弯矩。

【例 4.1】 简支梁 AB 如图 4.7（a）所示。已知 C 处作用集中力的大小为 $F = 10$ kN，求距 A 点 0.8m 处截面 $n—n$ 上的剪力和弯矩。

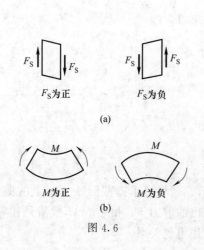

图 4.6

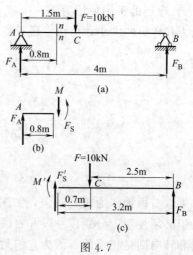

图 4.7

解：（1）求支座 A、B 处约束力　取整体为研究对象，如图 4.7（a）所示，由静力平衡方程求得

$$F_A=6.25\text{kN}, \quad F_B=3.75\text{kN}$$

（2）求剪力和弯矩　沿 $n-n$ 截面假想截开，取左半段分析，在画受力图时，将截面上剪力、弯矩统一设成与规定的正方向相一致的方向，如图 4.7（b）所示，列平衡方程

$$\sum F_y=0, \quad F_A-F_S=0$$
$$\sum M_C=0, \quad M-F_A\times 0.8\text{m}=0$$

解得

$$F_S=6.25\text{ kN}, \quad M=5\text{ kN·m}$$

若取右半段考虑时，如图 4.7（c）所示，列平衡方程

$$\sum F_y=0, \quad F_S'-F+F_B=0$$
$$\sum M_C=0, \quad F_B\times 3.2\text{m}-F\times 0.7\text{m}-M'=0$$

同样解得

$$F_S'=6.25\text{ kN}, \quad M'=5\text{ kN·m}$$

求得剪力和弯矩均为正值，表示截面 $n-n$ 上内力假定的方向与实际方向相同，即正的剪力和正的弯矩。

【例 4.2】　外伸梁受力如图 4.8（a）所示，求 1—1、2—2 截面上的剪力和弯矩。其中 1—1 截面从左侧无限接近 C 截面，2—2 截面从右侧无限接近 B 截面。

解：（1）求支座约束力　取整体为研究对象，如图 4.8（a）所示，由静力平衡方程求得

$$F_A=3\text{ kN}, \quad F_B=9\text{ kN}$$

（2）求 1—1 截面的内力　将梁沿 1—1 截面截开，取左半段为研究对象，其受力如图 4.8（b）所示。则有

$$\sum F_y=0, \quad F_A-F_{S1}=0$$
$$\sum M_1=0, \quad M_1-F_A\times 2\text{m}=0$$

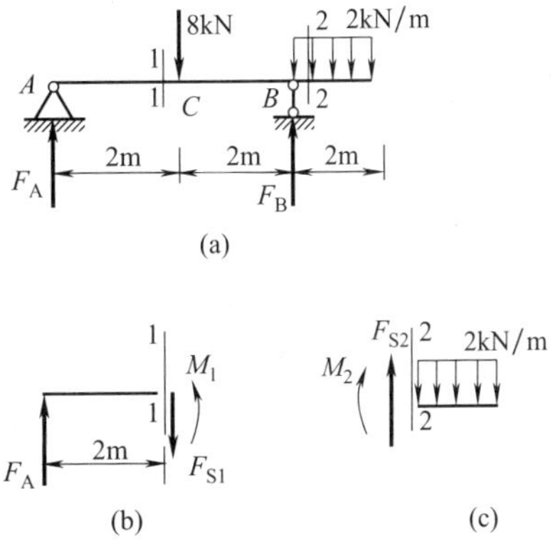

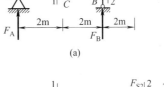

解得

$$F_{S1}=3\text{ kN}, \quad M_1=6\text{ kN·m}$$

（3）求 2—2 截面的内力　将梁沿 2—2 截面截开，取右半段为研究对象，其受力如图 4.8（c）所示。则有

$$\sum F_y=0, \quad F_{S2}-2\text{kN/m}\times 2\text{m}=0$$
$$\sum M_2=0, \quad M_2-2\text{kN/m}\times 2\text{m}\times 1\text{m}=0$$

图 4.8

解得

$$F_{S2}=4\text{ kN}, \quad M_2=-4\text{ kN·m}$$

2—2 截面上求得的弯矩为负值，表示截面 2—2 上弯矩假定的方向与实际方向相反，即弯矩实际为负的弯矩。

【例 4.3】　简支梁的受荷载情况如图 4.9 所示，求 1—1、2—2、3—3、4—4 截面的内力。

解：（1）求支座约束力　取整体为研究对象，设支座约束力 F_A、F_B 方向向上，由平

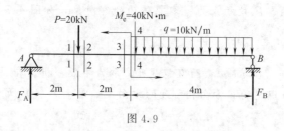

图 4.9

衡方程

$$\sum m_A(F)=0，F_B\times 8m-10kN/m\times 4m\times 6m+40kN\cdot m-20\ kN\times 2m=0$$

$$\sum m_B(F)=0，10kN/m\times 4m\times 2m+40kN\cdot m+20kN\times 6m-F_A\times 8m=0$$

得

$$F_A=30\ kN，F_B=30\ kN$$

(2) 求各截面的内力

1—1 截面：

$$F_{S1}=F_A=30kN$$

$$M_1=F_A\times 2m=30kN\times 2m=60kN\cdot m$$

2—2 截面：

$$F_{S2}=F_A-F=30kN-20kN=10kN$$

$$M_2=F_A\times 2m=30kN\times 2m=60kN\cdot m$$

3—3 截面：

$$F_{S3}=F_A-F=30kN-20kN=10kN$$

$$M_3=F_A\times 4m-F\times 2m=30kN\times 4m-20kN\times 2m=80kN\cdot m$$

4—4 截面：

$$F_{S4}=q\times 4m-F_B=10kN/m\times 4m-30kN=10kN$$

$$M_4=F_B\times 4m-q\times 4m\times 2m=30kN\times 4m-10kN/m\times 4m\times 2m=40kN\cdot m$$

可见，求指定截面上内力的基本规律如下。

① 求指定截面上的内力时，既可取梁的左段为分离体，也可取右段为分离体，两者计算结果一致（方向、转向相反）。一般取外力比较简单的一段进行分析。

② 在解题时，一般在需要求解的内力的截面上把内力（F_S、M）假设为与规定的正方向相一致的方向。最后计算结果是正，则表示假设的内力方向（转向）是正确的，解得的 F_S、M 即为正的剪力和弯矩。若计算结果为负，则表示该截面上的剪力和弯矩均是负的，其方向（转向）应与所假设的相反（但不必再把分离体图上假设的内力方向改过来）。

③ 梁内任一截面上的剪力 F_S 的大小，等于这截面左边（或右边）所有与截面平行的各外力的代数和；梁内任一截面上的弯矩的大小，等于这截面左边（或右边）所有外力（包括力偶）对于这个截面形心的力矩的代数和。

第四节　剪力方程和弯矩方程——剪力图和弯矩图

为了计算梁的强度和刚度问题，除了要计算指定截面的剪力和弯矩外，还必须知道剪力和弯矩沿梁轴线的变化规律，从而找到梁内剪力和弯矩的最大值以及它们所在的截面位置。

一、剪力方程和弯矩方程

从上节的讨论可以看出，梁内各截面上的剪力和弯矩一般随截面的位置而变化。若横截面的位置用沿梁轴线的坐标 x 来表示，则各横截面上的剪力和弯矩都可以表示为坐标 x 的函数，即

$$F_S = F_S(x)$$
$$M = M(x)$$

以上两个函数式表示梁内剪力和弯矩沿梁轴线的变化规律，分别称为剪力方程和弯矩方程。

二、剪力图和弯矩图

为了形象地表示剪力和弯矩沿梁轴线的变化规律，可以根据剪力方程和弯矩方程分别绘制剪力图和弯矩图。以沿梁轴线的横坐标 x 表示梁横截面的位置，以纵坐标表示相应横截面上的剪力或弯矩，把正剪力、正弯矩画在 x 轴上方，负剪力、负弯矩画在 x 轴下方。

【例 4.4】 图 4.10（a）所示的悬臂梁受均布载荷 q 作用。试作梁的剪力图和弯矩图。

解：以 A 点为坐标系原点建立坐标系，如图 4.10（a）所示。在坐标为 x 的任意横截面左侧，外力只有均布载荷，若在截面 x 处截开并取左段为研究对象，可不必求固定端 B 处约束力。根据剪力和弯矩的计算方法及符号规定，可求得该截面上剪力和弯矩的表达式分别为

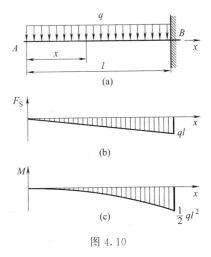

图 4.10

$$F_S(x) = -qx \quad (0 \leqslant x < l) \qquad (a)$$

$$M(x) = -qx\frac{x}{2} = -\frac{qx^2}{2} \quad (0 \leqslant x < l) \qquad (b)$$

这就是梁的剪力方程和弯矩方程。式（a）表明，剪力图是一斜直线，只需确定两点，例如在 $x=0$ 处 $F_S=0$，在 $x=l$ 处 $F_S=-ql$，即可绘出该斜线，如图 4.10（b）所示。式（b）表明，弯矩图是抛物线，需要确定曲线上的几个点，才能绘出该条曲线，如图 4.10（c）所示。

由图 4.10（b）、（c）可见，在固定端处左侧横截面上的剪力和弯矩数值均系最大，分别为 $|F_S|_{max} = ql$ 和 $|M|_{max} = \dfrac{ql^2}{2}$。

【例 4.5】 简支梁受均布载荷作用，如图 4.11（a）所示，试画出梁的剪力图和弯矩图。

解：（1）求支座约束力，由静力平衡方程得

$$F_A = F_B = \frac{1}{2}ql(方向向上)$$

（2）列剪力方程和弯矩方程。以梁的左端为坐标原点，建立坐标系如图 4.11（a）所示。取距 A 点为 x 处的任意截面，将梁假想截开，考虑左段平衡，根据剪力和弯矩的计算方法及符号规定，可得：

$$F_S(x) = F_A - qx = \frac{1}{2}ql - qx \qquad (0 < x < l) \qquad (a)$$

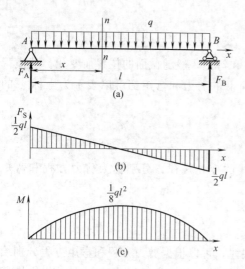

图 4.11

$$M(x)=F_A x-\frac{1}{2}qx^2=\frac{1}{2}qlx-\frac{1}{2}qx^2$$

$$(0\leqslant x\leqslant l) \qquad (b)$$

（3）画剪力图和弯矩图。由式（a）可知，剪力是 x 的一次函数，即剪力方程为一直线方程，剪力图是一条斜直线。

当 $x=0$ 时，$F_A=\dfrac{ql}{2}$；$x=l$ 时，$F_B=-\dfrac{ql}{2}$。

根据这两个截面的剪力值，画出剪力图，如图 4.11（b）所示。

由式（b）知，弯矩是 x 的二次函数，说明弯矩图是一条二次抛物线，应至少计算三个截面的弯矩值，才可描绘出曲线的大致形状。

当 $x=0$ 时，$M_A=0$；$x=\dfrac{l}{2}$ 时，$M_C=\dfrac{ql^2}{8}$；$x=l$ 时，$M_B=0$。

根据以上计算结果，画出弯矩图，如图 4.11（c）所示。

从剪力图和弯矩图中可知，受均布荷载作用的简支梁，其剪力图为斜直线，弯矩图为二次抛物线；最大剪力发生在两端支座处，绝对值为 $|F_S|_{max}=\dfrac{1}{2}ql$；而最大弯矩发生在剪力为零的截面上，其绝对值为 $|M|_{max}=\dfrac{1}{8}ql^2$。

从例 4.4、例 4.5 可以看到，在固定端处，剪力和弯矩分别等于该支座处的约束力和约束力偶矩。在梁端的铰支座上，剪力等于该支座的约束力。如果在端点铰支座上没有集中力偶的作用，则铰支座处的弯矩等于零。有均布荷载作用的梁段，剪力图为斜直线，弯矩图为抛物线且在剪力等于零的截面上弯矩有极值。

【例 4.6】 图 4.12（a）所示的简支梁受集中力 F 作用。试作梁的剪力图和弯矩图。

解： 由梁的整体平衡条件得支座约束力为

$$F_A=\frac{Fb}{l}, \quad F_B=\frac{Fa}{l}$$

以梁的左端为坐标原点，建立坐标系如图 4.12（a）所示。由于集中力 F 的作用，将梁分为 AC 和 CB 两段，两段内的剪力或弯矩不能用同一方程式表达，应分段列出。在 AC 段内取距原点为 x 的任意横截面左侧，根据剪力和弯矩的计算方法及符号规定，可求得 AC 段的剪力和弯矩方程分别为

$$F_S(x)=\frac{Fb}{l} \qquad (0<x<a) \qquad (a)$$

$$M(x)=\frac{Fb}{l}x \qquad (0\leqslant x\leqslant a) \qquad (b)$$

在 CB 段内取坐标为 x 的任意截面，该截面上的剪

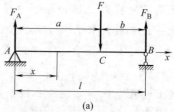

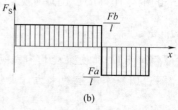

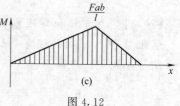

图 4.12

力方程和弯矩方程分别是

$$F_S(x) = \frac{Fb}{l} - F = -\frac{Fa}{l} \quad (a < x < l) \tag{c}$$

$$M(x) = \frac{Fb}{l}x - F(x-a) = \frac{Fa}{l}(l-x) \quad (a \leqslant x \leqslant l) \tag{d}$$

当然，在 CB 段内如用截面右侧的外力计算，会得到相同的结果。

由式（a）、式（c）两式可知，左、右两段梁的剪力图各是一条平行于 x 轴的直线。由式（b）、式（d）两式可知，左、右两梁段的弯矩图各是一条斜直线。根据这些方程绘出的剪力图和弯矩图如图 4.12（b）、（c）所示。

由图 4.12（b）、（c）可见，在集中力作用处，左、右两侧截面上的剪力值有突变，且突变量为集中力的值。

【例 4.7】 图 4.13（a）所示的简支梁在 C 点处受矩为 M_e 的集中力偶作用。试作此梁的剪力图和弯矩图。

解： 由平衡方程求出支座约束力为

$$F_A = \frac{M_e}{l}(\text{向下}), \quad F_B = \frac{M_e}{l}(\text{向上})$$

以梁的左端为坐标原点，建立坐标系如图 4.13（a）所示。由于梁上的载荷是一个集中力偶，所以，AC 和 CB 两段梁的剪力方程可以统一，但是弯矩方程则不同。剪力方程为

$$F_S(x) = -F_A = -\frac{M_e}{l} \quad (0 < x < l) \tag{a}$$

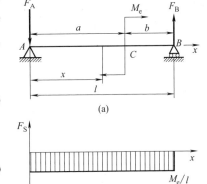

AC 段弯矩方程：

$$M(x) = -F_A x = -\frac{M_e}{l}x \quad (0 \leqslant x < a) \tag{b}$$

CB 段弯矩方程：

$$M(x) = F_B(l-x) = \frac{M_e}{l}(l-x) \quad (a < x \leqslant l) \tag{c}$$

由式（a）可知，梁在 AC 段和 CB 段剪力都是常数，其值为 $-\dfrac{M_e}{l}$，故剪力是一条在 x 轴下方且平行于 x 轴的直线，画出剪力图如图 4.13（b）所示。由式（b）、式（c）可知，梁在 AC 段和 CB 段内弯矩都是 x 的一次函数，故弯矩图是两段斜直线，画出弯矩图如图 4.13（c）所示。

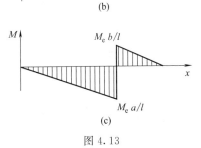

图 4.13

由图 4.13（b）、（c）可见，在集中力偶作用处，左、右两侧截面上的弯矩值有突变，且突变量为集中力偶的值。

【例 4.8】 如图 4.14（a）所示的简支梁，已知 q、a，试列出梁的剪力及弯矩方程，作剪力图及弯矩图并求出 $|F_S|_{max}$ 及 $|M|_{max}$。

解：（1）求支座约束力 由图 4.14（b）所示的梁的受力分析图，列平衡方程

$$\sum M_B = 0, \quad -F_A \times 3a + 2qa \times 2a + qa \times a = 0$$

$$\sum F_y = 0, \quad F_A + F_B - 2qa - qa = 0$$

求得支座约束力为

$$F_A = \frac{5}{3}qa, \quad F_B = \frac{4}{3}qa$$

（2）列剪力方程与弯矩方程　AC 段（以左段为研究对象）的剪力方程和弯矩方程分别为

$$F_S(x) = F_A - qx = \frac{5}{3}qa - qx \quad (0 < x < 2a)$$

$$M(x) = F_A x - \frac{qx^2}{2} = \frac{5}{3}qax - \frac{qx^2}{2} \quad (0 \leqslant x \leqslant 2a)$$

CB 段（以右段为研究对象）的剪力方程和弯矩方程分别为

$$F_S(x) = -F_B = -\frac{4}{3}qa \quad (2a < x < 3a)$$

$$M(x) = F_B(3a - x) = \frac{4}{3}qa(3a - x) = 4qa^2 - \frac{4}{3}qax \quad (2a \leqslant x \leqslant 3a)$$

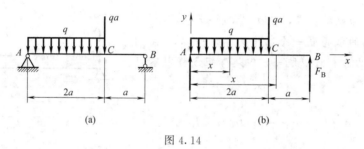

图 4.14

（3）画剪力图和弯矩图如下

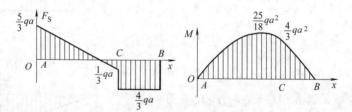

（4）求 $|F_S|_{\max}$ 及 $|M|_{\max}$　$x = 0$ 处剪力最大，$|F_S|_{\max} = \frac{5}{3}qa$；$\dfrac{\mathrm{d}M}{\mathrm{d}x} = 0$，即 $x = \frac{5}{3}$ 处，弯矩取极值，也是最大值，故 $|M|_{\max} = \frac{5}{3}qa \times \frac{5}{3}a - \frac{q}{2} \times \left(\frac{5}{3}a\right)^2 = \frac{25}{18}qa^2$。

第五节　剪力、弯矩、载荷集度间关系

由上节知，作梁的剪力和弯矩图，需要列出梁各段的剪力和弯矩方程，往往比较麻烦。因此，本节介绍一种不需列出剪力和弯矩方程，而是利用剪力、弯矩与载荷集度三者间的关系，直接绘制剪力图和弯矩图的方法。

一、剪力、弯矩与载荷集度间的微分关系

直梁的受力如图 4.15（a）所示，分布载荷的集度 $q(x)$ 是 x 的连续函数，若设坐标原点位于左端，坐标轴 x 轴自左向右为正向、y 轴自下向上为正向，则规定 $q(x)$ 与 y 方向一致为正，即向上为正。在坐标为 x 处取出长为 $\mathrm{d}x$ 的微段，并放大为图 4.15（b）所示。微段左边截面上的剪力和弯矩分别为 $F_S(x)$ 和 $M(x)$，它们都是 x 的连续函数。当 x 有一个增量 $\mathrm{d}x$ 时，$F_S(x)$ 和 $M(x)$ 的相应增量是 $\mathrm{d}F_S(x)$ 和 $\mathrm{d}M(x)$。所以，微段右边截面上的剪力和弯矩分别是 $F_S(x)+\mathrm{d}F_S(x)$ 和 $M(x)+\mathrm{d}M(x)$。微段上的这些内力均设为正，由静力平衡方程 $\sum F_y=0$ 和 $\sum M_C=0$（C 为微段 n—n 截面形心）得

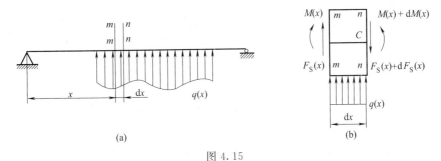

图 4.15

$$F_S(x)-[F_S(x)+\mathrm{d}F_S(x)]+q(x)\mathrm{d}x=0$$

$$-M(x)+[M(x)+\mathrm{d}M(x)]-F_S(x)\cdot\mathrm{d}x-q(x)\mathrm{d}x\,\frac{\mathrm{d}x}{2}=0$$

整理以上两式，并略去第二式中的高阶微量 $q(x)\,\mathrm{d}x\,\dfrac{\mathrm{d}x}{2}$，得

$$\frac{\mathrm{d}F_S(x)}{\mathrm{d}x}=q(x) \tag{4.1}$$

$$\frac{\mathrm{d}M(x)}{\mathrm{d}x}=F_S(x) \tag{4.2}$$

从式（4.1）和式（4.2）又可得到如下关系：

$$\frac{\mathrm{d}^2M(x)}{\mathrm{d}x^2}=\frac{\mathrm{d}F_S(x)}{\mathrm{d}x}=q(x) \tag{4.3}$$

以上三式表示了直梁剪力、弯矩与载荷集度间的微分关系。从数学分析中可知，式（4.1）和式（4.2）的几何意义分别是：剪力图上某点处的切线斜率等于该点处载荷集度的大小；弯矩图上某点处的切线斜率等于该点处剪力的大小。显然，在梁上的集中力或集中力偶作用处上述关系并不成立。

二、利用剪力、弯矩与载荷集度间的微分关系绘制剪力、弯矩图

根据上面导出的关系式，容易得出下面的一些规律。

（1）若梁的某一段内无分布载荷作用，即 $q(x)=0$，由式（4.1）可知，在这一段内 $F_S(x)$ 为常量，即剪力图是平行于 x 轴的直线，如图 4.13（b）所示；由式（4.2）可知，$M(x)$ 是 x 的一次函数，弯矩图是斜直线，如图 4.13（c）所示。

（2）若梁的某一段内作用有均布载荷，即 $q(x)=$ 常数，由式（4.1）可知，在这一段内 $F_S(x)$ 是 x 的一次函数，$M(x)$ 是 x 的二次函数。因此，剪力图是斜直线，弯矩图是抛物线。

若均布载荷向下，即 $q(x)$ 为负，则 $\dfrac{\mathrm{d}^2M(x)}{\mathrm{d}x^2}=q(x)<0$，弯矩图的开口向下，应为凸曲线，而剪力图为向右下方倾斜的直线，如图 4.10 和图 4.11 所示。反之，若均布载荷向上，则弯矩图的开口向上，应为凹曲线，而剪力图为向右上方倾斜的直线。

（3）若在梁的某一截面上，$\dfrac{\mathrm{d}M(x)}{\mathrm{d}x}=F_S(x)=0$，则在这一截面上弯矩有一极值。即在剪力等于零的截面上，弯矩为极值 [图 4.11（c）]。

（4）在集中力作用的截面处，若两侧截面上的剪力值有一突然变化，即剪力图有突变，则突变值等于集中力的大小，突变方向与集中力的真实方向一致（从左向右画剪力图）；而两侧截面上的弯矩值相等，但弯矩图的切线斜率有变化，因而弯矩图该处有折角，如图 4.12 所示。

（5）在集中力偶作用的截面处，若两侧截面上的弯矩值发生突然变化，即弯矩图有突变，则突变值等于集中力偶的大小。有关突变方向：从左向右画弯矩图，若集中力偶为顺时针方向，则弯矩图向上突增；反之则相反。由于左右两侧的剪力值相等，因而对剪力图没有影响，如图 4.13 所示。

利用上述规律可以校核所作剪力图和弯矩图的正确性；也可利用这些规律快速绘制剪力图和弯矩图，简化作图过程。

【例 4.9】 薄板轧机轧辊的计算简图如图 4.16（a）所示，q 为均匀分布在 CD 长度上的轧制力。试利用上面介绍的一些关系，直接作梁的剪力图和弯矩图。已知 $q=100$ kN/m。

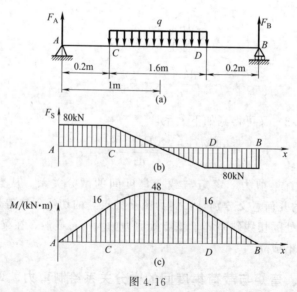

图 4.16

解：先计算约束力 F_A、F_B，由静力平衡方程得

$$F_A=F_B=80 \text{ kN}$$

约束力 F_A、F_B 及均布载荷将梁分为 AC、CD 和 DB 三段。AC 和 DB 梁段上 $q=0$，故这两段梁上的剪力图和弯矩图应分别为水平直线和斜直线。在 CD 段上有向下的均布载

荷，故剪力图和弯矩图应分别为向右下方倾斜的直线和向上凸的二次抛物线。

对于剪力图为水平直线的梁段，只须求出该段中任一横截面上的剪力即可作该段的剪力图。根据剪力的计算方法，截面 C 和 D 上的剪力分别为

$$F_{SC}=F_A=80\text{kN}$$
$$F_{SD}=-F_B=-80\text{kN}$$

根据以上的定性分析及算得的剪力，即可作出全梁的剪力图 ［图 4.16 （b）］。

由于 AC 和 DB 段的弯矩图为斜直线，因此须计算每段中两个截面的弯矩值才能作图。为此，计算 A、B、C、D 四个横截面上的弯矩。根据弯矩的计算方法，并利用对称性，得

$$M_A=M_B=0$$
$$M_D=M_C=F_A\times 0.2\text{m}=16\ \text{kN}\cdot\text{m}$$

对于 CD 段梁，其弯矩图应为向上凸的二次抛物线。由于在梁的跨度中点处横截面上的剪力 $F_S=0$，因而该横截面上的弯矩为极值。由弯矩的计算方法得

$$M=F_A\times 1\text{m}-\frac{1}{2}q(1-0.2)^2\text{m}^2=48\ \text{kN}\cdot\text{m}$$

根据以上的定性分析及算得的弯矩，即可作出全梁的弯矩图 ［图 4.16 （c）］。由图 4.16 （c）可见 $M_{\max}$ 发生在跨中横截面上。

现在校核已作出的剪力图和弯矩图。在向下的均布载荷作用的梁段 CD 上，剪力图为向右下方倾斜的直线，弯矩图为向上凸起的二次抛物线，极值弯矩处对应 $F_S=0$ 的点。弯矩图上直线与抛物线光滑相接，即在该处切线斜率只有一个，这与剪力图上 C、D 处剪力无突变的情况相符。经校核可知，所作的剪力图和弯矩图是正确的。

以上所用的作图方法实际上是利用了载荷集度、剪力和弯矩之间的微分关系。利用这种方法不必写出剪力方程和弯矩方程，从而使作图过程大为简化，故该法称为简易法，简易法作图的步骤是：在求得梁的约束力以后，首先要明确剪力图和弯矩图分成几段，并定性地分析每段图线的形状；然后计算几个横截面（各段的分界处截面和极值弯矩截面）上的剪力和弯矩，进而作出剪力图和弯矩图；最后再作必要的校核。

【例 4.10】　外伸梁所受载荷如图 4.17 （a）所示。试利用上面得到的结论，直接作剪力图和弯矩图。

解：（1）求支座约束力

$$F_A=10\text{kN},\ F_B=5\text{N}$$

（2）求特定截面的剪力和弯矩值，作剪力图和弯矩图。

特定截面剪力值为：

C 截面上的剪力值 $F_{SC}=-F=-3\text{kN}$，A 截面左侧的剪力值 $F_{SA左}=-F=-3\text{kN}$，A 截面右侧的剪力值 $F_{SA右}=F_A-F=7\text{kN}$，D 截面上的剪力值 $F_{SD}=7\text{kN}$，B 截面上的剪力值 $F_{SB}=-F_B=-5\text{kN}$。作剪力图如图 4.17 （b）所示。

特定截面上的弯矩值：

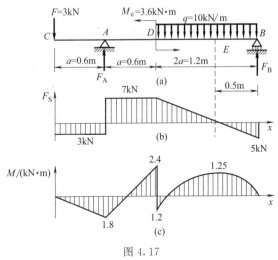

图 4.17

C 截面上的弯矩值 $M_C=0$，A 截面的弯矩值 $M_A=-Fa=-1.8$（kN·m），D 截面左侧的弯矩值 $M_{D左}=F_A a-F\times2a=2.4$（kN·m），$D$ 截面右侧的弯矩值 $M_{D右}=F_A a-F\times 2a-M_e=-1.2$（kN·m），$B$ 截面上的弯矩值 $M_B=0$，剪力为零的 E 截面上的弯矩值 $M_E=F_B\times(0.5\text{m})-\frac{1}{2}q(0.5\text{m})^2=1.25\text{kN·m}$。作弯矩图如图 4.17（c）所示。

对多跨静定梁不再列举例题，请读者自行练习，需注意的是中间铰不能传递力偶，故铰所在截面处的弯矩等于零。

第六节　平面刚架和平面曲杆的弯曲内力

一、平面刚架

由若干不同取向的杆件在同一平面内通过杆端相互刚性连接而组成的结构，称为平面刚架［图 4.18（a）］，如钻床床架、轧钢机机架和压力机的机架等。各杆连接处称为刚节点，如图 4.18（a）中的 B 点，刚架变形时，刚节点处各杆轴线之间的夹角保持不变，即刚性连接处没有相对转动。若载荷作用在包含轴线的平面内，则刚架各杆的内力除了剪力和弯矩外，还有轴力。内力可由静力平衡方程确定的刚架称为静定刚架。作刚架内力图的方法和步骤与梁相同，但因刚架是由不同取向的杆件组成的，习惯上按下列约定。

弯矩图约定画在杆件受压一侧，即弯曲后的凹侧，不注明正、负号。

剪力图及轴力图，可画在刚架轴线的任一侧（通常正值画在刚架外侧），但须注明正负号；剪力和轴力的正负号仍与前述规定相同。

二、平面曲杆

工程中有些构件，如活塞环、链环、拱等，一般都有一个纵向对称面，其轴线为一平面曲线，当载荷作用于纵向对称面内时，曲杆也将发生弯曲变形，称为平面曲杆或平面曲梁。平面曲杆横截面上的内力一般有轴力、剪力和弯矩。轴力、剪力的符号规定与直杆的规定相同；弯矩使轴线曲率增大时规定为正。计算平面曲杆的内力通常还是采用截面法，且对圆弧形曲杆选用极坐标表示其截面位置较为方便。作平面曲杆的内力图常常以内力方程为依据，以曲杆的轴线为基准线，沿其轴线的法线方向标出内力的大小，并约定将弯矩图画在曲杆受压的一侧（土木类习惯于将弯矩图画在曲杆受拉的一侧），而不在图中注明正负号。下面通过两个例题说明平面刚架和曲杆的内力计算方法。

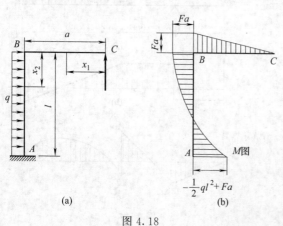

图 4.18

【例 4.11】　作图 4.18（a）所示刚架的弯矩图。已知在其轴线平面内受载荷 F 和 q 作用。

解：计算内力时，一般应先求刚架的约束力。但本题的刚架 C 点为自由端，若对水平杆将坐标原点取在 C 点，对竖直杆将坐标原点取在 B 点，并分别取水平杆的截面右侧部分和竖直杆的截面以上部分作为研究对象 [图 4.18 (a)]，则可以不求约束力。下面列出各段杆的弯矩方程为

CB 段：

$$M(x_1) = Fx_1 \qquad (0 \leqslant x_1 \leqslant a)$$

BA 段：

$$M(x_2) = Fa - \frac{1}{2}qx_2^2 \qquad (0 \leqslant x_2 < l)$$

根据各段的内力方程，按照绘图约定即可绘出弯矩图，如图 4.18 (b) 所示。

【例 4.12】 一端固定的四分之一圆环在其轴线平面内受力如图 4.19 (a) 所示，试写出此曲杆的内力方程并作出弯矩图。

解： 首先写出曲杆的内力方程。对于环状曲杆，应以极坐标表示其横截面的位置。取环的中心 O 为极点，以 OB 为极轴，并用 θ 表示横截面的位置 [图 4.19 (a)]。对于曲杆，内力的符号规定为：引起拉伸变形的轴力为正；使轴线曲率增加的弯矩为正；对所取杆段内任一点，若剪力对该点之力矩为顺时针转向，则剪力为正。按此规定，图 4.19 (b) 中的轴力 F_N、弯矩 M 和剪力 F_S 均表示为正。列出内力方程为

$$F_N(\theta) = -F\sin\theta$$

$$F_S(\theta) = F\cos\theta$$

$$M(\theta) = FR\sin\theta \qquad \left(0 \leqslant \theta < \frac{\pi}{2}\right)$$

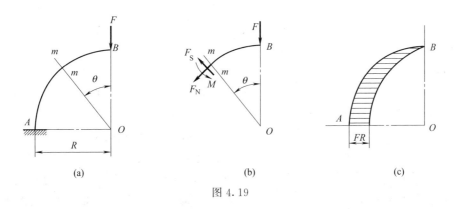

图 4.19

以曲杆的轴线为基线，将弯矩分别标在与横截面相应的曲杆半径线上，由弯矩方程即可作出弯矩图，如图 4.19 (c) 所示。

小 结

(1) 弯曲变形

受力特点：杆件所受外力垂直于杆件的轴线，或外力偶作用在杆件轴线所在平面内。

变形特点：杆件直线的轴线变形后成为曲线。

(2) 基本概念

纵向对称面：梁横截面的对称轴与梁轴所组成的平面。

对称弯曲：梁上的所有外力（包括荷载和支座约束力）和外力偶都在纵向对称面内时，

梁变形后的轴线必定是一条在纵向对称面内的平面曲线。对称弯曲又称平面弯曲。

（3）静定梁的基本形式

简支梁：一端为固定铰支座，另一端为可动铰支座的梁。

外伸梁：简支梁一端或两端伸出支座外的梁。

悬臂梁：一端为固定端约束，另一端为自由端的梁。

（4）剪力和弯矩

剪力：横截面上分布内力系的合力，与截面平行或相切，通常用 F_S 来表示。

剪力的符号规定如下：剪力对所选梁段上任一点的矩为顺时针转向时为正，即剪力使所选梁段发生左高右低或左上右下错动时为正，反之剪力为负。

弯矩：横截面上分布内力系的合力偶矩，与截面垂直，通常用 M 来表示。

弯矩的符号规定如下：使梁的上部受压、下部受拉的弯矩为正，即弯矩使所选梁段产生向下凸的变形时为正，反之弯矩为负。

剪力方程：反映剪力随横截面位置变化规律的数学表达式。若以沿梁轴线的坐标 x 表示横截面的位置，则横截面上的剪力 F_S 可以表达为 x 的函数，即有剪力方程 $F_S=F_S(x)$。

弯矩方程：反映弯矩随横截面位置变化规律的数学表达式。若以沿梁轴线的坐标 x 表示横截面的位置，则横截面上的弯矩 M 可以表达为 x 的函数，即有剪力方程 $M=M(x)$。

剪力图：表示剪力随横截面位置变化规律的图线。符号规定为正的剪力绘在 x 轴的上方，反之绘在 x 轴的下方。

弯矩图：表示弯矩随横截面位置变化规律的图线。符号规定为正的弯矩绘在 x 轴的上方，反之绘在 x 轴的下方。

（5）剪力、弯矩和载荷集度三者之间的微分关系

$$\frac{\mathrm{d}^2 M(x)}{\mathrm{d}x^2}=\frac{\mathrm{d}F_S(x)}{\mathrm{d}x}=q(x)$$

（6）剪力图和弯矩图的主要规律

① 若梁段上无分布载荷作用，即 $q(x)=0$，则剪力值为常量，剪力图是平行于 x 轴的直线；而弯矩方程是 x 的一次函数，弯矩图是斜直线。

② 梁段内作用有均布载荷，即 $q(x)=$ 常数，则剪力方程是 x 的一次函数，弯矩方程是 x 的二次函数。因此，剪力图是斜直线，弯矩图是抛物线。

若均布载荷指向向下，则弯矩图的开口向下，应为凸曲线，而剪力图为向右下方倾斜的直线。反之，若均布载荷指向向上，则弯矩图的开口向上，应为凹曲线，而剪力图为向右上方倾斜的直线。

③ 若梁的某一段为纯弯曲，则此段梁的剪力恒为零，弯矩图为一平行于梁轴线的水平直线。

④ 若在梁的某一截面上剪力为零，则弯矩为极值。

⑤ 在集中力作用的截面处，若剪力图有突变，则突变值等于集中力的大小，而弯矩值不变，但弯矩图的切线斜率发生突变，即弯矩图该处有折角。

⑥ 在集中力偶作用的截面处，若弯矩图有突变，则突变值等于集中力偶的大小，而剪力值不变，且对剪力图没有影响。

⑦ 平面刚架和平面曲杆的变矩图约定画在杆件受压一侧，即弯曲后的凹侧，不需注明正、负号。

习 题

4.1 试求图 4.20 所示各梁中截面 1—1、2—2、3—3 和 4—4 上的剪力和弯矩，这些截面无限接近于截面 C、D 或截面 B。设 F、q、a 和 M_e 均为已知。

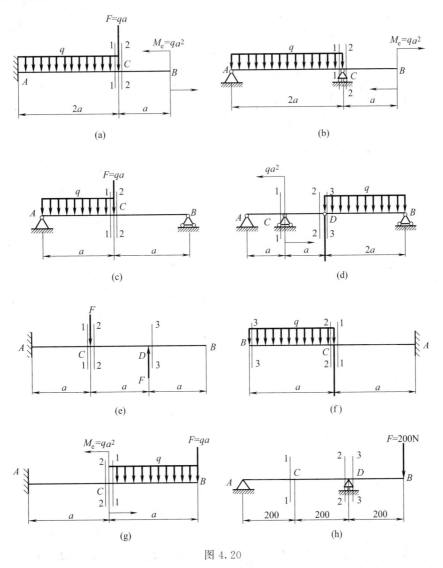

图 4.20

4.2 已知图 4.21 所示各梁的载荷 F、q、M_e 和尺寸 a。（1）列出梁的剪力方程和弯矩方程；（2）作剪力图和弯矩图；（3）确定 $|F_S|_{max}$ 及 $|M|_{max}$。

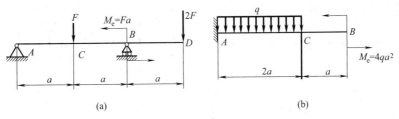

图 4.21

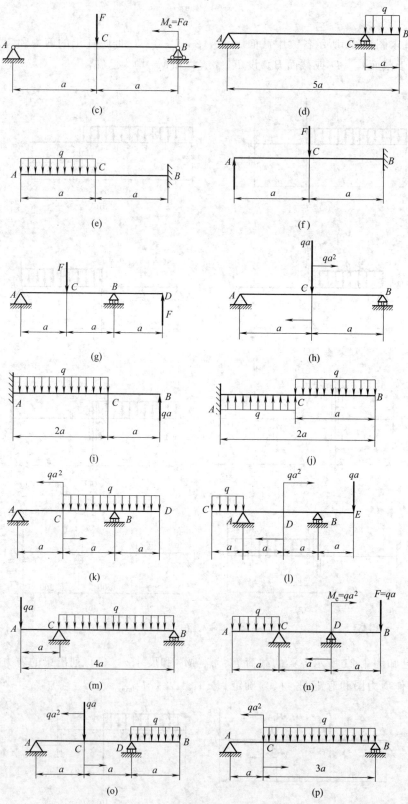

图 4.21

4.3　作图 4.22 所示梁的剪力图和弯矩图，并标明必要的数值。

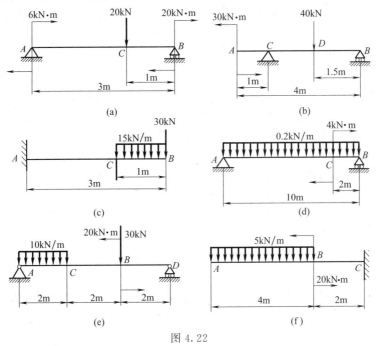

图 4.22

4.4　试作图 4.23 所示的静定组合梁的剪力图和弯矩图。

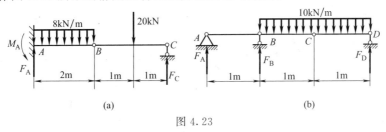

图 4.23

4.5　试利用弯矩、剪力和载荷集度间的微分关系检查图 4.24 所示各梁的剪力图和弯矩图，并将错误处加以改正。

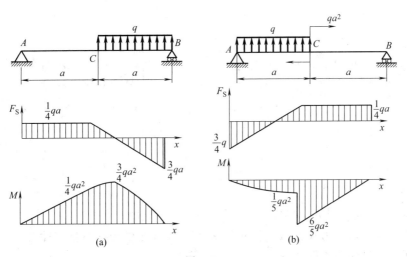

图 4.24

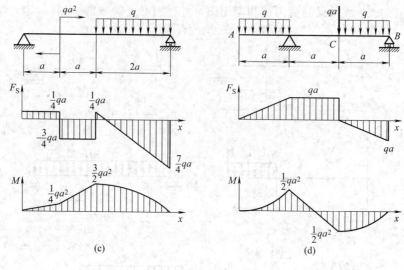

图 4.24

4.6 设梁的剪力图如图 4.25 所示，已知梁上没有作用集中力偶，试作弯矩图及载荷图。

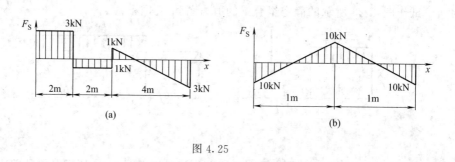

图 4.25

4.7 试根据图 4.26 所示简支梁的弯矩图作出梁的剪力图和载荷图。

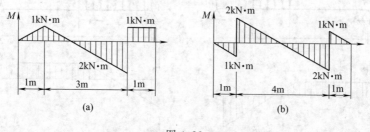

图 4.26

4.8 设 q、a 均为已知，作图 4.27 所示刚架的弯矩图。

4.9 土壤与静水压力往往按线性规律分布。若简支梁受按线性规律分布载荷的作用，如图 4.28 所示，试作剪力图和弯矩图。

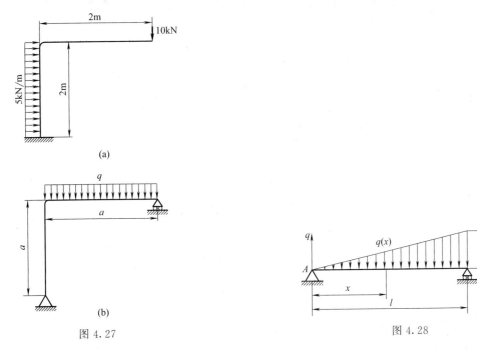

(a)

图 4.27

图 4.28

4.10　图 4.29 所示桥式起重机的自重为集度为 q 的均布载荷，起吊的重量为 F。以此为例，试说明作弯矩图的叠加法。

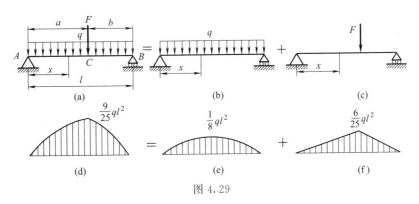

图 4.29

4.11　如欲使图 4.30 所示外伸梁中的弯矩值（绝对值）为最小，则支座到端点的距离 a 与梁长 l 的比 a/l 应等于多少？

4.12　如图 4.31 所示的吊车梁，设吊车的每个轮子对梁的作用力都是 F，试问吊车在什么位置时梁内的弯矩为最大？其最大弯矩等于多少？最大弯矩作用截面在何处？设吊车的轮距为 d，大梁的跨度为 l。

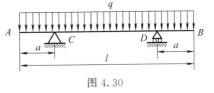

图 4.30

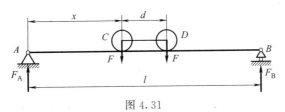

图 4.31

4.13 写出图 4.32 所示各曲杆的轴力、剪力和弯矩方程，并作弯矩图。设曲杆的轴线皆为圆形，且 F、R 为已知。

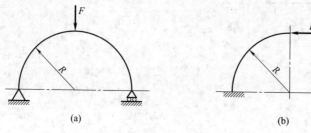

(a)   (b)

图 4.32

第五章 弯曲应力

第一节 概 述

在第四章中讨论了梁弯曲时横截面上的内力，剪力及弯矩为了使梁在工程上满足强度问题，需要进一步研究横截面上各点的应力及其分布规律。在上一章中曾指出，剪力是相切于横截面的内力系的合力，而弯矩是垂直于横截面的内力系的合力偶矩。所以弯矩只与横截面上的正应力 σ 相关，而剪力只与切应力 τ 相关。本章将研究弯曲正应力 σ 及弯曲切应力 τ 的大小及其分布规律。

在图 5.1（a）中，火车芯轴可以简化为外伸梁，载荷作用在梁的纵向对称面内，梁的弯曲为平面弯曲。

图 5.1（b）为其计算简图，其中的虚线为梁的轴线变形曲线。从梁的剪力图 [图 5.1（c）] 和弯矩图 [图 5.1（d）] 可以看到，CA 和 BD 梁段的各横截面上，剪力和弯矩同时存在，这种弯曲称为横力弯曲；而在 AB 梁段内，横截面上则只有弯矩而没有剪力，而弯矩为常量，这种弯曲称为纯弯曲。横力弯曲时，剪力不为零。从图中可以知道，梁的各截面上弯矩是不同的；纯弯曲时，由于 $F_S=0$，可知梁的各截面上弯矩为一不变的常数值，即 $M=$ 常量。

先分析梁在纯弯曲时横截面上的弯曲正应力。纯弯曲梁可以通过在材料试验机上实现，并且可用来观察变形规律，首先在梁端施加外力偶矩 M 以

(a)

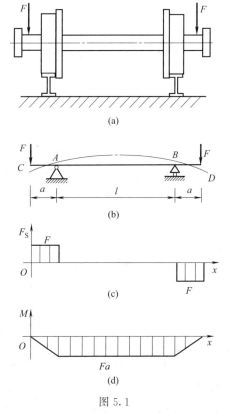

(b)

(c)

(d)

图 5.1

前，在其侧表面上画出两条相邻并与梁轴线垂直的横向线 1—1 和 2—2 [图 5.2（a）]，并在两横向线之间再分别画两条纵向线 ab 和 cd，然后，在梁的两端施加一对外力偶矩 M，使梁处于纯弯曲状态。通过实验观察 [图 5.2（b）]，可以得到如下变形现象：

（1）纵向线 ab 和 cd，由变形前的直线弯曲为弧线。靠近凸边的纵向线 ab 伸长了；而靠近凹边的纵向线 cd 缩短。

（2）与梁轴线垂直的横线仍为直线，各横线间发生相对转动，不再相互平行，但仍与梁弯曲后的轴线垂直。

可以假设：变形前原为平面的梁的横截面仍为平面，且仍然垂直于变形后梁的轴线。这就是弯曲变形的平面假设。

假设梁是由许多层纵向纤维组成的，根据梁变形的连续性，则梁变形后，在梁内（即 ab 与 cd 之间）一定存在一层纤维既不伸长也不缩短，我们把这一层称为中性层。中性层与横截面的交线称为中性轴（图 5.3）。在中性层上下两侧的纤维如一侧伸长，则另一侧一定缩短。这就形成横截面绕中性轴的轻微转动。弯曲时，由于梁上的载荷都作用于梁的纵向对称面内，梁的整体变形应对称于纵向对称面，因此，中性轴与纵向对称面垂直。

以上是对弯曲变形的概括性描述。在纯弯曲中，还认为纵向纤维之间没有相互作用的正应力。至此，对于纯弯曲变形提出了如下两个假设：

（1）平面假设；

（2）纵向纤维之间无正应力。

根据以上两个假设得出的理论结果，在长久以来的工程实践中，符合实际情况，而且得到了实践的检验。并且，在纯弯曲的情况下，与弹性理论的结果相吻合。

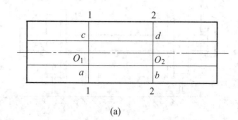

(a)

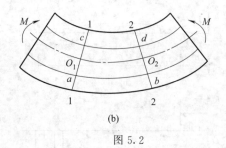

(b)

图 5.2

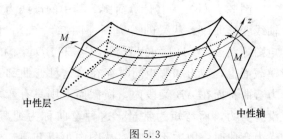

图 5.3

第二节　纯弯曲时的正应力

假设梁的纵向对称面内，作用大小相等、方向相反的力偶，使得梁产生纯弯曲。此时，梁的横截面上只有弯矩，因而只有与弯矩相对应的正应力。如同研究扭转应力一样，也需要综合考虑变形协调关系、物理方程和静力学方程三方面，才能得出弯曲时的正应力。

1. 变形几何关系

弯曲变形前和弯曲变形后的梁段分别如图 5.4（a）、（b）所示，分别以梁截面的对称轴为 y 轴，且向下为正；如图 5.4（c）所示，以中性轴为 z 轴（中性轴位置以后讨论）。中性轴位置未确定前，x 轴暂时认为通过原点横截面的法线。依据平面假设，变形前相距为 $\mathrm{d}x$ 的两个横截面，变形后各自绕中性轴相对应旋转了一个角度 $\rho\mathrm{d}\theta$［图 5.4（b）］，但横截面仍保持为平面，以下研究距中性层为 y 处的纤维 ab 的变形。

$$\widehat{ab} = (\rho + y)\mathrm{d}\theta - \rho\mathrm{d}\theta = y\mathrm{d}\theta$$

式中，ρ 为中性层的曲率半径，纤维 ab 的原长度为 $\mathrm{d}x$，且 $\overline{ab} = \mathrm{d}x = \overline{O_1O_2}$。因为变形前和变形后中性层内纤维 O_1O_2 的长度不变，所以

$$\overline{ab} = \mathrm{d}x = \overline{O_1O_2} = \widehat{O_1O_2} = \rho\mathrm{d}\theta$$

依据应变的定义，纵向纤维 ab 的应变为

$$\varepsilon = \frac{(\rho + y)\mathrm{d}\theta - \rho\mathrm{d}\theta}{\rho\mathrm{d}\theta} = \frac{y}{\rho} \tag{a}$$

公式中，距中性层为 y 处纵向纤维的应变与其到中性轴的距离成正比。

2. 物理方程

依据前述假设，各纵向纤维之间互不挤压，之间无正应力，任一层上的各点都处于单向拉伸或压缩，在弹性范围内有胡克定律

$$\sigma = E\varepsilon \tag{b}$$

将式（a）代入式（b），得

$$\sigma = E\frac{y}{\rho} \tag{c}$$

上式表明，纯弯曲时，任意纵向纤维的正应力与其到中性轴的距离成正比，在横截面上，某一点的正应力与该点到中性轴的距离成正比。如图 5.4（d）所示，中性轴处正应力等于零，沿截面高度按线性规律变化。

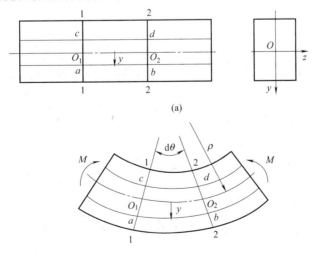

图 5.4

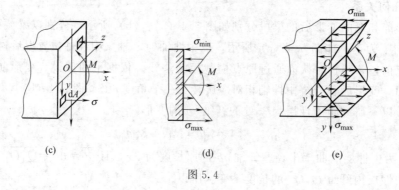

图 5.4

3. 静力学关系

虽然由变形几何关系、物理方程得到了正应力分布规律，但中性轴的位置及曲率半径 ρ 尚待确定，为了进一步确定正应力的值，还需要考虑正应力和内力之间的静力学关系，才能最终确定横截面上各点的正应力值。

横截面上的微内力 $\sigma \mathrm{d}A$ 组成一个与横截面垂直的空间平行力系〔见图 5.4（c），图中仅画出了力系中的一个微内力 $\sigma \mathrm{d}A$〕，这样的平行力系只可能简化为平行于 x 轴的轴力 F_{x}。对 y 轴和 z 轴的力偶矩 M_{y} 和 M_{z} 内力分量，它们分别是

$$F_{\mathrm{N}} = \int_A \sigma \mathrm{d}A \,,\ M_{\mathrm{y}} = \int_A z\sigma \mathrm{d}A \,,\ M_{\mathrm{z}} = \int_A y\sigma \mathrm{d}A$$

考虑横截面左侧内力和应与外力相平衡。在纯弯曲的情况下，横截面上的轴力和应该等于零，即满足 $\sum F_{\mathrm{x}} = 0$，横截面左侧内力对 z 轴力偶矩 M_{z} 应该等于作用在横截面左面的弯矩值，而横截面左侧内力对于 y 轴力偶矩 M_{y} 应该等于零，即

$$F_{\mathrm{N}} = \int_A \sigma \mathrm{d}A = 0 \tag{d}$$

$$M_{\mathrm{y}} = \int_A z\sigma \mathrm{d}A = 0 \tag{e}$$

因此，横截面上的内力系最后只归结为一个弯矩 M，该弯矩是横截面上合力对 z 轴的矩，即

$$M_{\mathrm{z}} = \int_A y\sigma \mathrm{d}A = M \tag{f}$$

依据静力学平衡方程，弯矩 M 与内力对 z 轴构成的力偶矩 M_{z} 的值大小相等，方向相反。

将式（c）代入式（f）中，得

$$M_{\mathrm{z}} = \int_A y\sigma \mathrm{d}A = \frac{E}{\rho} \int_A y^2 \mathrm{d}A = M \tag{g}$$

式中，积分

$$I_{\mathrm{z}} = \int_A y^2 \mathrm{d}A \tag{h}$$

是横截面对中性轴 z 的惯性矩，它是仅仅与横截面尺寸及形状相关的几何量。式（g）可写为

$$\frac{1}{\rho} = \frac{M}{EI_{\mathrm{z}}} \tag{5.1}$$

此式为用曲率表示的弯曲变形公式。式中，曲率 $1/\rho$ 与弯矩成正比，EI_z 称为截面抗弯曲刚度，EI_z 越大，则曲率 $1/\rho$ 越小，将上式代入式（c）中，即可得到纯弯曲时梁的横截面上的正应力计算公式

$$\sigma = \frac{My}{I_z} \tag{5.2}$$

式中，正应力 σ 的正负号与弯矩 M 及点坐标 y 的正负号有关。实际计算中，可根据截面上弯矩 M 的方向，直接判断中性轴的哪一侧产生拉应力，哪一侧产生压应力，一点的正应力是拉应力或压应力可由弯曲变形直接判定，而不必计及 M 和 y 的正负，甚至 σ 的正负。如图 5.4（d）所示即为正弯矩作用下，横截面上每条纵向纤维的应力分布图；图 5.4（e）即为横截面上各点的正应力分布图。反之亦然。

推导公式（5.1）及公式（5.2）时，为了简洁，将梁截面画成矩形，但是，推导过程中，并未用到矩形截面的任何几何性质，所以，只要梁具有纵向对称面，且载荷作用于该平面内，此公式就适用。

此外，再对公式（d）、公式（e）进行一下探讨，将式（c）代入式（d），有

$$F_N = \frac{E}{\rho} \int_A y \mathrm{d}A = 0 \tag{i}$$

式中，$S_z = \int_A y \mathrm{d}A$，称为横截面对于 z 轴的静矩。由于 $\frac{E}{\rho} =$ 常量且不等于零，故必有静矩一定等于零，$S_z = 0$ 也就说明 z 轴（中性轴）必通过截面形心。这也就完全确定了 x 轴和 z 轴的位置。结论是，中性轴通过截面形心又包含在中性层内，所以梁截面的形心轴线（形心连线）亦在中性层内，其长度不变。

若将式（c）代入式（e），有

$$M_y = \frac{E}{\rho} \int_A yz \mathrm{d}A = 0 \tag{j}$$

式中，积分 $I_{yz} = \int_A yz \mathrm{d}A$ 称为横截面对 y 轴和 z 轴的惯性积。因为 y 轴为横截面的对称轴，因此有 $I_{yz} = 0$（见附录二），所以式（j）是满足的。

第三节　横力弯曲梁的正应力

一、横力弯曲时的正应力

公式（5.2）是以纯弯曲的梁为例，以本章第一节中的两个假设为基础得出的，而工程中的梁，所见的弯曲问题以横力弯曲居多，此时，梁的横截面上不仅有由于弯矩的作用而引起的正应力，而且还有由于剪力而引起的切应力。由于切应力的存在，横截面不再保持为平面，梁的横截面将产生翘曲。与此同时，横力弯曲下，也不能保证纵向纤维之间无正应力。但是，由实验及进一步的理论分析已证明，对于梁的跨度（l）与高度（h）之比大于 5 时，梁的纯弯曲公式（5.2）可以用于计算横力弯曲时梁横截面上的正应力；并不会引起很大的误差，且能够确保满足工程问题所需要的精度。

横力弯曲时，弯矩不再是常量，而是随截面位置变化的，如果是等截面梁，一般情况下，最大正应力 σ_{max} 发生在弯矩最大的截面上，且距中性轴最远处，由公式（5.2）得

$$\sigma_{\max}=\frac{M_{\max}y_{\max}}{I_z} \tag{5.3}$$

上式即为横力弯曲梁的正应力计算公式。计算正应力时，一般以弯矩的最大值计算。但公式（5.3）也表明，正应力不仅仅与弯矩 M 及 y 坐标有关，而且与 $y_{\max}/I_z$ 有关，即与横截面的形状及尺寸相关，所以对于不等截面梁，最大正应力不一定发生在弯矩最大的截面上。

引入

$$W_z=\frac{I_z}{y_{\max}} \tag{5.4}$$

则公式（5.3）可以改写为

$$\sigma_{\max}=\frac{M}{W_z} \tag{5.5}$$

上式中的 W_z 称为抗弯截面模量，它与截面的尺寸及形状有关，可由公式（5.4）计算。

二、简单惯性矩的计算

1. 矩形截面梁

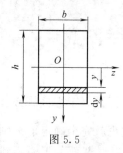

图 5.5

图 5.5 所示的矩形截面，高度为 h，宽度为 b，坐标轴通过截面形心，并平行于矩形底边，为了求截面惯性矩，可取宽为 b，高为 $\mathrm{d}y$ 且平行于 z 轴的狭长条为微面积，即取

$$\mathrm{d}A=b\,\mathrm{d}y$$

于是，由式（h）得矩形截面对 z 轴的惯性矩为

$$I_z=\int_A y^2\,\mathrm{d}A=\int_{-h/2}^{h/2}y^2 b\,\mathrm{d}y=\frac{1}{12}bh^3$$

由式（5.4）得抗弯截面模量为

$$W_z=\frac{1}{12}\frac{bh^3}{\dfrac{h}{2}}=\frac{1}{6}bh^2 \tag{5.6}$$

2. 圆形及圆环形截面的惯性矩

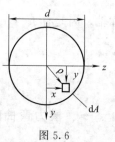

图 5.6

图 5.6 所示为圆形截面，直径为 d，坐标轴 z 通过截面形心，即为形心轴。由图中可见

$$\rho^2=y^2+z^2$$

对于圆截面，通过形心任一轴的惯性矩相等，即 $I_z=I_y$。所以，截面的极惯性矩为

$$I_\mathrm{p}=\int_A \rho^2\,\mathrm{d}A=\int_A (y^2+z^2)\,\mathrm{d}A=\int_A y^2\,\mathrm{d}A+\int_A z^2\,\mathrm{d}A=I_z+I_y$$

因此得

$$I_\mathrm{p}=2I_y=2I_z \tag{5.7}$$

将式 I_p 代入上式，即得到圆形截面（图 5.6）对形心轴 z 的惯性矩为

$$I_z=\frac{\pi}{64}d^4 \tag{5.8}$$

而抗弯截面模量为

$$W_z=\frac{\dfrac{\pi}{64}d^4}{\dfrac{d}{2}}=\frac{\pi}{32}d^3 \tag{5.9}$$

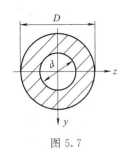

图 5.7

同样道理，圆环形截面（图 5.7）对形心轴 z 的惯性矩及抗弯截面模量分别为

$$I_z = \frac{\pi D^4}{64}(1-\alpha^4) \tag{5.10}$$

$$W_z = \frac{\pi D^3}{64}(1-\alpha^4) \tag{5.11}$$

工程实际中，常常遇见形状比较复杂的截面及组合截面梁。组合截面通常是由若干简单截面组合而成的，对于此类截面梁的惯性矩及抗弯截面模量，在附录一中我们会有详细描述；而对于由标准型材组成的梁，在附录二（型钢表中）可以直接查到。

【例 5.1】 如图 5.8 所示长为 l 的矩形截面梁，在自由端作用一集中力 F，已知 $h=0.18\mathrm{m}$，$b=0.12\mathrm{m}$，$y=0.06\mathrm{m}$，$a=2\mathrm{m}$，$F=1.5\mathrm{kN}$，求 C 截面上 K 点的正应力。

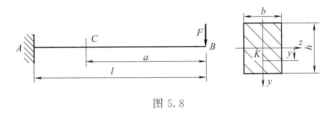

图 5.8

解：先求出 C 截面上弯矩

$$M_C = -Fa = -1.5 \times 10^3 \times 2 = -3 \times 10^3 (\mathrm{N \cdot m})$$

截面对中性轴的惯性矩

$$I_z = \frac{bh^3}{12} = \frac{0.12 \times 0.18^3}{12} = 58.32 \times 10^{-6} (\mathrm{m}^4)$$

将 M_C、I_z、y 代入正应力计算公式，则有

$$\sigma_K = \frac{M_C}{I_z}y = \frac{-3 \times 10^3}{58.32 \times 10^{-6}} \times 0.06 = -3.09 \times 10^6 (\mathrm{Pa}) = -3.09 (\mathrm{MPa})$$

K 点的正应力为负值，表明其应为压应力。

三、梁的弯曲正应力强度条件

由最大弯曲正应力公式可知，对于抗拉及抗压性能相同的塑性材料制成的梁，且中性层对称的等截面梁，只要使梁内绝对值最大的正应力不超过材料的许用应力即可。对于等截面直梁，若材料的拉、压强度相等，则最大弯矩的所在面称为危险截面，为保证梁的安全，梁的最大正应力点应满足强度条件。可以建立梁的弯曲正应力强度条件为

$$\sigma_{max} = \frac{M}{W_z} \leqslant [\sigma] \tag{5.12}$$

而对于抗拉及抗压强度不同的材料制成的梁，则要求梁内的最大拉应力不超过材料的许用拉应力 $[\sigma_t]$，同时最大压应力也不超过材料的许用压应力 $[\sigma_c]$，强度条件分别写成

$$\sigma_{max}^t = \frac{M_1 y_{1max}}{I_z} \leqslant [\sigma_t] \tag{5.13}$$

$$\sigma_{max}^c = \frac{M_2 y_{2max}}{I_z} \leqslant [\sigma_c] \tag{5.14}$$

式中，M_1 及 M_2 一般为最大正弯矩或最大负弯矩所在截面，而 $y_{1\max}$ 及 $y_{2\max}$ 分别对应于非对称截面上下边缘到中性轴的距离。实际计算中需要判断具体哪个截面上的哪个点具有最大正应力或最大压应力，这样的点称为危险点。

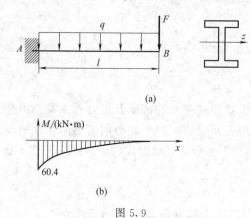

(a)

(b)

图 5.9

对于由脆性材料制成的梁，由于其抗拉强度和抗压强度相差甚大，所以要对最大拉应力点和最大压应力点进行分别校核。

【例 5.2】 如图 5.9 （a）所示，一悬臂梁长 $l=2\text{m}$，自由端受集中力 $F=30\text{kN}$ 作用，梁由 No.24a 工字钢制成，自重按 $q=0.2\text{kN/m}$ 计算，$[\sigma]=160\text{MPa}$。试校核梁的正应力强度。

解：（1）画出弯矩图如图 5.9 所示，求最大弯矩的绝对值。

$$|M_{\max}|=Fl+\frac{ql^2}{2}=30\times2+\frac{1}{2}\times0.2\times2^2=60.4(\text{kN}\cdot\text{m})$$

（2）查型钢表，No.24a 工字钢的抗弯截面系数为：$W_x=381\text{cm}^3$ （即对应本题中的 W_z）。

（3）校核正应力强度

$$\sigma_{\max}=\frac{M_{\max}}{W_z}=\frac{60.4\times10^3}{381\times10^{-3}}=158.53\text{MPa}<[\sigma]$$

满足正应力强度条件。

【例 5.3】 一热轧普通工字钢截面简支梁如图 5.10 （a）所示，已知：$l=6\text{m}$，$F_1=15\text{kN}$，$F_2=21\text{kN}$，钢材的许用应力 $[\sigma]=170\text{MPa}$，试选择工字钢的型号。

解：（1）画弯矩图，确定 $M_{\max}$。

求支反力 $F_A=17\text{ kN}$（↑）

$F_B=19\text{ kN}$（↑）

绘 M 图，最大弯矩发生在 F_2 作用截面上，其值为 $M_{\max}=38\text{kN}\cdot\text{m}$。

（2）计算工字钢梁所需的抗弯截面系数为

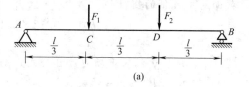

(a)

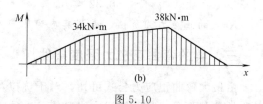

(b)

图 5.10

$$W_{z1}\geqslant\frac{M_{\max}}{[\sigma]}=\frac{38\times10^6}{170}=223.5\times10^3(\text{mm}^3)=223.5(\text{cm}^3)$$

（3）选择工字钢型号

由附录查型钢表得 No.20a 工字钢的 W_z 值为 237cm^3，略大于所需的 W_{z1}，故采用 No.20a 号工字钢。

【例 5.4】 如图 5.11 （a）所示，外伸梁材料为铸铁，横截面形状为 T 形。已知铸铁的抗拉许用应力 $[\sigma_t]=35\text{MPa}$，抗压许用应力 $[\sigma_c]=150\text{MPa}$，截面惯性矩 $I_z=884\times10^4\text{mm}^4$，截面形心距底面与顶面的距离分别为：$y_1=45\text{mm}$，$y_2=95\text{mm}$；所受外力 $F_1=4\text{kN}$，$F_2=10\text{kN}$。试校核梁的弯曲正应力强度。

解：（1）外力计算，由平衡方程确定梁支座约束力为

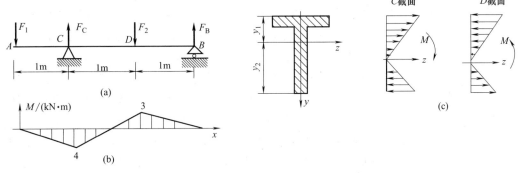

图 5.11

$$F_C = 11\text{kN}(\uparrow)，\ F_B = 3\text{kN}(\uparrow)$$

（2）内力计算，画出梁的弯矩图 [图 5.11（b）]。

（3）确定危险截面及危险点，进行强度计算。

T 形截面对中性层不对称，同一截面上的最大拉应力及最大压应力并不相等。计算最大应力时，应将 y_1 及 y_2 分别代入公式（5.13）及公式（5.14）中，在截面 C 上，弯矩是负的，显而易见，最大压应力发生在 D 截面上边缘各点，而 D 截面上边缘压应力应该小于许用压应力，有

$$\sigma_{max}^c = \frac{M_D y_2}{I_z} = \frac{4 \times 10^6 \times 95}{884 \times 10^4} = 42.99\text{MPa} \leqslant [\sigma_c]$$

而 C 截面上边缘的拉应力为

$$\sigma_{Cmax}^t = \frac{M_C y_1}{I_z} = \frac{4 \times 10^6 \times 45}{884 \times 10^4} = 20.36\text{MPa} \leqslant [\sigma_t]$$

而 D 截面下边缘具有最大拉应力，其数值为

$$\sigma_{max}^t = \frac{M_C y_1}{I_z} = \frac{4 \times 10^6 \times 95}{884 \times 10^4} = 32.24\text{MPa} \leqslant [\sigma_t]$$

综上所述，最大拉应力发生在 D 截面下边缘，如果经过分析对比，亦可不用计算 C 截面上边缘的拉应力，但从所得结果看出，无论是最大拉应力或是最大压应力，都未超过材料的许用应力，所以，满足强度要求。

同学们可以讨论：如果将 T 型钢倒置，是否合理？

第四节　弯曲切应力

梁横力弯曲时，由于梁内不仅有弯矩还有剪力，因而横截面上既有弯曲正应力，又有弯曲剪应力。同时，由于横力弯曲时梁的横截面不再保持为平面，因此弯曲剪应力不能采用综合变形条件、物理条件及静力条件进行应力分析的方法。按照梁截面不同，弯曲切应力亦有不同的计算公式。本节首先从矩形截面梁入手，研究梁的弯曲剪应力。

一、矩形截面梁

分析图 5.12（a）所示横力弯曲梁。由于梁内不仅有弯矩而且还有剪力，因而横截面上

既有弯曲正应力，又有弯曲切应力。同时，由于横力弯曲时梁的横截面不再保持为平面，因此分析图中所示横力弯曲的矩形截面梁截面上某点处的剪应力时，需要先分析截面上剪应力的分布规律。矩形截面上，剪力 F_S 与截面的纵向对称轴 y 轴重合。如图 5.12（b）所示的矩形截面梁，截面高度为 h，宽度为 b。在截面两侧边界处取一单元体（尺寸分别为 dx、dy、dz）的微小六面体，设在横截面上切应力 τ 的方向与边界成一角度，则可把该切应力分解为平行于边界的分量 τ_y 和垂直于边界的分量 τ_z。根据切应力互等定理，可知在此单元体的侧面必有一切应力 τ_x 和 τ_y。根据切应力互等定理，可知在此单元体的侧面必有一切应力 τ_x 和 τ_z 大小相等。但是，此面为梁的侧表面，是自由表面，不可能有切应力，即 $\tau_x = \tau_z = 0$。说明矩形截面周边处剪应力的方向必然与周边相切。因对称关系，可以推知左、右边界 y 轴上各点的剪应力都平行于剪力 F_S。所以，当截面高度 h 大于宽度 b 时，关于矩形截面上的切应力分布规律可作如下假设：

（1）截面上任意一点的剪应力方向都平行于剪力 F_S 的方向。

（2）切应力沿截面宽度均匀分布。

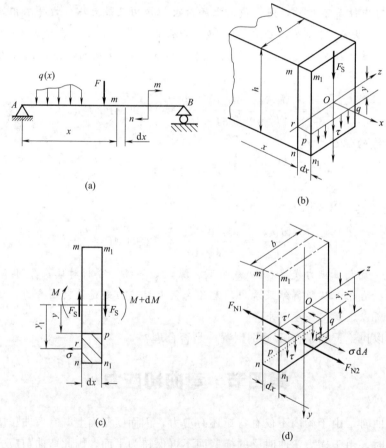

图 5.12

图 5.12（a）所示为横力弯曲的梁上截取长为 dx 的微段梁，设该微段左、右截面上的弯矩分别为 M 及 $M+dM$；剪力均为 F_S。再在 $m-n$ 和 m_1-n_1 两截面间距中性层为 y 处用一水平截面将该微段截开，取截面以下部分进行研究。在六面体 prn_1n 上，左、右竖直侧面上有正应力 σ_1、σ_2 和剪应力 τ；顶面上有与 τ 互等的剪应力 τ'。在左、右侧面上的正应

力 σ_1 和 σ_2 分别构成了与正应力方向相同的两个合力 F_{N1} 和 F_{N2}，它们为

$$F_{N2} = \int_{A_1} \sigma dA = 0$$

式中，A_1 为侧面 pn_1 的面积 [图 5.12 (c)]，亦为横截面上距中性轴为 y 的横线以下的面积。正应力 σ 应按公式（5.2）计算，于是有

$$F_{N2} = \int_{A_1} \sigma dA = \int_{A_1} \frac{(M+dM)y_1}{I_z} dA = \frac{M+dM}{I_z} \int_{A_1} y_1 dA$$
$$= \frac{M+dM}{I_z} S_z^*$$

式中

$$S_z^* = \int_{A_1} y_1 dA \tag{5.15}$$

是距中性轴为 y 处以下面积 A_1 对矩形截面中性轴 z 的静矩。同样，可以求得左侧面 mn [图 5.12 (d)] 上内力系的合力 F_{N1}，计算结果如下：

$$F_{N1} = \int_{A_1} \sigma dA = \int_{A_1} \frac{My_1}{I_z} dA = \frac{M}{I_z} \int_{A_1} y_1 dA = \frac{M}{I_z} S_z^*$$

由于微段 dx 左、右两侧面上的弯矩不同，故 F_{N1} 和 F_{N2} 的大小也不相同。F_{N1} 和 F_{N2} 只有和水平剪应力 τ' 的合力一起，才能维持六面体在 x 方向的平衡，在顶 rp 面上 [图 5.12 (c)、(d)]，与顶面相切的内力系的合力为

$$dF_S' = \tau' b dx$$
$$\sum F_x = 0, \quad F_{N2} - F_{N1} - dF_S' = 0$$

将 F_{N1} 和 F_{N2} 代入上式，有

$$\frac{M+dM}{I_z} S_z^* - \frac{M}{I_z} S_z^* - \tau' b dx = 0$$

整理、化简后有

$$\tau' = \frac{dM}{dx} \times \frac{S_z^*}{I_z b}$$

根据梁内力间的微分关系 $dM/dx = F_S$，可得

$$\tau' = \frac{F_S S_z^*}{I_z b}$$

由切应力互等定理 $\tau = \tau'$，可以推导出矩形截面上距中性轴为 y 处任意点的剪应力计算公式为

$$\tau = \frac{F_S S_z^*}{I_z b} \tag{5.16}$$

式中　F_S——横截面上的剪力；

　　　I_z——横截面 A 对中性轴 z 的轴惯性矩；

　　　b——横截面上所求剪应力点处截面的宽度，即矩形的宽度；

　　　S_z^*——横截面上距中性轴为 y 的横线以外部分的阴影面积对中性轴的静矩。

现在，根据切应力公式进一步讨论切应力在矩形截面上的分布规律。在图 5.13 (a) 所示矩形截面上取微面积 $dA = b dy$，则距中性轴为 y 的横线以下的面积 A_1 对中性轴 z 的静矩为

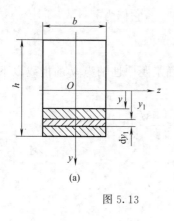

图 5.13

$$S_z^* = \int_{A_1} y_1 \, dA = \int_y^{h/2} b y_1 \, dy_1 = \frac{b}{2}\left(\frac{h^2}{4} - y^2\right)$$

注意：此处，S_z^* 也可以按照"面积矩"的概念去计算，即 S_z^* 等于距中性轴为 y 处以下的面积与该面积形心的乘积，亦即

$$S_z^* = \left[b\left(\frac{h}{2} - y\right)\right]\left[y + \frac{1}{2}\left(\frac{h}{2} - y\right)\right] = \frac{b}{2}\left(\frac{h^2}{4} - y^2\right) \tag{5.17}$$

将此式代入切应力公式（5.16），得矩形截面切应力计算公式的具体表达式为

$$\tau = \frac{F_S}{2I_z}\left(\frac{h^2}{4} - y^2\right) \tag{5.18}$$

从该式可以看出，沿截面高度切应力 τ 按抛物线规律变化，如图 5.13（b）所示。可以看到，当 $y = \pm\frac{h}{2}$ 时，矩形截面的上、下边缘处剪应力 $\tau = 0$；当 $y = 0$ 时，截面中性轴上的剪应力为最大值：

$$\tau_{max} = \frac{F_S h^2}{8I_z}$$

将矩形截面的惯性矩 $I_z = bh^3/12$ 代入上式，得到

$$\tau_{max} = \frac{3F_S}{2bh} \tag{5.19}$$

说明矩形截面上的最大弯曲切应力为其平均切应力的 1.5 倍。

二、工字形截面

1. 腹板上切应力

工字形截面梁由腹板和翼缘组成。腹板是指连接上、下翼缘的狭长矩形。关于矩形截面上切应力分布的两个假设仍然适用。实验表明，在翼缘上，有平行于 F_S 的切应力分量，分布情况较复杂，但数量很小，并无实际意义，可忽略不计［图 5.14（b）］。同矩形截面类似，在腹板上切应力沿腹板高度按抛物线规律变化，但是腹板和翼缘连接处具有切应力，以下进行详细分析。

腹板上弯曲切应力仍然沿用矩形截面梁弯曲切应力计算公式（5.16），得

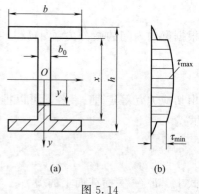

图 5.14

$$\tau = \frac{F_S S_z^*}{I_z b_0}$$

式中，b_0 取腹板的宽度。最大切应力在中性轴上，其值应为

$$\tau_{max} = \frac{F_{Smax} S_{zmax}^*}{b_0 I_z}$$

式中，S_{zmax}^*（按照抛物线规律变化）为中性轴一侧截面面积对中性轴的静矩。对于轧

制的工字钢，式中的 $I_z/S^*_{z\max}$ 可以从型钢表中查得。

为计算腹板上距中性轴为 y 处的切应力，需要确定上式中的静矩 S^*_z，而静矩按照其定义式应为图 5.14（a）中图形下部分阴影部分的面积对中性轴的静矩，按照公式，有

$$S^*_z = b\left(\frac{h}{2}-\frac{h_0}{2}\right)\left[\frac{h_0}{2}+\frac{1}{2}\left(\frac{h}{2}-\frac{h_0}{2}\right)\right]+b_0\left(\frac{h_0}{2}-\frac{y^2}{2}\right)\left[y+\frac{1}{2}\left(\frac{h_0}{2}-y\right)\right]$$

$$=\frac{b}{8}(h^2-h_0^2)+\frac{b_0}{2}\left(\frac{h_0^2}{4}-y^2\right)$$

因此

$$\tau=\frac{F_S}{I_z b_0}\left[\frac{b}{8}(h^2-h_0^2)+\frac{b_0}{2}\left(\frac{h_0^2}{4}-y^2\right)\right] \qquad (5.20)$$

上式说明了，切应力沿腹板高度方向按抛物线规律变化。将 $y=0$ 及 $y=\pm\dfrac{h_0}{2}$ 分别代入式（5.20），即可求出腹板上最大切应力为

$$\tau_{\max}=\frac{F_S}{I_z b_0}\left[\frac{bh^2}{8}-(b-b_0)\frac{h^2}{8}\right]=\frac{F_S}{8I_z b_0}\left[bh^2-(b-b_0)h_0^2\right]$$

而腹板上最小切应力为

$$\tau_{\min}=\frac{F_S}{I_z b_0}\left[\frac{bh^2}{8}-\frac{bh_0^2}{8}\right]=\frac{bF_S}{8I_z b_0}(h^2-h_0^2)$$

2. 翼缘上切应力

计算结果表明，由于腹板宽度远远小于翼缘宽度，因此腹板上最大及最小切应力（发生在腹板及翼缘连接处）实际上二者相差并不大，甚至可以认为在腹板上的切应力大致是均匀分布的。腹板承担的剪力约为（0.95～0.97）F_S，这也说明前面提到的翼缘上的切应力很小，可忽略不计。

如果精确计算，完全可以按照公式计算。工字钢的大部分面积都集中在离中性轴最远处，任一点的正应力都比较大，所以，翼缘承受了横截面上大部分弯矩。但是，由于翼缘与腹板连接处分别具有切应力及正应力作用，而该点宽度又是急剧变化的，因此工程上常常需要计算该点处的正应力及切应力，以便满足强度要求。T 形截面、槽形截面及其他组合截面梁亦可以参照工字钢形截面进行计算。

三、圆形截面梁

如图 5.15 所示，对于圆形截面，不能再假设横截面上各点的切应力都与剪力 F_S 平行，任一平行于中性轴的横线 AB 两端处，切应力的方向必切于圆周，并相交于 y 轴上的某点 p。因此，横线上各点切应力方向是变化的。但在中性轴上各点剪应力的方向皆平行于剪力 F_S，设为均匀分布，其值为最大。

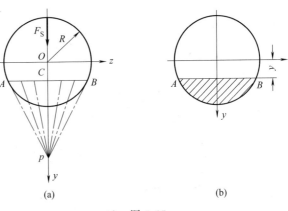

(a)　　　　　　(b)

图 5.15

$$\tau_{max}=\frac{4}{3}\times\frac{F_s}{A} \tag{5.21}$$

式中，$A=\pi d^2/4$，即圆截面的最大切应力为其平均切应力的 4/3 倍。

四、切应力强度条件

实际问题中，细长梁强度主要考虑的因素是弯曲正应力。此时，一般先按正应力的强度条件选择截面的尺寸和形状，一般都能满足强度要求。等截面直梁的 τ_{max} 一般发生在剪力 F_s 最大截面的中性轴上，此处弯曲正应力 $\sigma=0$，微元体处于纯剪应力状态，其最大切应力为

$$\tau_{max}=\frac{F_{Smax}S^*_{zmax}}{bI_z} \tag{5.22}$$

而切应力强度条件一般写为

$$\tau_{max}\leqslant[\tau] \tag{5.23}$$

式中，$[\tau]$ 为材料的许用切应力。

对于某些特殊情形，如梁的跨度较小或载荷靠近支座附近作用较大的载荷时，焊接或铆接的壁薄截面梁或梁沿某一方向（木梁的顺纹方向、胶合梁的胶合层等）的抗剪能力较差，首先按正应力的强度条件计算，然后还需进行弯曲切应力强度计算，或者按切应力强度条件进行校核。

【例5.5】 一矩形截面的简支梁如图 5.16 所示。已知：$l=3m$，$h=160mm$，$b=100mm$，$y=40mm$，$F=3kN$，求 $m-m$ 截面上 K 点的切应力。

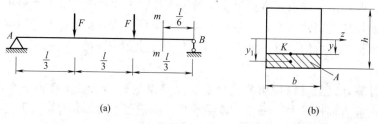

图 5.16

解： 先求出 $m-m$ 截面上的剪力为 3kN，截面对中性轴的惯性矩为

$$I_z=\frac{bh^3}{12}=\frac{0.1\times0.16^3}{12}=3.41\times10^{-5}(m^3)$$

面积 A 对中性轴的静矩为

$$S^*_z=\int y_1 dA=0.1\times0.04\times0.06=0.24\times10^{-3}(m^3)$$

则 K 点的切应力为

$$\tau=\frac{F_s S^*_z}{I_z b}=\frac{3\times10^3\times0.24\times10^{-3}}{3.41\times10^{-5}\times0.1}=0.21\times10^6 Pa=0.21(MPa)$$

【例5.6】 一外伸工字型钢梁如图 5.17（a）所示。工字钢的型号为 22a，已知：$l=6m$，$F=30kN$，$q=6kN/m$，材料的许用应力 $[\sigma]=170MPa$，$[\tau]=100MPa$。试校核梁的强度。

解：（1）求支反力 由平衡方程得

$$F_A=13kN，F_C=29kN$$

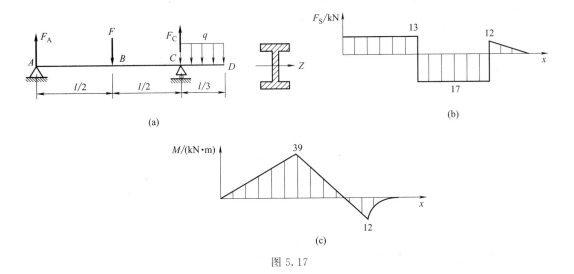

图 5.17

（2）画梁的内力图　如图 5.17（b）、（c）所示为梁的剪力、弯矩图。

（3）校核最大正应力　弯矩图如图 5.17（c）所示，最大正应力应发生在最大弯矩的截面上。查型钢表（W_x 即对应本题中的 W_z）可知

$$W_z = 309 \text{cm}^3 = 0.309 \times 10^{-3} \text{m}^3$$

则最大正应力

$$\sigma_{max} = \frac{M_{max}}{W_z} = \frac{39 \times 10^3}{0.309 \times 10^{-3}}$$

$$= 126 \times 10^6 \text{Pa} = 126 \text{MPa} < [\sigma]$$

（4）校核最大切应力　剪力图如图 5.17（b）所示，最大切应力应发生在最大剪力的截面上。查型钢表 $\left(\frac{I_x}{S_x} \text{即对应本题中的} \frac{I_z}{S_{zmax}}\right)$ 可知

$$\frac{I_z}{S_{zmax}} = 18.9 \text{cm} = 0.189 \text{m}$$

$$b_1 = d = 7.5 \text{mm} = 0.0075 \text{m}$$

则最大切应力

$$\tau_{max} = \frac{F_{Smax} S_{zmax}}{I_z b_1} = \frac{17 \times 10^3}{0.189 \times 0.0075}$$

$$= 12 \times 10^6 \text{Pa} = 12 \text{MPa} < [\tau]$$

所以此梁安全。

【例 5.7】　如图 5.18（a）所示的悬臂梁 AB，B 端受集中力 F 作用，梁宽度为 b，梁高为 h，试比较弯曲正应力与弯曲切应力的大小。

解：最大弯曲正应力

$$\sigma_{max} = \frac{M_{max}}{W_z} = \frac{Fl}{\frac{bh^2}{6}} = \frac{6Fl}{bh^2}$$

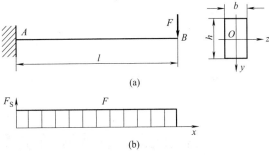
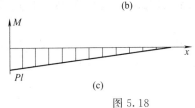

图 5.18

最大弯曲切应力

$$\tau_{max} = \frac{3F}{2bh}$$

二者之比为

$$\frac{\sigma_{max}}{\tau_{max}} = \frac{6Fl}{bh^2} \times \frac{2bh}{3F} = 4\left(\frac{l}{h}\right)$$

所以当 $l > h$ 时，$\sigma_{max} \gg \tau_{max}$。

对实心截面的细长梁，弯曲正应力是影响梁强度的主要因素。

【例 5.8】 圆形截面梁受力如图 5.19（a）所示。已知材料的许用应力 $[\sigma] = 160\text{MPa}$，$[\tau] = 100\text{MPa}$，试求最小直径 d_{max}。

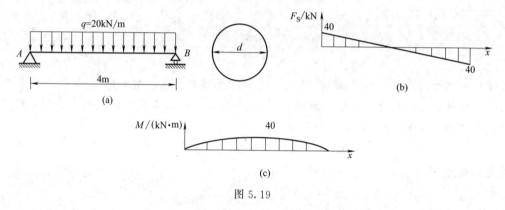

图 5.19

解：$F_{Smax} = 40\text{kN}$，$M_{max} = \frac{ql^2}{8} = 40(\text{kN} \cdot \text{m})$

由正应力强度条件

$$\sigma_{max} = \frac{M_{max}}{W_z} \leqslant [\sigma]，\text{得}$$

$$d \geqslant \sqrt[3]{\frac{32M_{max}}{\pi[\sigma]}} = \sqrt[3]{\frac{32 \times 40 \times 10^6}{3.14 \times 160}} = 136.58(\text{mm})$$

取 $d = 137\text{mm}$。

由切应力强度条件

$$\tau_{max} = \frac{4}{3}\frac{F_{Smax}}{A} \leqslant [\tau] \quad \text{即} \quad \frac{4}{3} \times \frac{40 \times 10^3}{\pi d^2/4} \leqslant 100 \times 10^6$$

得 $d \geqslant 26.1\text{mm}$

所以 $d_{min} = 137\text{mm}$。

第五节　提高梁的抗弯曲能力的主要措施

前面已经提到，弯曲正应力是决定梁强度的主要因素，只要使梁内绝对值最大的正应力不超过材料的许用应力即可。弯曲正应力及强度公式

$$\sigma_{max} = \frac{M_{max}y_{max}}{I_z}$$

$$\sigma_{max}=\frac{M_{max}}{W_z}\leqslant[\sigma]$$

通常是设计梁的主要依据，可知，若提高梁的承载能力，应从两个方面考虑，一方面要合理安排梁的受力情况，以降低最大弯矩值；另一方面是采用合理的截面形状，充分合理利用材料性能。以下进行详细讨论。

一、合理安排梁的载荷及支座位置

如果合理安排梁的约束情况及加载方式，则可以有效降低梁内的最大弯矩，进一步减小弯曲正应力的数值，从而提高梁的抗弯曲能力。例如，图 5.20（a）所示的简支梁，在跨度中点承受集中载荷 F 作用，如果在梁的中部设置一长为 $l/3$ 的辅助梁 [图 5.20（b）]，则梁内最大弯矩将减少到原来的 66.8%；如果将中间辅助梁长度设置为 $l/2$，则梁内的最大弯矩将会减少一半。

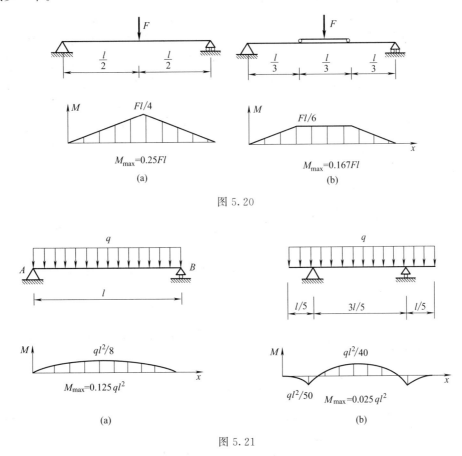

图 5.20

图 5.21

又如，以图 5.21（a）所示受均布载荷作用下的简支梁为例，最大弯矩为 $M_{max}=0.125ql^2$，若将两端支座向中间移动 $0.2l$ [图 5.21（b）]，则最大弯矩减小为 $M_{max}=0.025ql^2$，后者只为前者的 1/5，同样的设备，改变支座的位置，承载能力可以提高到原来的 5 倍。在石油化工行业中常见的卧式容器 [图 5.22（a）]，支撑点向中间移动 $0.2l$，即可达到较为理想效果（通过优化计算，理想值为 $0.207l$），这一点也写进了容器设计规范中；门式起重机的大梁等支撑点向中间移动 [图 5.22（b）]，也是为了减少最大弯矩值。

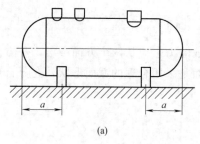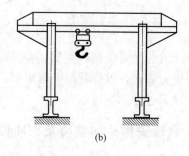

(a)   (b)

图 5.22

二、采用合理梁的截面形式

由梁的强度条件公式（5.5）可知，$M_{max} \leqslant [\sigma] W_z$，即梁所能承受的弯矩 M_{max} 与 W_z 成正比，W_z 越大越有利。因为梁的抗弯能力直接取决于其抗弯截面模量 W_z 的大小，所以梁的合理截面形式就是截面面积相同的条件下具有较大的抗弯截面模量。抗弯截面模量 W_z 的数值与截面的高度及截面的面积分布有关。截面的高度越高，面积分布得离中性轴越远，W_z 值就越大；反之，截面的高度越低，面积分布得离中性轴越近，W_z 值就越小。另一方面，使用材料越多，从经济角度出发成本就越高，而使用材料的多少与截面面积成正比。所以，选择合理截面的基本原则是尽可能地增大截面的高度，并使大部分的面积布置在距中性轴较远的地方。这个原则的合理性也可从梁横截面上的正应力的分布规律来说明。

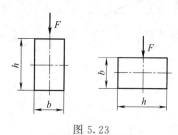

图 5.23

工程常用的矩形截面梁，高度 h 大于宽度 b（图 5.23）。竖放 $W_{z1} = bh^2/6$，而如果平放 $W_{z2} = hb^2/6$，两者之比为

$$\frac{W_{z1}}{W_{z2}} = \frac{h}{b} > 1$$

由于竖放时强度比平放时强度高。因此，同样截面梁竖放比平放具有更高的抗弯强度，从经济角度出发，也更加合理。所以，矩形截面梁在桥梁、建筑结构中一般都是竖放的。

截面形状不同，导致其抗弯刚度模量 W_z 不但不同，而且差距较大。工程上常用 W_z/A 来衡量截面形状是否合理、经济。如果 W_z/A 比值较大，说明所选截面较为经济合理。对于矩形截面，其比值为

$$\frac{W_z}{A} = \frac{1}{6} bh^2/(bh) = 0.167h$$

圆形截面 W_z/A 比值为

$$\frac{W_z}{A} = \frac{\pi d^3}{32} / \left(\frac{1}{4} \pi d^2 \right) = 0.125d$$

二者比较可知，矩形截面较圆形截面更为合理。

选择型钢时，可以由型钢表查表得出其比值。工字钢、槽钢等

$$\frac{W_z}{A} = (0.27 \sim 0.31)h$$

从型钢表中数据可以看出，工字钢或者槽钢要远远比矩形截面经济合理，而矩形截面要比圆形截面合理。因此，在工程实际中，主要受弯曲作用的承重梁及其他结构中的受弯杆件

最常采用工字钢截面，其次为槽形截面及箱形截面等。

　　此外在考虑梁的合理截面形状时，还应考虑材料的力学性能。对于抗拉压性能相同的塑性材料（$[\sigma_t] = [\sigma_c]$），一般采用对称于中性轴的截面，使截面上、下边缘最大拉压应力相等（$\sigma_{t\,max} = \sigma_{c\,max}$）比较合理。而对于抗拉压性能不同的脆性材料（$[\sigma_t] \neq [\sigma_c]$），一般采用不对称于中性轴的截面，如 T 形截面梁，并使中性轴偏向于强度较弱的一边（图 5.24）。设计时应有

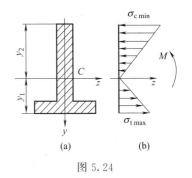

图 5.24

$$\frac{\sigma_{t\,max}}{\sigma_{c\,max}} = \frac{\dfrac{My_1}{I_z}}{\dfrac{My_2}{I_z}} = \frac{y_1}{y_2} = \frac{\sigma_t}{\sigma_c}$$

即

$$\frac{y_1}{y_2} = \frac{[\sigma_t]}{[\sigma_c]}$$

　　这样可使最大拉应力和最大压应力同时达到材料的许用应力。对钢筋混凝土梁，应将钢筋置于梁中较大拉应力处。

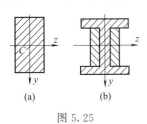

图 5.25

　　根据弯曲正应力的分布规律：离中性轴越远，正应力越大；靠近中性轴处，正应力很小。因此，靠近中性轴处的材料工作时未充分发挥作用。所以应将尽可能多的材料配置在远离中性轴处的部位，如矩形截面改为工字形截面（图 5.25），可提高 W_z。其他如箱形截面、T 形截面、槽形截面等都可提高抗弯截面模量（图 5.26）。

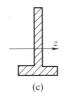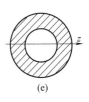

图 5.26

三、等强度梁的概念

　　在横力弯曲下，弯矩是沿梁轴变化的。因此在按最大弯矩设计的等截面梁中，除最大弯矩所在的截面外，其余截面材料的强度均未得到充分利用。为了节省材料、减轻梁的重量，可根据弯矩沿梁轴的变化情况，将梁设计成变截面的。面沿着梁轴线变化的梁，称为变截面梁。若变截面梁的每一横截面上的最大正应力均等于材料的许用应力，则这种梁就称为等强度梁。

　　在工程实践中，由于构造和加工的关系，很难做到理论上的等强度梁，但在很多情况下，都利用了等强度梁的概念，即在弯矩大的梁段使其横截面相应地大一些。例如，厂房建筑中广泛使用的鱼腹梁和机械工程中常见的阶梯轴等。

　　横截面最理想的变截面梁，是使梁的各个截面上的最大正应力同时达到材料的许用应力，即

$$\sigma_{max}=\frac{M(x)}{M_z(x)}=[\sigma] \qquad (5.24)$$

上式即为等强度梁的强度条件，可得等强度梁的 $W_z(x)$ 沿梁轴线的变化规律：

$$W_z(x)=\frac{M(x)}{[\sigma]} \qquad (5.25)$$

图 5.27 中悬臂梁受 F 作用，矩形截面如图（b）所示。

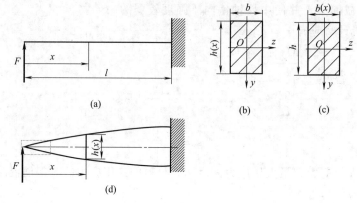

图 5.27

（1）b 为常量［图 5.27（b）］，变量 $h(x)$ 为

$$M_z(x)=\frac{1}{6}bh^2(x)$$

$$M(x)=Fx$$

$$W_z(x)=\frac{M(x)}{[\sigma]}=\frac{Fx}{[\sigma]}=\frac{1}{6}bh^2(x)$$

所以

$$h^2(x)=\frac{6Fx}{b[\sigma]}$$

即 $h(x)$ 按抛物线规律变化。

自由端：$x=0$，$h=0$

但不能满足切应力强度条件，所以自由一段 h 为常量，如图 5.27（d）中虚线所示：

$$h_{min}=\frac{3F}{2b[\tau]}$$

工程实际中的鱼腹梁即为此种等强度梁（图 5.28）。

（2）h 为常量、$b(x)$ 为变量［图 5.27（c）］

$$W_z(x)=\frac{1}{6}b(x)h^2=\frac{M(x)}{[\sigma]}=\frac{Fx}{[\sigma]}$$

$$b(x)=\frac{6Fx}{h^2[\sigma]}$$

即 $b(x)$ 按直线规律变化，其等强度梁为一三角形板。实际中将其分成狭条，再重叠起来，即得到常见的板弹簧。

对于圆截面的等强度梁，也可由条件

$$W_z(x)=\frac{M(x)}{[\sigma]}$$

求得直径 $d(x)$ 的规律变化。但实际中考虑到轴的加工方便和结构装配上的要求，常采用阶梯形状的梁（阶梯轴）来代替理论上的等强度梁。

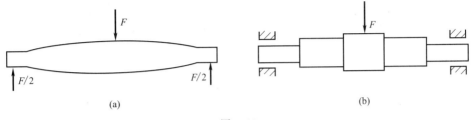

图 5.28

小　结

（1）梁的弯曲正应力公式为 $\sigma = \dfrac{My}{I_z}$。梁的弯曲正应力呈线性分布，与弯矩 M 成正比，与惯性矩 I_z 成反比，距中性轴越远，弯曲正应力越大，中性轴处弯曲正应力为零。

（2）从梁的弯曲正应力公式出发，可得梁的弯曲正应力强度条件为

$$\sigma_{max} = \frac{M_{max}}{W} \leqslant [\sigma]$$

上式适合于抗拉及抗压性能相同的塑性材料制成的，且中性层对称的等截面梁。

对于抗拉及抗压强度不同的材料制成的梁，则要求梁内的最大拉应力不超过材料的许用拉应力 $[\sigma_t]$，同时最大压应力也不超过材料的许用压应力 $[\sigma_c]$，强度条件为

$$\sigma_{max}^t = \frac{M_1 y_{1max}}{I_z} \leqslant [\sigma_t]$$

$$\sigma_{max}^c = \frac{M_2 y_{2max}}{I_z} \leqslant [\sigma_c]$$

对于由脆性材料制成的梁，由于其抗拉强度和抗压强度相差甚大，所以要对最大拉应力点和最大压应力点分别进行校核。

（3）梁的弯曲切应力公式为 $\tau = \dfrac{F_S S_z^*}{I_z b}$，梁的弯曲切应力强度条件为 $\tau_{max} \leqslant [\tau]$。需要注意的是，不同截面形状梁的弯曲切应力计算公式不同，需要分别计算。

（4）提高弯曲强度的措施

① 合理安排梁的载荷及支座位置；

② 合理采用梁的截面形式；

③ 采用等强度梁。

习　题

5.1　如图 5.29 所示，简支梁承受均布载荷 q 作用，$D_1 = 40\mathrm{mm}$，$d_2/D_2 = 3/5$，若分别采用截面积相等的实心及空心截面，试分别计算它们的最大正应力。并问空心截面比实心截面的最大正应力减小了百分之几？

5.2　将直径 $d = 1\mathrm{mm}$ 的钢丝绕在直径为 2m 的卷筒上，设 $E = 200\mathrm{GPa}$，试计算该钢丝中产生的最大应力。

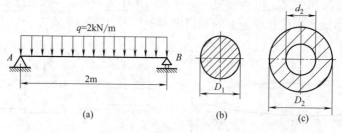

图 5.29

5.3　图 5.30 所示的梁由 No.56a 工字钢制成，梁的尺寸如图所示。已知 $F=150\text{kN}$。试求危险截面上最大正应力及该截面上腹板与翼缘交界处的正应力。

5.4　在我国传统建筑"营造法"中，对矩形截面梁给出的尺寸比例是 $h:b=3:2$。试用弯曲正应力理论证明：从圆木锯出的矩形截面梁（图 5.31），上述尺寸比例接近最佳比值。

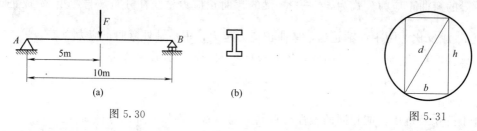

图 5.30　　　　　　　　　　　　　　　　图 5.31

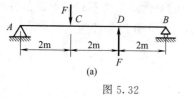

图 5.32

5.5　如图 5.32 所示，梁 AB 为 No.20a 工字钢制成，梁的许用应力 $[\sigma]=160\text{MPa}$，试求许可均布载荷 F。

5.6　受均布载荷的外伸梁，其中 $b=100\text{mm}$，$h=200\text{mm}$，材料许用应力 $[\sigma]=160\text{MPa}$，载荷及梁的尺寸如图 5.33 所示。试校核该梁的弯曲正应力强度。

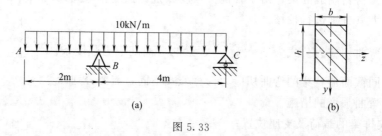

图 5.33

5.7　图 5.34 所示的矩形截面木梁，已知 $b=0.12\text{m}$，$h=0.18\text{m}$，$l=3\text{m}$，均布载荷 $q=3.6\text{kN/m}$，材料许用应力 $[\sigma]=7\text{MPa}$，$[\tau]=0.9\text{MPa}$。试校核梁的强度。

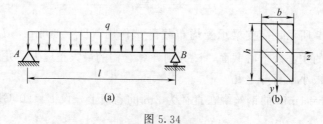

图 5.34

5.8　T形截面铸铁梁，载荷及梁的尺寸如图 5.35 所示。已知 $I_z = 8.84 \times 10^{-6} \mathrm{m}^4$，$y_1 = 45\mathrm{mm}$，$y_2 = 95\mathrm{mm}$，材料许用拉应力 $[\sigma_t] = 35\mathrm{MPa}$，许用压应力 $[\sigma_c] = 140\mathrm{MPa}$。试校核梁的强度。

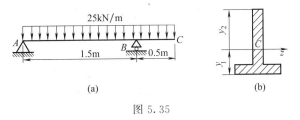

图 5.35

5.9　一矩形截面悬臂梁如图 5.36 所示，已知 $l = 4\mathrm{m}$，$b/h = 2/3$，$q = 10\mathrm{kN/m}$，$[\sigma] = 10\mathrm{MPa}$，试确定此梁的截面尺寸。

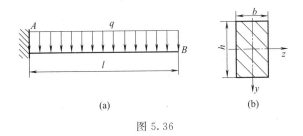

图 5.36

5.10　两个尺寸完全相同的矩形截面梁叠在一起承受荷载，如图 5.37 所示。若材料许用应力为 $[\sigma]$，其许可载荷 $[q]$ 为多少？如将两个梁在靠近 B 端用一螺栓连成一体 [图(b)]，则其许可荷载为多少？若螺栓许用切应力为 $[\tau]$，求螺栓的最小直径 d。

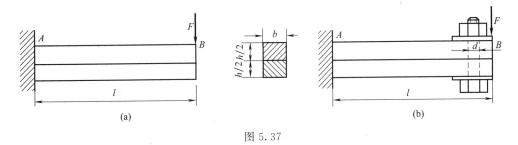

图 5.37

5.11　外伸梁的载荷及梁的尺寸如图 5.38 所示，材料的许用应力 $[\sigma] = 160\mathrm{MPa}$，$h = 2b$。试确定截面尺寸 b。

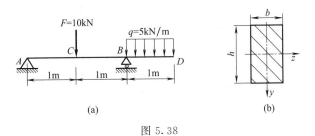

图 5.38

5.12　梁 ABC 为 No.10 工字钢（图 5.39），BD 为圆钢，$d = 20\mathrm{mm}$，梁和杆的许用应力 $[\sigma] = 100\mathrm{MPa}$，试求许可均布载荷 q。

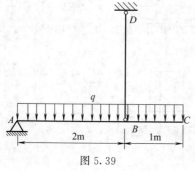

图 5.39

5.13　图 5.40 所示的槽形截面铸铁梁，已知：$l=$ 2m，截面对于中性轴的惯性矩 $I_z=5496\times10^4\,\text{mm}^4$，铸铁的许用拉应力 $[\sigma_t]=30\text{MPa}$，许用压应力 $[\sigma_c]=90\text{MPa}$。试求梁的许可载荷 q。

5.14　图 5.41 所示的圆形截面简支梁在 C、D 两点受集中力 $F_1=13.75\text{kN}$ 及 $F_2=20\text{kN}$ 的作用，梁的尺寸见图，$a=500\text{mm}$，直径 $d=60\text{mm}$，许用压应力 $[\sigma]=100\text{MPa}$。试校核梁的强度。

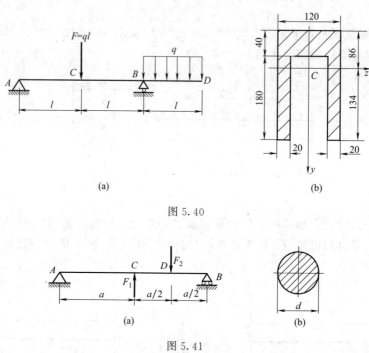

图 5.40

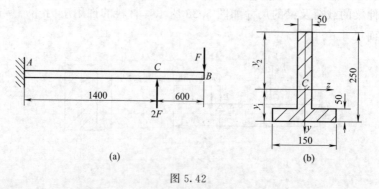

图 5.41

5.15　倒 "T" 形铸铁截面悬臂梁尺寸及载荷如图 5.42 所示。若材料的材料许用拉应力 $[\sigma_t]=40\text{MPa}$，许用压应力 $[\sigma_c]=160\text{MPa}$，截面对于形心轴 z_C 的惯性矩 $I_z=10180\text{cm}^4$，$h_1=96.4\text{mm}$，试求梁的许可载荷。

图 5.42

5.16　在 No.18 工字钢梁上作用着可移动的载荷 F（图 5.43），设许用应力 $[\sigma]=160\text{MPa}$。为提高梁的承载能力，试确定 a 和 b 的最优值及相应的许可载荷。

5.17　试计算在均布载荷作用下，圆截面简支梁（图5.44）内的最大正应力和最大切应力，并指出它们各自发生于何处。

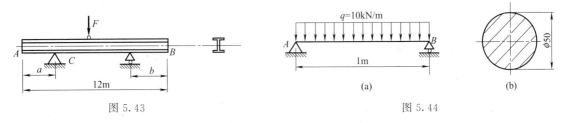

图5.43　　　　　　　　　　图5.44

5.18　在均布载荷作用下的等强度悬臂梁（图5.45），其许用拉应力 $[\sigma]$，横截面为矩形且宽度 b 为常量。试确定横截面高度 h 沿截面轴线的变化规律。

5.19　梁由 No.16 工字钢制成，载荷及梁的尺寸如图5.46所示。试求工字钢形截面梁内的最大弯曲正应力及最大弯曲切应力。

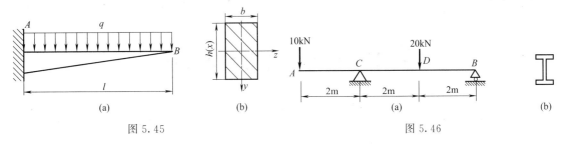

图5.45　　　　　　　　　　图5.46

5.20　简支梁 AB（图5.47），在梁的中点 C 截面下边缘贴一应变片，测得其应变 $\varepsilon = 6 \times 10^{-4}$，已知 $b = 20\text{mm}$，$h = 40\text{mm}$，材料的弹性模量 $E = 200\text{GPa}$，梁的尺寸见图。求载荷 F 的大小。

5.21　矩形截面简支梁在跨度中点受集中力 F 的作用，梁的尺寸如图5.48所示，若材料的弹性模量为 E。试求梁的下表面纤维的总伸长。

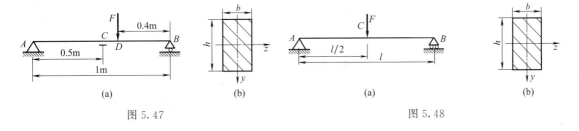

图5.47　　　　　　　　　　图5.48

第六章　梁的弯曲变形与刚度

第一节　梁弯曲变形的基本概念

工程实际中，不仅要求受弯构件具有足够的强度，而且还要有足够的刚度。工作中变形不能过大，如工厂中起重机横梁（图 6.1），如果工作中梁的轴线变形过大，将会使梁上的小车行走困难，产生过大的噪声及振动现象；车床卡盘卡紧工件时，如果工件末端未固定，或者连接车床卡盘的主轴产生变形从而使得工件产生较大变形，将会直接影响到工件的加工精度（图 6.2）等。所以，若变形超出允许值，即使变形较小甚至在弹性范围内，工程上也不满足刚度要求，即被认为是失效的。

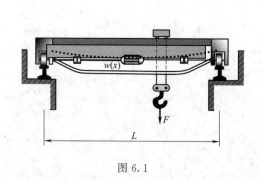

图 6.1

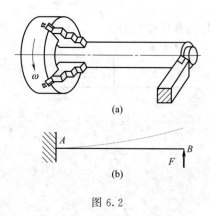

图 6.2

工程中一般需要限制上述弯曲变形的大小，但是，有些情况下，需要利用弯曲变形达到预想目的。例如，拧螺母时为了防止预紧力矩过大使得螺栓连接产生"损坏现象"，采用螺栓限力扳手（图 6.3）；汽车减震装置中的叠板弹簧（图 6.4）工作中应有较大的变形，才能起到减震及缓冲作用。

平面弯曲时其变形特点是：梁轴线既不伸长也不缩短，其轴线在纵向对称面内弯曲成一条平面曲线，而且处处与梁的横截面垂直，而横截面在纵向对称面内相对于原有位置转动了一个角度（图6.5）。显然，梁变形后轴线的形状以及截面偏转的角度是十分重要的，实际上它们是衡量梁刚度好坏的重要指标。

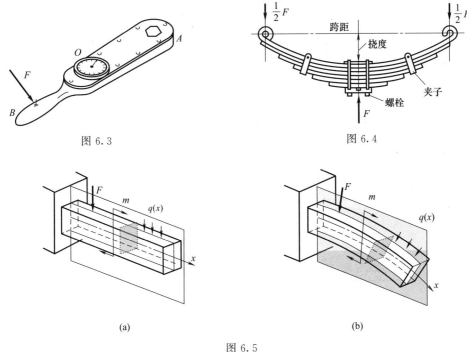

图6.3　　　　　　　　　　　　　　　　　　图6.4

(a)　　　　　　　　　　　　　　(b)

图6.5

本章的主要目的：（1）研究梁变形后轴线以及截面偏转角度应满足的方程。（2）梁的变形与梁横截面上内力间的关系。（3）建立梁的刚度条件，从而判别工程中的梁是否满足刚度要求，或者控制梁的变形以满足实际工程的刚度要求。

1. 梁的挠度与转角

挠度：在线弹性小变形条件下，梁在横力作用时将产生平面弯曲［图6.5（b）］，则梁轴线由原来的直线变为纵向对称面内的一条平面曲线，很明显，该曲线是连续光滑的曲线，这条曲线称为梁的挠曲线。

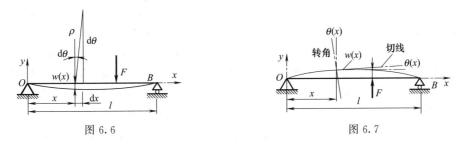

图6.6　　　　　　　　　　　　　　　　　　图6.7

梁轴线上某点 x 处在梁变形后沿竖直方向的位移（横向位移），称为该点的挠度（图6.6）。在小变形情况下，梁轴线上各点在梁变形后沿轴线方向的位移（水平位移）可以证明是横向位移的高阶小量，因而可以忽略不计。梁的挠曲线方程可以写为

$$w = w(x) \qquad\qquad (6.1)$$

上式称为挠曲线方程［或用 $y = y(x)$ 表示］。实际上就是轴线上各点的挠度，一般情况下规定：挠度沿 y 轴的正向为正［图6.8（a）］，沿 y 轴的反向为负［图6.8（b）］。

转角：梁变形后其横截面在纵向对称面内相对于原有位置转动的角度，称为转角（图 6.7）。转角随梁轴线变化的函数为

$$\theta = \theta(x) \tag{6.2}$$

上式称为转角方程。

由图 6.7 可以看出，转角实质上就是挠曲线的切线与梁的轴线坐标轴 x 的正方向之间的夹角。所以有

$$\tan\theta = \frac{\mathrm{d}w(x)}{\mathrm{d}x} = \frac{\mathrm{d}w}{\mathrm{d}x} \tag{6.3}$$

由于梁的变形是小变形，梁的挠度和转角都很小，所以 θ 和 $\tan\theta$ 是同阶小量，即 $\theta \approx \tan\theta$，于是有

$$\theta = \arctan\frac{\mathrm{d}w}{\mathrm{d}x} \tag{6.4}$$

即转角函数等于挠度函数对 x 的一阶导数。一般情况下规定：转角逆时针转动时为正 [图 6.8 (a)]，而顺时针转动时为负 [图 6.8 (b)]。

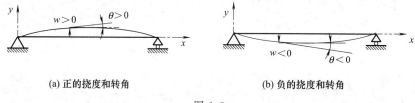

(a) 正的挠度和转角　　　　　　　　　(b) 负的挠度和转角

图 6.8

需要注意，转角和挠度必须在相同的坐标系下描述，由式（6.3）可知，如果挠度函数在梁中是分段函数，则转角函数亦是分段数目相同的分段函数。

2. 梁的挠度和转角与梁的变形

材料力学中梁的变形通常指的就是梁的挠度和转角。但实际上梁的挠度和转角并不是梁的变形，它们和梁的变形之间有联系也有本质的差别。

以图 6.9 所示的悬臂梁为例，在图示 [图 6.9 (a)] 载荷 F 作用下，悬臂梁中点 C 的右半部分中无任何内力，在第二章曾强调过，杆件的内力和杆件的变形是一一对应的，即有什么样的内力就有与之相应的变形，有轴力则杆件将产生拉伸或压缩变形，有扭矩则杆件将产生扭转变形，有剪力则杆件将产生剪切变形，有弯矩则杆件将产生弯曲变形，若无某种内力，则杆件也没有与之相应的变形。因此，图示悬臂梁中点 C 的右半部分没有变形，它们将始终保持直线状态，但是，悬臂梁中点 C 的右半部分（BC 段）却存在挠度和转角。

事实上，材料力学中所说的梁的变形，即梁的挠度和转角实质上是梁的横向线位移以及梁截面的角位移，也就是说，挠度和转角是梁的位移而不是梁的变形。回想拉压杆以及圆轴扭转的变形，拉压杆的变形是杆件的伸长 Δl，圆轴扭转变形是截面间的转角 φ，它们实质上也是杆件的位移，Δl 是拉压杆一端相对于另一端的线位移，而 φ 是扭转圆轴一端相对于另一端的角位移，但拉压杆以及圆轴扭转的这种位移总是和其变形共存的，即只要有位移则杆件一定产生了变形，反之只要有变形就一定存在这种位移（至少某段杆件存在这种位移）。但梁的变形与梁的挠度和转角之间就不一定是共存的，这一结论可以从上面对图 6.9 (a) 所示的悬臂梁中点 C 的右半部分（BC 段）的分析得到。

实际上，图 6.9 中悬臂梁中点 C 的右半部分（CB 段）的挠度和转角是由于梁左半部分

的变形引起的，因此可得如下结论：（1）梁（或梁段）如果存在变形，则梁（或梁段）必然存在挠度和转角。（2）梁（或梁段）如果存在挠度和转角，则梁（或梁段）不一定存在变形。所以，梁的变形和梁的挠度及转角有联系也存在质的差别。

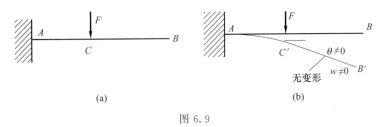

图 6.9

第二节　梁的挠曲线近似微分方程

由第五章可知，在纯弯曲时，弯矩与曲率之间的关系式可以用如下公式表示

$$\frac{1}{\rho} = \frac{M}{EI_z} \tag{a}$$

而横力弯曲时，梁的横截面上不仅有由于弯矩的作用而引起的正应力，而且还有由于剪力而引起的切应力。前面已经说明，对于梁的跨度远大于截面高度的梁，剪力对弯曲变形的影响可以忽略，于是，式（a）便可以作为横力弯曲梁变形的基本方程。不过，此时无论是 M 或 $1/\rho$ 均为梁长 x 的函数，则横力弯曲时，梁变形后轴线的曲率方程式（a）可用下式表示

$$\frac{1}{\rho(x)} = \frac{M(x)}{EI_z} \tag{b}$$

将图 6.6 中微分弧段 ds 适当放大为图 6.10，ds 两端法线间的交点即为曲率中心，可知 ρ 即为曲率半径，应有

$$|ds| = |\rho d\theta|$$

由高等数学相关资料可知

$$\frac{1}{\rho(x)} = \left| \frac{d\theta}{ds} \right| \tag{c}$$

于是式（b）可以写成

$$\left| \frac{d\theta}{ds} \right| = \frac{M(x)}{EI_z} \tag{d}$$

高等数学中，曲线 $w = w(x)$ 的曲率公式为

$$\frac{1}{\rho(x)} = \pm \frac{\dfrac{d^2 w}{dx^2}}{\left[1 + \left(\dfrac{dw}{dy}\right)^2\right]^{3/2}} \tag{e}$$

或

$$\frac{1}{\rho(x)} = \pm \frac{w''(x)}{\left[1 + w'(x)^2\right]^{\frac{3}{2}}} \tag{f}$$

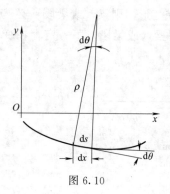

图 6.10

这里式（d）取绝对值是因为未考虑 $\mathrm{d}\theta/\mathrm{d}s$ 的正负号。此处需要说明的是，按照弯曲应力正负，若弯矩为正，则挠曲线凹面向上，即为图 6.10 所表示的情况。我们首先规定坐标轴的正方向，x 轴向右为正，y 轴向上为正。随着弧长 s 的增加，θ 也是增大的，即正增量 $\mathrm{d}s$ 对应的 $\mathrm{d}\theta$ 也是正的，因此，若选上述坐标系，并且利用高等数学中的求导公式

$$\frac{\mathrm{d}}{\mathrm{d}x}(\arctan x)=\frac{1}{1+x^2}$$

式（d）则写成

$$\frac{\mathrm{d}\theta}{\mathrm{d}s}=\frac{\mathrm{d}\theta}{\mathrm{d}x}\times\frac{\mathrm{d}x}{\mathrm{d}s}=\frac{\mathrm{d}}{\mathrm{d}x}\left[\arctan\left(\frac{\mathrm{d}w}{\mathrm{d}x}\right)\right]\frac{\mathrm{d}x}{\mathrm{d}\theta}$$

$$=\frac{\dfrac{\mathrm{d}^2w}{\mathrm{d}x^2}}{1+\left(\dfrac{\mathrm{d}w}{\mathrm{d}x}\right)^2}\times\frac{\mathrm{d}x}{\mathrm{d}s} \tag{g}$$

注意到 $\mathrm{d}s=\left[1+\left(\dfrac{\mathrm{d}w}{\mathrm{d}x}\right)^2\right]^{1/2}\mathrm{d}x$，于是上式可以写成

$$\frac{\mathrm{d}\theta}{\mathrm{d}s}=\frac{\dfrac{\mathrm{d}^2w}{\mathrm{d}x^2}}{\left[1+\left(\dfrac{\mathrm{d}w}{\mathrm{d}x}\right)^2\right]^{3/2}}$$

代入式（g）得

$$\frac{\dfrac{\mathrm{d}^2w}{\mathrm{d}x^2}}{\left[1+\left(\dfrac{\mathrm{d}w}{\mathrm{d}x}\right)^2\right]^{3/2}}=\frac{M(x)}{EI} \tag{6.5}$$

上式即梁的挠曲线微分方程，它是非线性的。由于材料力学中的变形都是小变形，并且在工程实际中，梁的挠度一般都远远小于梁的跨度。因此，梁的挠曲线 $w=w(x)$ 是一条光滑平坦的曲线。转角略去上式中左面的分母，将其线性化，则转角 θ 是一个非常小的角度，因此有

$$\theta=\tan\theta=\frac{\mathrm{d}w(x)}{\mathrm{d}x}=w'(x)$$

由于式（6.5）为非线性方程，求解困难，但考虑到材料力学中的变形都属于小变形，挠曲线非常平坦，$\dfrac{\mathrm{d}w(x)}{\mathrm{d}x}$ 很小，因此式（6.5）中的 $\left(\dfrac{\mathrm{d}w(x)}{\mathrm{d}x}\right)^2$ 与 1 相比可以忽略，于是有

$$\frac{\mathrm{d}^2w}{\mathrm{d}x^2}=\frac{M(x)}{EI} \tag{6.6}$$

上式即为梁的挠曲线近似微分方程。虽然为近似微分方程，但是误差极其微小，并且运算方便。

第三节　求解梁弯曲变形的积分法

将弯矩方程代入式 (6.6)，一次积分得到转角方程为

$$\theta(x) = \int \frac{M(x)}{EI} \mathrm{d}x + C \tag{6.7}$$

再积分一次，得挠度方程为

$$w(x) = \int \left[\int \frac{M(x)}{EI} \mathrm{d}x \right] \mathrm{d}x + Cx + D \tag{6.8}$$

式中，C、D 是积分常数，由梁上可见，转角方程 $\theta(x)$ 和挠度方程 $w(x)$ 在梁中是一条连续、光滑的曲线。

积分常数 C、D 可由梁的支承条件决定，这些条件又称为约束条件或边界条件，可由梁上某些点上的已知转角和挠度来确定，挠曲线应该是一条连续光滑的曲线，这就是连续、光滑条件。常见的梁的约束条件见表 6.1。

一般情况下（弯矩方程不用分段表示），梁的支承条件有两个，正好可以确定积分常数 C 和 D。

表 6.1　常见约束条件

约束种类	固定铰链支座	滚动铰链支座	固定端约束	弹簧支承	拉杆支承
图例及挠曲线形式					
边界条件	$w(A)=0$ 注：A 处转角不为零		$w(A)=0$ $\theta_A=0$	$w(A)=-F/k$ k：弹簧系数	$w(A)=-\Delta l$ Δl：拉杆伸长量

若弯矩方程分段写出，则需要利用连续性条件，即梁的左右位移转角的连续性条件等。

下面通过实例说明如何用积分法确定梁的转角及挠度。

【例 6.1】　如图 6.11 所示，悬臂梁 B 处受集中力 F，梁长为 l，梁的抗弯刚度为 EI_z。求 B 端转角和挠度。

解： 首先求出梁上任意截面的弯矩为

$$M(x) = -F(l-x) \tag{a}$$

然后由公式 (6.6) 得挠曲线的近似微分方程为

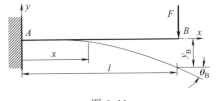

图 6.11

$$EI_z w'' = M = -F(l-x) \tag{b}$$

积分得

$$EI_z w' = \frac{1}{2}x^2 - Flx + C \tag{c}$$

$$EI_z w = \frac{1}{6}x^3 - \frac{1}{2}Flx^2 + Cx + D \tag{d}$$

按照表 6.1，在固定端 A 时，转角和挠度均应为零，即当 $x=0$ 时 $w'=0$，$w_A=0$ （e）

利用边界条件式（e），可由式（c）和式（d）得出

$$C = EI_z\theta_0 = 0$$
$$D = EI_z w_A = 0$$

将所有积分常数带回式（c）和式（d），得到转角方程和挠度方程分别为

$$EI_z w' = \frac{1}{2}x^2 - Flx \tag{f}$$

$$EI_z w = \frac{1}{6}x^3 - \frac{1}{2}Flx^2 \tag{g}$$

将截面 B 的坐标（$x=l$）代入以上两式，求得截面 B 的转角和挠度分别为

$$\theta_B = \frac{Fl^2}{2EI_z}；\quad w_B = y_B = -\frac{Fl^3}{3EI_z}$$

可见 θ_B 为负，表示截面 B 的转角为顺时针的。w_B（或 y_B）也为负，说明 B 点挠度向下。

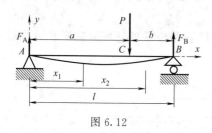

图 6.12

【例 6.2】 图 6.12 所示的简支梁 AB，C 处受集中力 P 作用，梁的抗弯刚度为 EI，梁长为 l。试讨论简支梁的弯曲变形。

解： 所示简支梁 AB 受到集中力 P 作用，讨论它的弯曲变形。

（1）求反力

$$F_A = \frac{b}{l}P,\quad F_B = \frac{a}{l}P$$

（2）建立坐标系 xAy，分两段列出 AB 梁的弯矩方程为

AC 段　　$M_1(x_1) = \frac{b}{l}Px_1$ 　　　　　　（$0 \leqslant x_1 \leqslant a$）

CB 段　　$M_2(x_2) = \frac{b}{l}Px_2 - P(x_2 - a)$ 　　　（$a \leqslant x_2 \leqslant l$）

（3）对挠曲线近似微分方程积分，将 AC 和 CB 两段的挠曲线近似微分方程及积分结果列于表 6.2。

表 6.2　结果

AC 段（$0 \leqslant x_1 \leqslant a$）		CB 段（$a \leqslant x_2 \leqslant l$）	
$EIw_1'' = \frac{Pb}{l}x_1$	(a)	$EIw_2'' = \frac{Pb}{l}x_2 - P(x_2 - a)$	(d)
$EIw_1' = \frac{Pb}{2l}x_1^2 + C_1$	(b)	$EIw_2' = \frac{Pb}{2l}x_2^2 - \frac{P}{2}(x_2-a)^2 + C_2$	(e)
$EIw_1 = \frac{Pb}{6l}x_1^3 + C_1x_1 + D_1$	(c)	$EIw_2 = \frac{Pb}{6l}x_2^3 - \frac{P}{6}(x_2-a)^3 + C_2x_2 + D_2$	(f)

确定积分常数：积分常数 C_1、D_1 和 C_2、D_2，需要连续条件和边界条件来确定。由于挠曲线应该是一条连续、光滑的曲线，因此在 AC 及 CB 两段交界截面 C 处，截面应该连续、光滑，即挠曲线在 C 截面的连续条件为

当 $x_1 = x_2 = a$ 时，$\theta_1 = \theta_2$，$w_1 = w_2$

即

$$\frac{Pb}{2l}a^2 + C_1 = \frac{Pb}{2l}a^2 - \frac{P}{2}(a-a)^2 + C_2$$

$$\frac{Pb}{6l}a^3 + C_1a + D_1 = \frac{Pb}{6l}a^3 - \frac{P}{6}(a-a)^3 + C_2a + D_2$$

由上两式解得

$$C_1 = C_2, \quad D_1 = D_2$$

此外，由于梁在 A、B 两端为铰链支座，因此其边界条件为

$$x_1 = 0 \text{ 时}, \quad w_1 = 0$$

$$x_2 = 0 \text{ 时}, \quad w_2 = 0$$

即

$$D_1 = 0$$

$$\frac{Pb}{6l}l^2 - \frac{P}{6}(l-a)^3 + C_2l = 0$$

解得

$$D_1 = D_2 = 0 \qquad C_1 = C_2 = -\frac{Pb}{6l}(l^2 - b^2)$$

梁 AC 及 CB 段的转角方程和挠曲线方程列于表 6.3。

表 6.3　梁 AC 及 CB 段的转角方程和挠曲方程

AC 段　$0 \leqslant x_1 \leqslant a$		CB 段　$a \leqslant x_2 \leqslant l$	
$\theta_1(x_1) = -\dfrac{Pb}{6EIl}(l^2 - b^2 - 3x_1^2)$	(g)	$\theta_2(x_2) = -\dfrac{Pb}{6EIl}\left[(l^2 - b^2 - 3x_2^2) + \dfrac{3l}{b}(x_2-a)^2\right]$	(i)
$w_1(x_1) = -\dfrac{Pbx_1}{6EIl}(l^2 - b^2 - x_1^2)$	(h)	$w_2(x_2) = -\dfrac{Pb}{6EIl}\left[(l^2 - b^2 - x_2^2) + \dfrac{l}{b}(x_2-a)^3\right]$	(j)

（4）求梁的最大挠度和转角　在梁的左端截面的转角为

$$\theta_A = \theta_1(x_1)\big|_{x_1=0} = -\frac{Pab(l+b)}{6EIl}$$

在梁右端截面的转角为

$$\theta_B = \theta_2(x_2)\big|_{x_2=l} = \frac{Pab(l+a)}{6EIl}$$

当 $a > b$ 时，可以断定 θ_B 为最大转角。

为了确定挠度为极值的截面，先确定 C 截面的转角

$$\theta_C = \theta_1(x_1)\big|_{x_1=a} = \frac{Pab}{3EIl}(a-b)$$

若 $a > b$，则转角 $\theta_C > 0$。AC 段挠曲线为光滑连续曲线，且 $\theta_A < 0$，当转角从截面 A 到截面 C 连续地由负值变为正值时，AC 段内必有一截面转角为零。为此，令 $\theta_1(x) = 0$，即

$$-\frac{Pb}{6EIl}(l^2 - b^2 - 3x_0^2) = 0$$

解得

$$x_0 = \sqrt{\frac{l^2 - b^2}{3}} \tag{k}$$

x_0 所在点的转角为零，亦即挠度最大的截面位置。由 AC 段的挠曲线方程可求得 AB

梁的最大挠度为

$$w_{max}=[w_1(x_1)]_{x_1=x_0}=-\frac{Pb}{9\sqrt{3}EIl}\sqrt{(l^2-b^2)^3} \tag{l}$$

当集中 P 力作用于跨度中点 $a=b=l/2$ 时，即集中力作用于梁的跨度中点时，由上式可求得梁的最大挠度为

$$w_{max}=w_{1/2}=-\frac{Pl^3}{48EI} \tag{m}$$

同理，由式（g）可得此时 A 截面的转角为

$$\theta_A=\theta_{x_1=0}=-\frac{Pl^2}{16EI} \tag{n}$$

此时，载荷为对称载荷，梁左右转角也应该对称，由此可得，当集中力作用于梁的跨度中点时，有

$$\theta_B=-\theta_A=\frac{Pl^2}{16EI} \tag{o}$$

极端情况下，集中力 P 无限接近于右端支座，以至于 b^2 与 l^2 相比可以忽略，于是由式（k）及式（l）求得

$$x_0=\frac{l}{\sqrt{3}}=0.577l$$

$$w_{max}=-\frac{Pbl^2}{9\sqrt{3}EI}$$

可见，简支梁 AB 在这种极端情况下，发生最大挠度的截面仍然在跨度中点附近，所以可以用跨度中点的挠度近似地代替最大挠度。在式（h）中令 $x=l/2$，求得跨度中点的挠度为

$$w_{1/2}=-\frac{Pb}{48EI}(3l^2-4b^2) \tag{p}$$

在上述极端情况下，集中力 P 无限靠近支座 B，有

$$w_{1/2}\approx-\frac{Pb}{48EI}3l^2=-\frac{Pbl^2}{16EI}$$

这时用 $w_{1/2}$ 替代 w_{max} 所引起的误差为

$$\frac{w_{max}-w_{1/2}}{w_{max}}=2.57\%$$

可见在简支梁中，只要挠曲线上无拐点，即可以用中点的挠度替代最大挠度，而由此引起的误差很小。

由以上例题可见，如果梁上载荷引起的弯矩需要分段列出，则积分常数随着段数增多而增多，确定积分常数越加烦琐。

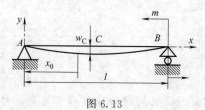

图 6.13

【例 6.3】 如图 6.13 所示，简支梁 AB 受作用于 B 点的集中力偶 m 作用，梁的抗弯刚度为 EI，梁长为 l。试求梁的挠曲线方程及转角方程，并求出 A、B 截面转角、最大挠度以及梁的中点 C 的挠度。

解：（1）求反力并列梁的弯矩方程为

$$F_A = \frac{m}{l}(\uparrow) \qquad F_B = -\frac{m}{l}(\downarrow)$$

（2）建立坐标系 xAy，分两段列出 AB 梁的弯矩方程为

$$M(x) = \frac{m}{l}x$$

利用梁挠曲线近似微分方程进行积分，得

$$EIw' = \frac{m}{2l}x^2 + C \tag{a}$$

$$EIw = \frac{m}{6l}x^3 + Cx + D \tag{b}$$

利用边界条件确定积分常数，对于 A、B 两端应有

$$x = 0 \text{ 时，} w_A = 0$$
$$x = l \text{ 时，} w_B = 0$$

将以上边界条件代入式（a）得

$$D = 0$$

$$C = -\frac{m}{6}l \tag{c}$$

将式（c）代入式（a）、式（b）两式中，得梁的转角方程及挠度方程分别为

$$w' = \theta(x) = \frac{m}{6EIl}(3x^2 - l^2) \tag{d}$$

$$w(x) = \frac{mx}{6EIl}(x^2 - l^2) \tag{e}$$

（3）求梁的转角和最大挠度　将 $x = 0$ 及 $x = l$ 分别代入式（d）及式（e）两式，得简支梁 A、B 两端点处的转角为

$$\theta_A = -\frac{ml}{6EI} \tag{f}$$

$$\theta_B = \frac{ml}{3EI} \tag{g}$$

AB 梁段内必有一截面转角为零。为此，令 $\theta(x) = 0$，即

$$\frac{m}{6EIl}(3x^2 - l^2) = 0$$

解得

$$x_0 = \frac{\sqrt{3}}{3}l \approx 0.577l \tag{h}$$

将式（h）代入式（e）即可得梁内最大挠度发生在 $x_0 = \frac{\sqrt{3}}{3}l$ 处，为

$$w_{max} = \frac{ml^2}{9\sqrt{3}\,EI} \tag{i}$$

将 $x = l/2$ 代入式（e），即可得到梁的中点 C 截面的挠度，为

$$w_C = \frac{ml^2}{16EI} \tag{j}$$

通过上述例题可见，积分法的优点是可以通过对弯矩方程进行一次、二次积分，然后通过梁的约束条件求得积分常数。进一步可以分别求得梁的转角方程及挠度方程，但是应当指出，用积分法求出梁的转角方程及挠度方程时，尤其是当弯矩方程需要分段列出时，该方法显得过于烦琐。为此，将梁在常见简单载荷作用下的变形列于表 6.4，用"叠加法"简洁地计算出梁上所求截面的挠度及转角，以下讨论如何利用"叠加法"求梁的变形问题。

第四节　求解梁弯曲变形的叠加法

用积分法计算梁的变形是相当烦琐的，特别是梁分段很多的情况下，不仅需要用截面法写出各段梁的弯矩函数，还需要确定出各段梁的积分常数，这一过程十分复杂和烦琐。因此，有必要寻求更简单的方法计算梁的变形，在工程中，很多时候并不需要求出整个梁的转角函数和挠度函数，而是只需要求出某些特殊点处的转角和挠度，即只需要求出梁中最大的转角和挠度，就可以进行梁的刚度计算了。所以，下面介绍的叠加法就是一种计算梁的某些特殊点处的转角和挠度的简便方法。

叠加原理：在线弹性小变形条件下，任何因素引起的结构中的内力、应力和应变以及变形和位移等都是可以叠加的。这一原理称为线弹性体的叠加原理。

载荷叠加：多个载荷同时作用于结构而引起的变形等于每个载荷单独作用于结构而引起的变形的代数和。载荷叠加是叠加法求梁的变形中最常见的情况。当梁同时受到几个载荷作用时，由于每一个载荷所引起的梁的变形不受其他载荷的影响，于是可以用叠加法来求解梁的变形。也就是说，当梁上同时作用几个载荷时，可先求出各个载荷单独作用下梁的挠度和转角，然后将它们相加求代数和，便可得到几个载荷同时作用时梁的挠度和转角，用公式表示即

$$\theta(F_1、F_2\cdots)=\theta_1(F_1)+\theta_2(F_2)+\cdots$$
$$w(F_1、F_2\cdots)=w_1(F_1)+w_2(F_2)+\cdots \tag{6.9}$$

式中，F_1、$F_2\cdots$在这里定义为"广义力"，包含力、力偶、分布力等。叠加法是计算结构特殊点处转角和挠度的简便方法，其先决条件是必须预先知道一些简单梁的结果。为了便于用叠加法计算挠度和转角，表 6.4 给出了一些常见、简单的梁的转角和挠度计算公式。

叠加法的主要操作手段或技巧，是将实际情况下的梁分解或简化为若干简单梁的叠加。

下面就一些常见的引起梁变形的因素以实例的形式应用叠加法计算梁在一些特殊点处的转角或挠度。

表 6.4　简单载荷作用下的梁的变形

序号	梁的计算简图	挠度曲线方程	端截面转角	最大挠度
1		$y=\dfrac{Mx^2}{2EI}$	$\theta_B=-\dfrac{Ml}{EI}$	$y_B=-\dfrac{Ml^2}{2EI}$
2		$y=\dfrac{Mx^2}{2EI},0\leqslant x\leqslant a$ $y=\dfrac{Ma}{EI}\left[(x-a)+\dfrac{a}{2}\right],$ $a\leqslant x\leqslant l$	$\theta_B=-\dfrac{F_Pa^2}{2EI}$	$y_B=-\dfrac{Ma}{EI}\left(l-\dfrac{a}{2}\right)$

序号	梁的计算简图	挠度曲线方程	端截面转角	最大挠度
3		$y = \dfrac{F_P x^2}{6EI}(3l - x)$	$\theta_B = -\dfrac{F_P l^2}{2EI}$	$y_B = -\dfrac{F_P l^3}{3EI}$
4		$y = \dfrac{F_P x^2}{6EI}(3a - x)$, $0 \leqslant x \leqslant a$ $y = \dfrac{F_P a^2}{6EI}(3x - a)$, $a \leqslant x \leqslant l$	$\theta_B = -\dfrac{F_P a^2}{2EI}$	$y_B = -\dfrac{F_P a^2}{6EI}(3l - a)$
5		$y = \dfrac{q x^2}{24EI}(x^2 - 4lx + 6l^2)$	$\theta_B = -\dfrac{q l^3}{6EI}$	$y_B = -\dfrac{q l^4}{8EI}$
6		$y = \dfrac{Mx}{6EIl}(l - x)(2l - x)$	$\theta_A = -\dfrac{Ml}{3EI}$ $\theta_B = \dfrac{Ml}{6EI}$	$x = (1 - 1/\sqrt{3})l$, $y_{max} = -\dfrac{Ml^2}{9\sqrt{3}\,EI}$ $y_{l/2} = -\dfrac{Ml^2}{16EI}$
7		$y = \dfrac{Mx}{6EIl}(l^2 - x^2)$	$\theta_A = -\dfrac{Ml}{6EI}$ $\theta_B = \dfrac{Ml}{3EI}$	$x = l/\sqrt{3}$, $y_{max} = -\dfrac{Ml^2}{9\sqrt{3}\,EI}$ $y_{l/2} = -\dfrac{Ml^2}{16EI}$
8		$y = \dfrac{F_P x}{48EI}(3l^2 - 4x^2)$, $0 \leqslant x \leqslant l/2$	$\theta_A = -\dfrac{F_P l^2}{16EI}$ $\theta_B = \dfrac{F_P l^2}{16EI}$	$y_{max} = -\dfrac{F_P l^3}{48EI}$
9		$y = \dfrac{F_P b x}{6EIl}(l^2 - b^2 - x^2)$, $0 \leqslant x \leqslant a$ $y = \dfrac{F_P b}{6EIl}\left[\dfrac{l}{b}(x - a)^2 + (l^2 - b^2)x - x^3\right]$, $a \leqslant x \leqslant l$	$\theta_A = -\dfrac{F_P ab}{6EI}(l + b)$ $\theta_B = \dfrac{F_P ab}{6EI}(l + a)$	设 $a > b$, 在 $x = \sqrt{(l^2 - b^2)/3}$ 时, $y_{max} = -\dfrac{F_P b}{9\sqrt{3}\,EIl}(l^2 - b^2)^{3/2}$ $y_{l/2} = -\dfrac{F_P b}{48EI}(3l^2 - 4b^2)$
10		$y = \dfrac{q x}{24EI}(l^3 - 2lx^2 + x^3)$	$\theta_A = -\dfrac{q l^3}{24EI}$ $\theta_B = \dfrac{q l^3}{24EI}$	$y_{max} = -\dfrac{5 q l^4}{384EI}$

序号	梁的计算简图	挠度曲线方程	端截面转角	最大挠度
11		$y=-\dfrac{F_P a x}{6EIl}(l^2-x^2)$, $\quad 0\leqslant x\leqslant l$ $y=\dfrac{F_P(x-l)}{6EI}[a(3x-l)$ $-(l-x)^2]$, $\quad l\leqslant x\leqslant(l+a)$	$\theta_A=-\theta_B/2=-\dfrac{F_P al}{6EI}$ $\theta_C=\dfrac{F_P a}{6EI}(2l+3a)$	$y_C=-\dfrac{F_P a^2(l+a)}{3EI}$
12		$y=-\dfrac{Mx}{6EIl}(l^2-x^2)$, $\quad 0\leqslant x\leqslant l$ $y=\dfrac{M}{6EI}(3x^2-4xl+l^2)$ $\quad l\leqslant x\leqslant(l+a)$	$\theta_A=-\theta_B/2=-\dfrac{Ml}{6EI}$ $\theta_C=-\dfrac{M}{3EI}(l+3a)$	$y_C=-\dfrac{Ma(2l+3a)}{6EI}$
13		$y=-\dfrac{qa^2}{12EIl}(l^2-x^2)$, $\quad 0\leqslant x\leqslant l$ $y=\dfrac{q}{24EI}[2a^2(3x^2-4xl$ $+l^2)-(x-l)^3(4a+l-x)]$, $\quad l\leqslant x\leqslant(l+a)$	$\theta_A=-\theta_B/2=-\dfrac{qa^2 l}{12EI}$ $\theta_C=-\dfrac{qa^2}{6EI}(l+a)$	$y_C=-\dfrac{qa^3}{24EI}(3a+4l)$

【例6.4】 如图6.14所示，起重机大梁的自重可以简化为载荷集度为 q 的均布载荷，吊重为 F。梁的抗弯刚度为 EI。当吊重位于大梁中点时，试求大梁中点的挠度以及 A、B 截面的转角。

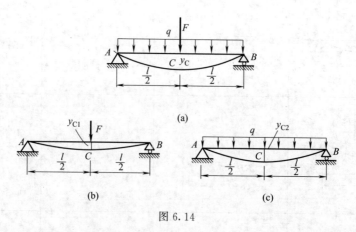

图 6.14

解：梁受到的力可简化为图6.14（a）所示。梁的两种载荷分别分解为如图6.14（b）及图6.14（c）所示，而其中点的挠度即应为此两种载荷单独作用下的叠加。在弹性范围内，其中点 C 的挠度应等于两种载荷分别产生的挠度之和，而 B 处的转角也是如此。在集中力 F 及分布力 q 作用下，大梁中点 C 挠度、支座 B 处的转角分别由表6.4查得为

$$y_{C1} = -\frac{Fl^3}{48EI}, \theta_{B1} = \frac{Fl^2}{16EI}$$

$$y_{C2} = -\frac{5ql^4}{384EI}, \theta_{B2} = \frac{ql^3}{24EI}$$

叠加以上结果，梁中点挠度为

$$y_C = y_{C1} + y_{C2} = -\frac{Fl^3}{48EI} - \frac{5ql^4}{384EI}$$

同理，梁上 B 截面转角应为

$$\theta_B = \theta_{B1} + \theta_{B2} = \frac{Fl^2}{16EI} + \frac{ql^3}{24EI}$$

求 A 截面转角时，则由载荷及结构的对称性可知

$$\theta_A = -\theta_B = -\frac{Fl^2}{16EI} - \frac{ql^3}{24EI}$$

【例 6.5】 如图 6.15（a）所示，悬臂梁中点受集中力 F 作用，梁长为 l，梁的抗弯刚度为 EI，试求悬臂梁自由端 B 的挠度和转角。

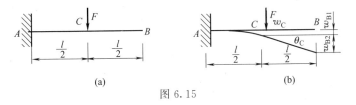

图 6.15

解： 明显梁段 CB 中没有内力，因此该段梁没有变形，但是 AC 段梁的变形将引起 CB 段梁产生挠度和转角。

如图 6.15（b）所示，所考察点 B 的挠度和转角是由于 AC 段梁的变形引起的，B 点的挠度由 AC 段梁的两种变形因素引起，即 C 点的挠度引起的 B 点的挠度为 w_{B1}，C 截面的转角引起的 B 点的挠度为 w_{B2}，所以有

$$w_{B1} = w_C = -\frac{F(l/2)^3}{3EI} = -\frac{Fl^3}{24EI}(\downarrow)$$

$$w_{B2} = a\tan\theta_C = a\theta_C = -\frac{F(l/2)^2}{2EI} \times \frac{l}{2} = -\frac{Fl^3}{16EI}(\downarrow)$$

$$w_B = w_{B1} + w_{B2} = -\frac{Fl^3}{24EI} - \frac{Fl^3}{16EI} = -\frac{5Fl^3}{48EI}(\downarrow)$$

由于 CB 段梁始终保持为直线，所以 C 截面的转角就等于 B 截面的转角，所以有

$$\theta_B = \theta_C = -\frac{F(l/2)^2}{2EI} = -\frac{Fl^2}{8EI}$$

【例 6.6】 如图 6.16（a）所示，梁的抗弯刚度为 EI，AB 段受载荷集度为 q 的作用，外伸端 D 处作用有集中力 F，且 $F = ql$，支座 A 处有一个 $m = ql^2$ 的集中力偶作用，梁的尺寸见图，l 已知。试求梁中点 C 的挠度 w_C。

解： 梁上的三个载荷可分解为图 6.16（b）~（d）所示的三个简单载荷的叠加，其中每个图中都只有单一的载荷作用。下面分别计算各载荷在梁中点 C 处的挠度。

图 6.16（b）所示的梁在中点的挠度就是简支梁受均布载荷的情况，由表 6.4 可查得

$$w_{C1} = -\frac{5ql^4}{384EI}(\downarrow) \tag{a}$$

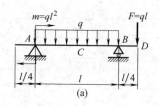

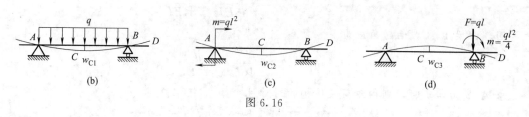

图 6.16

图 6.16（c）所示的梁，应该指出，无论集中力偶作用在外伸端的什么地方，其在梁中点产生的挠度都是相同的。所以梁在中点的挠度就是简支梁在支座处受集中力偶作用的情况，由表 6.4 可查得

$$w_{C2} = -\frac{ml^2}{16EI} = -\frac{ql^4}{16EI}(\downarrow)$$ （b）

图 6.16（d）所示的梁，计算梁中点的挠度时，可将外伸端的集中力等效移动到支座处，而作用在支座处的集中力不会引起梁的变形，所以梁在中点的挠度就是简支梁在支座处受集中力偶作用的情况，由表 6.4 可查得

$$w_{C3} = -\frac{ml^2}{16EI} = \frac{ql^4}{64EI}(\uparrow)$$ （c）

由叠加法得原梁在中点的挠度为

$$w_{C1} = w_{C1} + w_{C2} + w_{C3} = -\frac{5ql^4}{384EI} - \frac{ql^4}{16EI} + \frac{ql^4}{64EI} = -\frac{23ql^4}{384EI}(\downarrow)$$

【例 6.7】 如图 6.17（a）所示，求悬臂梁自由端的挠度，均布载荷 q 及梁的尺寸见图，梁的抗弯刚度为 EI。

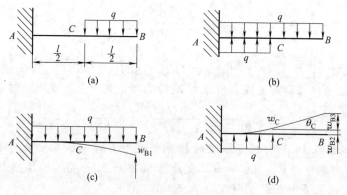

图 6.17

解：原梁的变形等价于图 6.17（b）所示的梁，即将梁上的分布载荷加满到固定端，然后在左半边梁加上反方向的分布载荷。所以原梁可分解为图 6.17（c）和（d）所示的两梁的叠加。

$$w_{B1} = -\frac{ql^4}{8EI}(\downarrow)$$

$$w_{B2} = w_C = \frac{q(l/2)^4}{8EI} = \frac{ql^4}{128EI}(\uparrow)$$

$$w_{B3} = \theta_C \frac{l}{2} = \frac{q(l/2)^3}{6EI} \times \frac{l}{2} = \frac{ql^4}{96EI}(\uparrow)$$

所以

$$w_B = w_{B1} - w_{B2} - w_{B3} = \left(-\frac{1}{8} + \frac{1}{128} + \frac{1}{96}\right)\frac{ql^4}{EI} = -\frac{41ql^4}{384EI}(\downarrow)$$

【例6.8】 图6.18（a）所示的外伸梁，抗弯刚度为 EI，梁 AB 段受集中力 $F=qa$ 作用，外伸端受均匀分布载荷 q 作用，梁的尺寸见图，试求：C 截面的挠度和转角以及 D 截面的挠度。

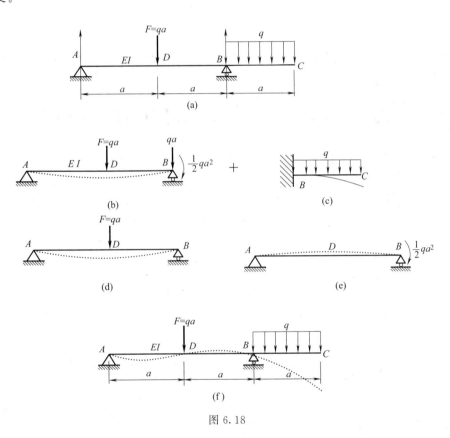

图 6.18

解： 可将外伸梁看成图6.18（b）和（c）的叠加，而对于图（b），又可看成图（d）、（e）两种载荷的组合，图（d）中，由表6.4可查得 D 截面的挠度和 B 截面的转角分别为

$$w_{D1} = \frac{F(2a)^3}{48EI} = -\frac{qa^4}{6EI}; \quad \theta_{B1} = \frac{F(2a)^2}{16EI} = \frac{qa^3}{4EI} \tag{a}$$

图（e）中，由表6.4可查得 D 截面的挠度和 B 截面的转角分别为

$$w_{D2} = \frac{m(2a)^2}{16EI} = \frac{qa^4}{8EI}; \quad \theta_{B2} = -\frac{m(2a)}{3EI} = -\frac{qa^3}{3EI} \tag{b}$$

将 D 点相应的位移进行叠加，可得

$$w_D = w_{D1} + w_{D2} = -\frac{qa^4}{6EI} + \frac{qa^4}{8EI} = -\frac{qa^4}{24EI} (\downarrow) \qquad \text{(c)}$$

将 B 截面相应的转角进行叠加，可得

$$\theta_B = \theta_{B1} + \theta_{B2} = \frac{qa^3}{4EI} - \frac{qa^3}{3EI} = -\frac{qa^3}{12EI} \qquad \text{(d)}$$

对于图（c），C 截面的转角及挠度为

$$\theta_{Cq} = -\frac{qa^3}{6EI}; \quad w_{Cq} = -\frac{qa^4}{8EI} \qquad \text{(e)}$$

外伸端 C 点的挠度和转角可由叠加原理求得

$$\theta_C = \theta_B + \theta_{Cq} = -\frac{qa^3}{12EI} - \frac{qa^3}{6EI} = -\frac{qa^3}{4EI} \qquad \text{(f)}$$

$$w_C = \theta_B a + w_{Cq} = -\frac{qa^3}{12EI} a - \frac{qa^4}{8EI} = -\frac{5qa^4}{24EI} \qquad \text{(g)}$$

外伸端 C 截面总挠度及梁的挠曲线形态见图（f）。

外伸梁采用这种"逐段钢化法"求解外伸端的变形，此方法同样适用于抗弯截面刚度各段不同的梁。

第五节　用变形比较法求解简单超静定梁

本章前面研究的梁均为静定梁，即梁上的支反力可由静力学平衡方程求出。与拉（压）、扭转超静定问题相类似，在工程实际问题中，为了减少梁的变形，很多梁常常需要增加多余约束使得梁的变形更小，这样的结果导致支反力的数目超出了独立平衡方程的数目，未知力的约束力单独依靠平衡方程去求解变得不可能，这种梁称为超静定梁。

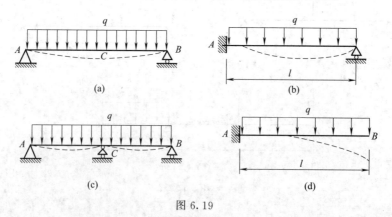

图 6.19

图 6.19（a）中简支梁受分布力 q 作用，若在其中间点 C 处增加一个约束［图 6.19（c）］，显然，由于 C 处为刚性约束，由前述约束条件可知，C 处垂直位移为零，不但可以很大程度上减少梁的变形，而且可以减少梁的振动及使用寿命。图 6.19（b）及（d）亦是如此。但由于增加了约束，图 6.19（a）、（b）中的梁则由静定梁分别变成了超静定梁，如图 6.19（c）、（d）所示。

在工程实际中的桥梁类结构常常增加多个多余支撑的多跨梁（图 6.20），由于增加了支座数量，不但能减少梁的变形，而且使得梁内的最大弯矩相应减少，从而起到提高梁的强度

及刚度的效果。但是，由于多余约束过多，使得求解约束力更加困难，这类超静定问题称为高次超静定问题（如图 6.20、图 6.21 所示，图中外载荷、尺寸、抗弯截面模量等为已知），未知量数目与所能列出的独立方程数目之差称为超静定次数。高次超静定问题的求解将在后面再讲解，本章只研究简单超静定梁，即梁的未知量数目比所能列出独立平衡方程数目多一个的超静定梁。

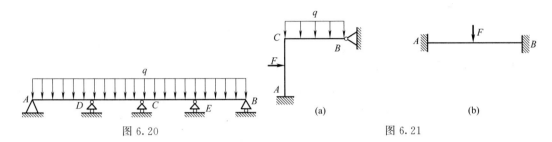

图 6.20　　　　　　　　　　　　　　　　　　图 6.21

与拉（压）超静定问题相似，为了确定简单超静定梁的全部支反力，需要列出独立的平衡方程，利用变形协调方程及力与位移之间物理方程这三个方面考虑。本章的变形协调方程即前面所讲的约束条件，而本章的物理关系即为前面所述的变形公式。简单超静定梁的求解需要首先解除其中一个约束，将该约束用一个约束力来代替，并且假设这个未知力为已知。然后用一个力（或者力偶）来代替原来梁在此处的约束，并且假设此力（或者力偶）为已知力。解除超静定系统中的一个约束，然后用一个支反力（或支反力偶）来代替原来的系统称为原超静定系统的"静定基"，再依据变形协调关系及物理方程求解简单超静定梁的过程称为变形比较法，以下通过举例说明求解过程。

【例 6.9】　图 6.22（a）所示的梁中，梁的抗弯刚度为 EI，梁 AB 段受均匀分布载荷作用，载荷集度为 q，梁长为 l，试求：各处支反力。

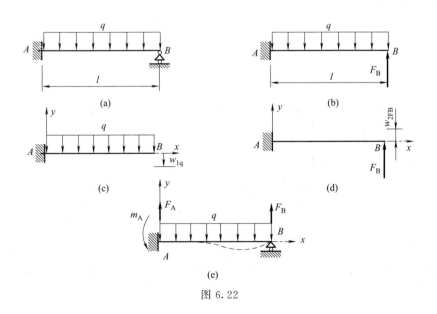

图 6.22

解：（1）首先解除支座 B 处的约束，并且用约束力 F_B 来代替，确定静定基 ［图 6.22（b）］。

（2）列静力学方程

$$\sum m_A(F)=0, \quad F_B l + m_A - \frac{1}{2}ql^2 = 0 \tag{a}$$

$$\sum F_y = 0, \quad F_A + F_B - ql = 0 \tag{b}$$

（3）列出变形协调方程，由图 6.22（a）可知，由于 B 处为滚动铰链支座，因此应有

$$w_B = 0 \tag{c}$$

（4）列出物理方程，即梁分别在 F_B 及 q 单独作用下的 B 截面的变形公式，由表 6.4 得

$$w_{1q} = -\frac{ql^4}{8EI}, \quad w_{2F_B} = \frac{F_B l^3}{3EI} \tag{d}$$

利用叠加法及式（c）可知

$$w_B = w_{1q} + w_{2FB} = 0 \tag{e}$$

将式（d）代入上式，求出 F_B 为

$$F_B = \frac{3ql}{8}$$

代入式（a）、式（b）即可求得其余支反力（或支反力偶）为

$$F_A = \frac{5ql}{8}, \quad m_A = \frac{1}{8}ql$$

【例 6.10】 图 6.23（a）所示的梁抗弯刚度为 EI，梁 D 处受集中力 $F = ql$ 作用，外伸端受均匀分布载荷 q 作用，梁的尺寸见图，试求：A、B、C 各处支反力。

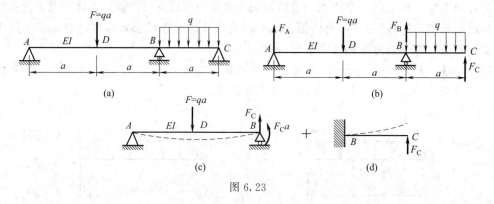

图 6.23

解： （1）首先解除支座 C 处的约束，并且用约束力 F_C 来代替，确定静定基 ［图 6.23（b）］。

（2）列静力学方程

$$\sum m_A(F)=0, \quad 2F_B a + 3F_C a - qa^2 - \frac{5}{2}qa^2 = 0 \tag{a}$$

$$\sum F_y = 0, \quad F_A + F_B + F_C - 2qa = 0 \tag{b}$$

（3）列出变形协调方程，由图 6.23（a）可知，由于 B 处为滚动铰链支座，因此应有

$$w_C = 0 \tag{c}$$

（4）列出物理方程，采用例 6.8 中梁分别在 D 处集中力及外伸端分布力 q 单独作用下的 C 截面的变形公式（g）中的 w_C ［由于本题中还多了一个 F_C 作用于外伸端，例 6.8 题中 w_C 的计算在本题中设为 $w_C = w_C(F, q)$ ］，这里不再复述，有

$$w_C(F, q) = -\frac{5qa^4}{24EI} \tag{d}$$

而此题只需要计算出外伸梁在外伸端 C 处作用有集中力 F_C 的情况下 C 处的挠度，为

此，由图（c）和（d）可知，采用叠加法，由表 6.4 可得

$$w_{CF} = w_{1FC} + w_{20B} = w_{1FC} + \theta_{BFCa} a$$

$$= \frac{F_C a^3}{3EI} + \frac{(F_C a)(2a)}{3EI} a = \frac{F_C a^3}{EI} \qquad (e)$$

将式（e）及式（d）代入式（c）有

$$w_C = w_C(F, q) + w_{CF} = -\frac{5qa^4}{24EI} + \frac{F_C a^3}{EI} = 0 \qquad (f)$$

进而求得 F_C 为

$$F_C = \frac{5qa}{24} \qquad (g)$$

将式（g）代入式（a）、式（b），可求得其余 A、B 两处支反力分别为

$$F_B = \frac{23qa}{16}; \quad F_A = \frac{9qa}{16} \qquad (h)$$

第六节　梁的刚度条件及提高梁的抗弯曲刚度的措施

1. 梁的刚度条件

在工程实际中，梁在外载荷作用下将产生变形，为了使梁具有足够的刚度，即梁在工作中的变形不能超过一定范围，应按照梁在工作中不同的实际要求，限制梁的最大挠度、转角。梁在工作中除了要满足强度要求外，还应该满足刚度要求。梁的刚度条件为

$$y_{max} \leqslant [y] \qquad (6.10)$$
$$\theta_{max} \leqslant [\theta] \qquad (6.11)$$

式中，$[y]$ 为许可挠度；$[\theta]$ 为许可转角。$[y]$ 及 $[\theta]$ 的值由具体工作条件决定，或者在机械设计手册中查得。如：

一般用途的轴 $[y] = (3 \times 10^{-4} \sim 5 \times 10^{-4}) l$；

起重机大梁 $[y] = (0.001 \sim 0.002) l$；

在安装齿轮或滑动轴承处 $[\theta] = 0.001 \mathrm{rad}$。

2. 提高梁的抗弯曲刚度的措施

如前所述，从梁的挠曲线近似微分方程及其积分公式可知，梁的变形与梁的弯矩大小、梁的跨度长短、截面惯性矩及组成梁的材料弹性模量有关，而且与梁的支承形式有关。因此，提高梁的抗弯曲刚度，就要综合考虑上述因素，如图 6.24 所示。所以，在梁的设计中，当一些因素确定后，可根据情况调整其他一些因素以达到提高梁的刚度的目的，具体方法如下。

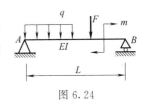

图 6.24

（1）选择梁的合理截面形式　前面已经提到，提高梁的抗弯曲能力的措施之一是选择合理截面形式。提高梁的抗弯曲变形能力也是如此，因为梁的变形大小与梁的惯性矩成反比。选择梁的合理截面形式就是采用较小的面积，但却使得梁具有较大的截面对 z 轴的惯性矩。工程上常用 I_z/A 来衡量截面形状是否合理、经济。如果 I_z/A 值较大，说明所选截面较为经济合理，这一点与提高梁的强度相吻合。选择合理的截面形状可提高梁的刚度，如采用工字形、箱形或空心截面等，增加截面对中性轴的惯性矩，既提高梁的强度也增加梁的刚度。但必须指出，小范围内改变梁截面的惯性矩，对全梁的刚度影响很小，因为梁的变形是梁的

各段变形累积而成，但此种情况对梁的强度影响很大，这里不再复述。

（2）改善结构形式及载荷作用方式　梁的变形通常与梁的跨度的高次方成正比，因此，减小梁的跨度是降低变形的有效途径。如图 6.25（a）所示，工程中常采用调整梁的约束位置［图 6.25（c）］来减小梁的跨度，因为外伸端的载荷将使得梁的中点产生向上的挠度，而两支座端的载荷将使得梁的中点产生向下的挠度，它们相互抵消一部分，便使得梁的最大挠度减少了。图 6.25（b）为通过增加约束来减小梁的跨度，还可以加强梁的约束减小梁的最大挠度［图 6.25（d）］。合理调整载荷的作用位置及分布方式，可以降低梁上的最大弯矩，目的是为了减少梁的变形。

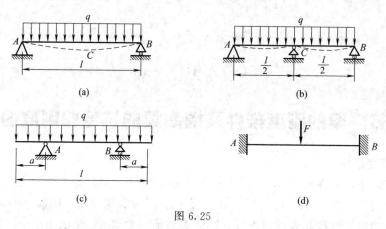

图 6.25

图 6.26（a）中作用在梁中点的集中力，如果分成一半对称作用在梁的两侧［图 6.26（b）］，甚至化为均布载荷［图 6.26（c）］，将会大大减少梁的变形。当然以上载荷处理方法应该在合理的前提下进行，这与提高梁的抗弯曲能力的方法雷同。图 6.27 为车床中心架示意图，车削过程中为了保证被加工工件具有足够的刚度以满足加工精度要求，常常需要在卡盘及车刀之间加上中心架，相当于增加了一个多余约束，类似的例子在桥梁中尤为常见（图 6.20）。

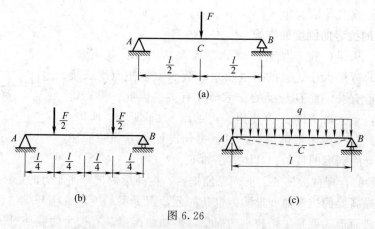

图 6.26

应该指出，从梁的弯曲变形公式中可见，提高梁的抗弯刚度也可以达到减小梁的变形的目的。选用弹性模量大的材料可提高梁的刚度，但值得注意的是，由于各种钢材的弹性模量 E 值大致相同，因此，使用高强度的合金钢代替普通钢并不能明显提高梁的抗弯曲刚度，采用此种方法是不经济的，即弹性模量大的材料价格往往很高，而且往往达不到预期效果。

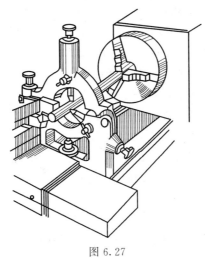

图 6.27

因此，不建议在工程实际中采取该种措施。

【例 6.11】　图 6.28 所示的简支梁，跨度中点 C 受集中力 $F=20$kN 作用，梁的跨度 $l=9$m，弹性模量 $E=210$GPa，梁的许可挠度 $[y]=0.002l$，选用 No.32a 工字钢。试校核梁的刚度条件。

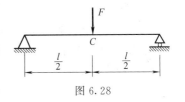

图 6.28

解： 由型钢表查得 No.32a 工字钢的惯性矩 $I_z=$ 11100cm^4，查表 6.4 可得梁跨度中点的挠度为

$$w_B=\frac{Fl^3}{48EI}=\frac{20\times9^3}{48\times210\times10^9\times11100\times10^{-8}}$$
$$=0.013\text{m}<[y]$$

可见，梁的变形满足梁的刚度要求。

小　　结

1. 工程中平面弯曲变形问题

2. 挠曲线近似微分方程

（1）概念

挠曲线：当梁在 xy 面内发生弯曲时，梁的轴线由直线变为 xy 面内的一条光滑连续曲线，称为梁的挠曲线。

挠度：横截面的形心在垂直于梁轴（x 轴）方向的线位移，称为横截面的挠度，表达式为 $w=w(x)$。

转角：横截面的角位移，称为截面的转角，用符号 θ 表示。

（2）挠曲线近似微分方程

$$\frac{\mathrm{d}^2w}{\mathrm{d}x^2}=\frac{M(x)}{EI}$$

3. 用积分法求弯曲变形

（1）转角和挠曲线方程

转角方程为：$\theta(x)=\displaystyle\int\frac{M(x)}{EI}\mathrm{d}x+C$

挠曲线方程为：$w(x) = \int\left(\int\dfrac{M(x)}{EI}\mathrm{d}x\right)\mathrm{d}x + Cx + D$

式中，C 和 D 为积分常数，它们可由梁的约束所提供的已知位移来确定。

（2）积分常数的确定——边界条件和光滑连续性。

固定端、挠度和转角都等于零；铰链支座上挠度等于零。弯曲变形的对称点上转角等于零。在挠曲线的任意点上，有唯一确定的挠度和转角。

4. 用叠加法求弯曲变形

当梁上有几个载荷共同作用时，可以分别计算梁在每个载荷单独作用时的变形，然后进行叠加，即可求得梁在几个载荷共同作用时的总变形。

5. 简单超静定梁

求解步骤：

（1）判断静不定度，选择"静定基"（解除静不定结构的内部和外部多余约束后所得到的静定结构）；

（2）平衡关系；

（3）建立变形协调关系；

（4）列物理方程求解静不定问题。

6. 梁的刚度条件及提高梁的抗弯曲刚度的措施

（1）梁的刚度条件为

$$y_{\max} \leqslant [y]$$
$$\theta_{\max} \leqslant [\theta]$$

（2）抗弯曲刚度的主要措施有：选择梁的合理截面形式以及改善结构形式及载荷作用方式等。

习　　题

6.1　如图 6.29 所示，写出梁的边界条件，并画出梁的挠曲线的大致形状〔图（a）中 B 支座弹簧刚度为 k〕。

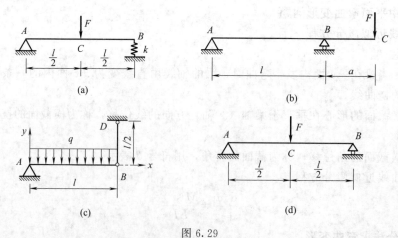

图 6.29

6.2　如图 6.30 所示，各梁的抗弯刚度为 EI，尺寸及载荷见图。用积分法求解题中各梁的转角方程和挠度方程，端截面转角 θ_A、θ_B 和最大挠度。

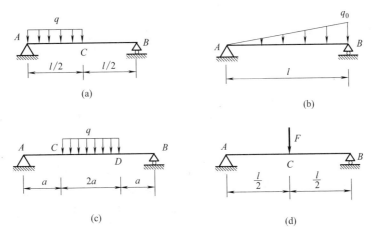

图 6.30

6.3　用积分法求解图 6.31 中各梁的转角方程和挠曲线方程，端截面的转角、跨度中点的挠度和最大挠度。

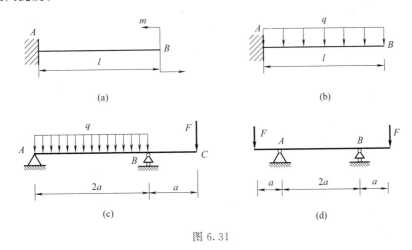

图 6.31

6.4　如图 6.32 所示，悬臂梁下有一半径为 R 的刚性的圆柱面，梁的抗弯刚度为 EI，尺寸见图；端点 B 受集中力 F 作用，试求端点 B 的挠度。

6.5　梁的抗弯刚度为 EI，尺寸及载荷如图 6.33 所示。求悬臂梁自由端的挠度和转角（注：由于梁在 CB 端内无载荷，因此，梁在 CB 段仍为直线）。

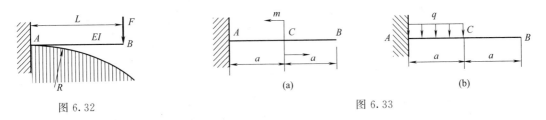

图 6.32　　　　　　　　　　图 6.33

6.6　梁的抗弯刚度、尺寸及载荷如图 6.34 所示。用积分法求梁的最大挠度及最大转角。

6.7　用叠加法求图 6.34 中 B 截面挠度及 C 截面转角。

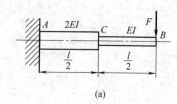

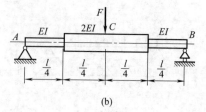

图 6.34

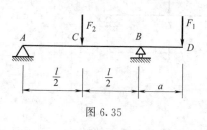

图 6.35

6.8　梁的抗弯刚度为 EI，尺寸及载荷如图 6.35 所示。用叠加法求图中截面 B 的转角和端点 D 的挠度。

6.9　梁的抗弯刚度为 EI，尺寸及载荷如图 6.36 所示。用叠加法求各图中 B 截面挠度及转角。

6.10　梁的抗弯刚度为 EI，尺寸及载荷如图 6.37 所示。用叠加法求各图中 B 截面挠度及 C 截面转角。

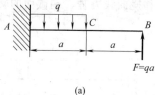

(a)

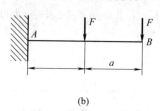

(b)

图 6.36

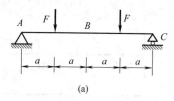

(a)

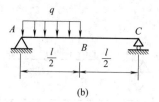

(b)

图 6.37

6.11　梁的抗弯刚度为 EI，尺寸及载荷如图 6.38 所示。用叠加法求各图中外伸端 C 截面挠度及转角。

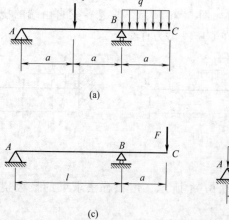

(a)

(c)

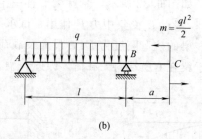

(b)

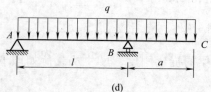

(d)

图 6.38

6.12 外伸梁的抗弯刚度为 EI，尺寸及载荷如图 6.39 所示。用叠加法求各图中 C 截面挠度及 A 截面转角。

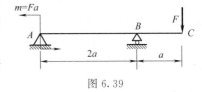

图 6.39

6.13 梁抗弯刚度为 EI，尺寸及载荷如图 6.40 所示。求解超静定梁。

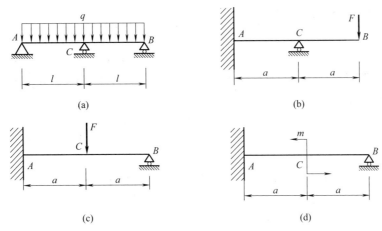

图 6.40

6.14 图 6.41 中三支座等截面轴，由于制造尺寸偏差的原因，轴承高低不一致。设 EI、δ 和 l 已知，求图示两种情况下的最大弯矩。

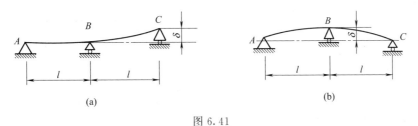

图 6.41

6.15 如图 6.42 所示为车削工件时的受力简图，为了减少变形，提高加工精度，对于细长工件，需要在工件后面安装为顶针（B 处支座）。设其工件抗弯刚度为 EI，尺寸及载荷如图所示，求卡盘处及 B 处支反力。

6.16 图 6.43 所示的结构，悬臂梁 AB 与简支梁 DG 均用 No.18 工字钢制成，BC 为圆截面钢杆，直径 $d=20\text{mm}$，梁与杆的弹性模量 $E=200\text{GPa}$。若载荷 $F=30\text{kN}$，试计算梁与杆内的最大正应力以及截面 C 的垂直位移。

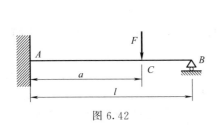

图 6.42

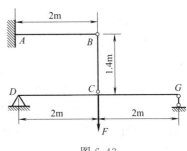

图 6.43

6.17　如图 6.44 所示的结构，各梁的抗弯刚度为 EI，CD 杆为刚性杆，求悬臂梁固定端 G 的支反力以及梁的最大挠度。

6.18　如图 6.45 所示，长梁放置在刚性平台上，但有长度为 a 的一段梁位于平台之外，梁单位长度的重量为 q，抗弯刚度为 EI，求梁自由端 C 点的挠度和转角。

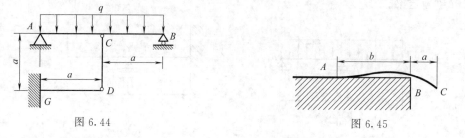

图 6.44　　　　　　　　　　　　　图 6.45

6.19　图 6.46 所示的结构中，拉杆 1、2 的抗拉刚度同为 EA，载荷及尺寸及见图。

（1）若 AB 为刚性梁，试求拉杆 1、2 的内力。

（2）若考虑 AB 梁的变形，梁的抗弯刚度为 EI，试求拉杆 1、2 的拉力。

6.20　图 6.47 所示的简支梁在 D 处受集中力 F 作用，梁的尺寸见图。求解超静定梁。

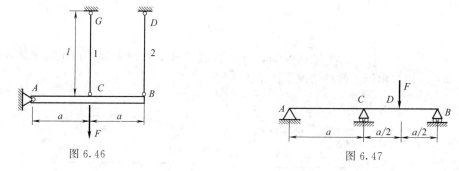

图 6.46　　　　　　　　　　　　　图 6.47

6.21　图 6.48 所示的直角钢架结构中，梁的抗弯刚度为 EI，尺寸见图，C 点受向下的力 F 作用。求梁自由端 C 点的水平与垂直位移。

6.22　图 6.49 所示的直角钢架结构中，梁的抗弯刚度为 EI，尺寸见图，B 点受水平力 F 作用。求梁 A、C 处的支反力。

图 6.48　　　　　　　　　　　　　图 6.49

6.23　某建筑结构中的梁可简化为均布载荷作用下的双跨梁。梁抗弯刚度为 EI，尺寸及载荷如图 6.50 所示。求解各处支反力。

6.24　如图 6.51 所示的悬臂梁，梁截面为矩形截面，试问：（1）当梁的高度增加一倍而其他条件不变时，则梁中最大正应力减小了多少？最大挠度减小了多少？（2）如果只是梁的宽度增加一倍，结果如何？（3）当梁的长度增加一倍而其他条件不变时，结果又如何？

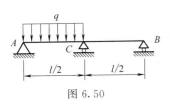

图 6.50

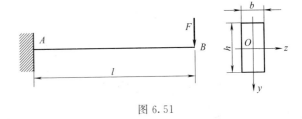

图 6.51

第七章　应力和应变分析、强度理论

第一节　平面应力状态分析——解析法

通常，构件中某一点的应力是其位置坐标的函数。即使对于同一点，通过它不同截面上的应力也是不同的。研究过一点不同截面上应力情况是应力分析的主要内容。

为便于研究，围绕一点以三对互相垂直的截面截取出一个单元体。鉴于其三个方向的尺寸均趋于无穷小，所以可以得到以下两个结论：其一，在单元体每个面上，应力都是均匀分布的；其二，基于平衡方程及切应力互等定理，在相互平行的截面上正应力和切应力具有相同的数值，但方向是相反的。

对于围绕某一点的单元体，其应力状态的一般形式可以由 3 个正应力分量和 6 个切应力分量来定义，即 σ_x、σ_y、σ_z 和 τ_{xy}、τ_{yx}、τ_{xz}、τ_{zx}、τ_{yz}、τ_{zy}，如图 7.1 所示。应力分量命名规则如下：对于正应力，仅以 σ_x 为例，其下标 x 表示此正应力所在平面的外法线是 x 轴；对于切应力，仅以 τ_{xy} 为例，第一个下标 x 表示此切应力所在平面的外法线是 x 轴，第二个下标表示此切应力的方向平行于 y 轴。其他各分量的命名与此类似。

上述 9 个应力分量，仅有 6 个是独立的。因为，基于切应力互等定理，可以发现 6 个切应力分量两两相等，即 $\tau_{xy} = \tau_{yx}$，$\tau_{xz} = \tau_{zx}$，$\tau_{yz} = \tau_{zy}$。

前面所提及的应力状态的一般形式在工程实际中并不是会经常遇到的。当单元体某一面处于构件的自由表面之内时，则意味着此面上的正应力与切应力分量均为零。因此，与之相对的面上的应力分量也等于零（图 7.2）。此种仅在单元体四个侧面上作用有应力，且其作用线均平行于不受力表面的应力状态，即所谓的平面应力状态。

平面应力状态的一般形式可由两个正应力分量 σ_x、σ_y 和两个切应力分量 τ_{xy}、τ_{yx} 来表示。为便于分析，取其在 x-y 平面内的投影进行研究，如图 7.3（a）所示。

假如某点的应力状态为已知，即 σ_x、σ_y 和 τ_{xy} 的数值已给出（$\tau_{yx} = \tau_{xy}$），以图 7.3（a）为例，那么如何才能确定通过该点的另一个斜面上的应力分量呢？

在采用截面法进行推导之前，首先介绍一下关于正应力、切应力和方位角的正负规定。

对于正应力，规定拉应力为正；对于切应力，可将其视为一个力，如果它对单元体内任意一点取矩为顺时针方向，则此切应力为正，否则为负。依据此正负规定，在图 7.3（a）中，σ_x、σ_y 和 τ_{xy} 都是正的，而 τ_{yx} 是负的。方位角主要用于定义斜截面的位置，用 α 来表示，其正负规定如下：从 x 轴正方向旋转一角度 α 到斜截面外法线方向 n，如果此角度沿着逆时针方向则为正，否则为负。图 7.3（b）中所示的方位角为正。

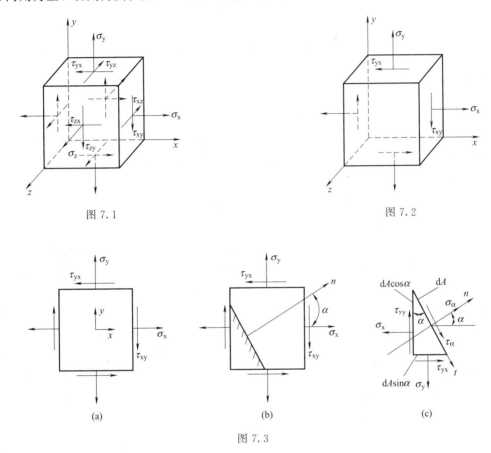

图 7.1　　　　　　　　　　　图 7.2

（a）　　　　　　　　（b）　　　　　　　　（c）

图 7.3

对于截面法而言，一般包括截开、设正和求解三个步骤。首先，对于图 7.3（b）所示单元体，用一假想平面沿斜截面位置将单元体切割为两个部分，选取下半部分为研究对象；其次，在斜截面上将应力按照符号规定中正的方向画出，同时，假设斜截面的面积为 dA，则相邻两个面的面积分别为 $dA\sin\alpha$ 和 $dA\cos\alpha$，见图 7.3（c），于是，所取部分各面上的力等于其上作用的应力与相应面积的乘积；最后，为避免求解联立方程，以斜截面的外法线和切线为轴建立坐标系，得到如下平衡方程

$$\sum F_n = 0, \sigma_\alpha dA + (\tau_{xy} dA\cos\alpha)\sin\alpha - (\sigma_x dA\cos\alpha)\cos\alpha + (\tau_{yx} dA\sin\alpha)\cos\alpha - (\sigma_y dA\sin\alpha)\sin\alpha = 0$$

$$\sum F_t = 0, \tau_\alpha dA - (\tau_{xy} dA\cos\alpha)\cos\alpha - (\sigma_x dA\cos\alpha)\sin\alpha + (\sigma_y dA\sin\alpha)\cos\alpha + (\tau_{yx} dA\sin\alpha)\sin\alpha = 0$$

基于三角函数恒等式和切应力互等定理，以上两个方程可化简为

$$\sigma_\alpha = \frac{\sigma_x + \sigma_y}{2} + \frac{\sigma_x - \sigma_y}{2}\cos 2\alpha - \tau_{xy}\sin 2\alpha \tag{7.1}$$

$$\tau_\alpha = \frac{\sigma_x - \sigma_y}{2}\sin 2\alpha + \tau_{xy}\cos 2\alpha \tag{7.2}$$

从以上两个式子不难发现，任一斜截面上的正应力 σ_α 和切应力 τ_α 仅仅是该斜截面方位角 α 的函数。当讨论最大正应力和最大切应力以及它们所在的平面时，只需对式（7.1）和式（7.2）求一阶导数，并令其分别等于零即可。以上两种情况将分别讨论如下。

1. 主应力

对式（7.1）求一阶导数，并令其为零，同时将这一特殊情况下对应的方位角用 α_0 表示，则有

$$-\frac{\sigma_x - \sigma_y}{2}(2\sin2\alpha_0) - \tau_{xy}(2\cos2\alpha_0) = 0$$

化简得

$$\tan2\alpha_0 = -\frac{2\tau_{xy}}{\sigma_x - \sigma_y} \tag{7.3}$$

上式中，α_0 的两个根相差 $90°$，它们所表示的斜截面即为最大或最小正应力所在的平面。在得到式（7.3）后，利用三角函数知识可得 $\sin2\alpha_0$ 和 $\cos2\alpha_0$ 的值，将它们代入到式（7.1）中并化简，得最大和最小正应力为

$$\left.\begin{array}{c}\sigma_{max}\\\sigma_{min}\end{array}\right\} = \frac{\sigma_x + \sigma_y}{2} \pm \sqrt{\left(\frac{\sigma_x - \sigma_y}{2}\right)^2 + \tau_{xy}^2} \tag{7.4}$$

而将 $\sin2\alpha_0$ 和 $\cos2\alpha_0$ 的值代入到式（7.2）时会发现，此时斜截面上的切应力恰好等于零。这种切应力等于零的平面称为主平面。主平面上的正应力即为主应力，所以式（7.4）求出的最大或最小正应力就是主应力。对于一般情况，一个单元体会有 3 个主应力，依据代数值的大小，将它们分别表示为 σ_1、σ_2 和 σ_3。其中最大值为 σ_1，中间值为 σ_2，最小值为 σ_3，即 $\sigma_1 \geqslant \sigma_2 \geqslant \sigma_3$。根据三个主应力中有几个不为零，应力状态可分为三类。三个主应力中，仅一个不为零的应力状态，称为单向应力状态；若三个主应力中有两个不等于零，称为二向或平面应力状态；当三个主应力皆不等于零时，称为三向或空间应力状态（图 7.4）。单向应力状态也称为简单应力状态，二向和三向应力状态也统称为复杂应力状态。仅在主应力作用下的单元体被称为主单元体。

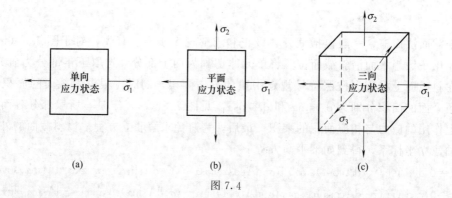

图 7.4

2. 最大切应力

采用与上述类似的方法，对式（7.2）求一阶导数，并令其为零，同时将此种情况下的方位角用 α_1 表示，则最大切应力所在平面的方位角为

$$\tan2\alpha_1 = \frac{\sigma_x - \sigma_y}{2\tau_{xy}} \tag{7.5}$$

将式（7.5）与式（7.3）相比较可以发现 $\tan 2\alpha_1$ 是 $\tan 2\alpha_0$ 的负倒数，这表明对于 $2\alpha_1$ 的每个根与 $2\alpha_0$ 的每个根相差 90°，即 α_1 与 α_0 相差 45°。其物理含义为：最大切应力所在平面与主应力（最大或最小正应力）所在平面相差 45°。数学表达式即为

$$\alpha_1 = \alpha_0 + 45° \tag{7.6}$$

将式（7.5）的根代入到式（7.2）中，可得切应力极值为

$$\left.\begin{array}{c}\tau_{\max}\\[6pt]\tau_{\min}\end{array}\right\} = \pm\sqrt{\left(\dfrac{\sigma_x - \sigma_y}{2}\right)^2 + \tau_{xy}^2} \tag{7.7}$$

上式中，切应力的最大值被称为最大切应力，它所发生的平面与其他已知应力一样，位于 $x\text{-}y$ 平面内。

【例 7.1】　已知一点的应力状态如图 7.5（a）所示。试确定主应力大小、主平面方位，并画出主单元体。

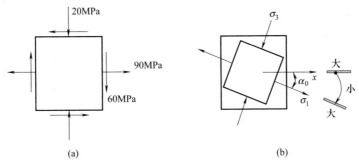

图 7.5

解：根据应力的正负规定，有

$$\sigma_x = 90\text{MPa}, \quad \sigma_y = -20\text{MPa}, \quad \tau_{xy} = 60\text{MPa}$$

（1）主平面方位　将上述应力值代入式（7.3），得

$$\tan 2\alpha_0 = -\frac{2\tau_{xy}}{\sigma_x - \sigma_y} = -\frac{2\times 60\text{MPa}}{90\text{MPa} - (-20\text{MPa})} = -1.09$$

解得，主平面的方位角为

$$\alpha_0 = -23.7° \text{ 或 } 66.3°$$

（2）主应力大小　应用式（7.4），可得如下结果

$$\left.\begin{array}{c}\sigma_1\\[6pt]\sigma_3\end{array}\right\} = \frac{\sigma_x + \sigma_y}{2} \pm \sqrt{\left(\frac{\sigma_x - \sigma_y}{2}\right)^2 + \tau_{xy}^2}$$

$$= \frac{90\text{MPa} + (-20\text{MPa})}{2} \pm \sqrt{\left[\frac{90\text{MPa} - (-20\text{MPa})}{2}\right]^2 + (60\text{MPa})^2} = \begin{cases}116\text{MPa}\\[4pt]-46.4\text{MPa}\end{cases}$$

需要注意的是，对于平面应力状态，有一个主应力已经给出，其值为零。对于本例，在计算得出主应力数值后，将它们进行排序可知 $\sigma_1 = 116\text{MPa}$，$\sigma_2 = 0$，$\sigma_3 = -46.4\text{MPa}$。

（3）绘制主单元体　主单元体的绘制可以遵循"大—小—大"的规律来进行，或称其为"两大夹一小"。前一个"大"代表已知两个正应力中大的那个正应力，本例中即为 $\sigma_x = 90\text{MPa}$；"小"是指所求的方位角中小的那个角度，本例中即为 $\alpha_0 = -23.7°$；后一个"大"代表求得的两个主应力中大的那个主应力，本例中即为 $\sigma_1 = 116\text{MPa}$。具体操作如下：将已知的"大"的正应力 σ_x 旋转"小"的方位角 α_0，所到达的位置即为求得的"大"的主

应力 σ_1 所在的位置 [图 7.5（b）]。

【例 7.2】 一实心圆轴受外力偶矩作用，若在它的外表面选取一个单元体，则此单元体处于纯剪切的应力状态，如图 7.6（a）所示。假如外力偶矩的大小和圆轴的直径为已知，则切应力的大小可以由第三章的知识求得。这里切应力的大小仅用 τ 来表示，并视之为已知。试求主应力大小、主平面方位、最大切应力，并画出主单元体。

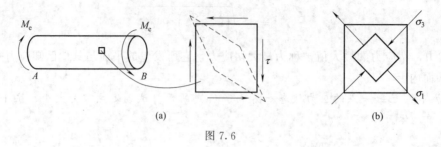

图 7.6

解：根据应力的正负规定，有

$$\sigma_x = 0, \quad \sigma_y = 0, \quad \tau_{xy} = \tau$$

（1）主平面方位 将上述应力值代入式（7.3），得

$$\tan 2\alpha_0 = -\frac{2\tau_{xy}}{\sigma_x - \sigma_y} = -\frac{2\tau}{0-0} = -\infty$$

解得，主平面的方位角为

$$\alpha_0 = -45° \text{ 或 } 45°$$

（2）主应力大小 应用式（7.4），可得如下结果

$$\left.\begin{matrix}\sigma_1 \\ \sigma_3\end{matrix}\right\} = \frac{\sigma_x + \sigma_y}{2} \pm \sqrt{\left(\frac{\sigma_x - \sigma_y}{2}\right)^2 + \tau_{xy}^2} = \frac{0+0}{2} \pm \sqrt{\left(\frac{0-0}{2}\right)^2 + \tau^2} = \begin{cases} \tau \\ -\tau \end{cases}$$

（3）最大切应力 由式（7.7），得

$$\tau_{max} = \sqrt{\left(\frac{\sigma_x - \sigma_y}{2}\right)^2 + \tau_{xy}^2} = \sqrt{\left(\frac{0-0}{2}\right)^2 + \tau^2} = \tau$$

（4）绘制主单元体 得到上述结果相对很容易，但是在绘制主单元体时，因为 $\sigma_x = \sigma_y = 0$，所以"两大夹一小"的规律不再适用于此种情况。更具一般性，对于已知两个正应力相等的情况，可以通过考察其变形来确定求得的拉伸主应力和压缩主应力所发生的方向。以图 7.5（a）作为参考，主单元体图如图 7.5（b）所示。

第二节 平面应力状态分析——图解法

在本节中，将研究另一种确定斜截面上应力的方法。这种方法采用作图的方式进行，便于应用和记忆。此外，它还可以"可视化"地显示，随着斜截面方位角的不同，其上作用的正应力和切应力的变化情况也一目了然。

首先，将式（7.1）和式（7.2）改写为如下形式

$$\sigma_\alpha - \frac{\sigma_x + \sigma_y}{2} = \frac{\sigma_x - \sigma_y}{2}\cos 2\alpha - \tau_{xy}\sin 2\alpha$$

$$\tau_\alpha = \frac{\sigma_x - \sigma_y}{2}\sin 2\alpha + \tau_{xy}\cos 2\alpha$$

然后，将以上两式等号两边同时平方并相加便可消去参数 α，结果如下

$$\left(\sigma_\alpha - \frac{\sigma_x + \sigma_y}{2}\right)^2 + \tau_\alpha^2 = \left(\frac{\sigma_x - \sigma_y}{2}\right)^2 + \tau_{xy}^2 \tag{7.8}$$

建立一个坐标系，其水平轴正方向向右，用来表示正应力；铅垂轴正方向向上，用来表示切应力。在将式（7.8）画在此坐标系后可以发现，该式代表了一个圆，其圆心的坐标为 $\left(\dfrac{\sigma_x + \sigma_y}{2}, 0\right)$，半径为 $\sqrt{\left(\dfrac{\sigma_x - \sigma_y}{2}\right)^2 + \tau_{xy}^2}$。这个圆即是应力圆，也被称为莫尔圆，因为它是由德国工程师莫尔（Otto Mohr）提出的。

可以采用以下三个步骤来画应力圆（图 7.7）。

（1）建立如前所述坐标系。

（2）以单元体右侧面上正应力及切应力为坐标，描出 A 点；上侧面上正应力及切应力为坐标，描出 B 点。

（3）连接 AB，取其与横轴的交点 C 为圆心，以 CA 或 CB 为半径画圆，此圆即为式（7.8）所表示的应力圆，见图 7.7（b）。

应力圆也可以通过确定圆心和半径直接画出。

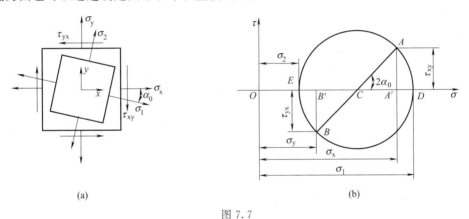

图 7.7

一旦建立了应力圆，便可以用它来确定主应力大小、主平面方位、最大切应力或者是任意斜截面上的正应力和切应力。但是，必须牢记一点，若斜截面外法线在单元体上转过角度 α_0，则在应力圆上转过的相应角度为 $2\alpha_0$。

【例 7.3】 对于图 7.8（a）所示的单元体，试用图解法确定其主应力大小及最大切应力，并画出与此两种情况相对应的单元体。

解： 根据应力的正负规定，有

$$\sigma_x = 12\text{MPa}, \quad \sigma_y = 0\text{MPa}, \quad \tau_{xy} = 6\text{MPa}$$

（1）构造应力圆 首先建立坐标系；然后描出 A 点（12MPa，6MPa）和 B 点（0MPa，−6MPa）；连接 AB，取其与横轴的交点 C 为圆心，以 CA 为半径画圆，这就是所需的应力圆 [图 7.8（b）]。此圆的圆心位于 $\left(\dfrac{\sigma_x + \sigma_y}{2}, 0\right)$，即（6MPa，0MPa），半径为 $\sqrt{\left(\dfrac{\sigma_x - \sigma_y}{2}\right)^2 + \tau_{xy}^2} = 8.49\text{MPa}$。

（2）主应力大小 应力圆与横轴的交点 D 和 E 所对应的坐标即为主应力，如图 7.8（b）所示，于是有

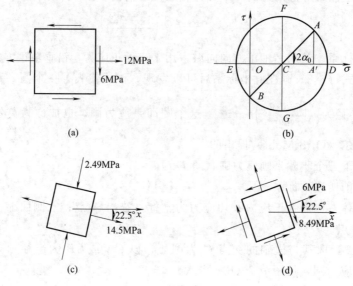

图 7.8

$$\sigma_1 = OC + CD = 6 + 8.49 = 14.5 \ (\text{MPa})$$
$$\sigma_2 = OC - CE = 6 - 8.49 = -2.49 \ (\text{MPa})$$

（3）主平面方位　从径向线 CA 转到 CD 位置，其方向为顺时针，依据正负规定此值为负，因此有

$$2\alpha_0 = -\tan^{-1}\frac{AA'}{CA'} = -45°$$

于是

$$\alpha_0 = -22.5°$$

主单元体图如图 7.8（c）所示。

（4）最大切应力　图 7.8（b）中的 F 点和 G 点相应的坐标，即为最大切应力所在平面上的正应力和切应力。点 F 的坐标为（6MPa，8.49MPa），这意味着

$$\sigma = OC = 6\text{MPa}$$
$$\tau_{\max} = CF = 8.49\text{MPa}$$

（5）最大切应力所在斜截面方位角　从径向线 CA 转到 CF 位置，其方向为逆时针，依据正负规定此值为正，因此有

$$2\alpha_1 = \tan^{-1}\frac{CA'}{AA'} = 45°$$

于是

$$\alpha_1 = 22.5°$$

最大切应力所在单元体图如图 7.8（d）所示。

第三节　三向应力状态及最大切应力

如图 7.9（a）所示的主单元体，处于三向应力状态。当研究平行于 σ_3 的斜截面上的正应力和切应力时，这两个量仅与 σ_1 和 σ_2 有关，而与 σ_3 无关，故相当于将单元体投影于 $x\text{-}y$ 平面内［图 7.9（b）］。所以，上述斜截面上的正应力和切应力，必然位于由 σ_1 和 σ_2 所确定的应力圆上。类似地，将单元体投影于 $y\text{-}z$ 平面，得到图 7.9（c）；将单元体投影于 $z\text{-}x$ 平面，得到图 7.9（d）。在画出以上三种情况所对应的应力圆后，便可直观得到每种情况下的最大切应力。

对于图 7.9（b），应力圆的直径由 σ_1 延伸至 σ_2，相应的最大切应力即为

$$\tau_{\text{max-xy}} = \frac{\sigma_1 - \sigma_2}{2}$$

采用相同的方法，对于图 7.9（c）和（d），有

$$\tau_{\text{max-yz}} = \frac{\sigma_2 - \sigma_3}{2}, \tau_{\text{max-zx}} = \frac{\sigma_1 - \sigma_3}{2}$$

以上三个应力圆如图 7.10 所示。

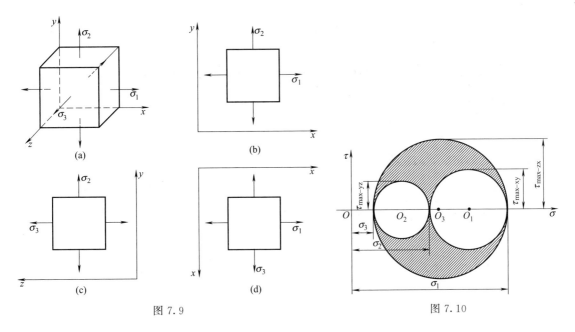

图 7.9　　　　　　　　　　　　图 7.10

由上图可以发现，在三个切应力中 $\tau_{\text{max-zx}}$ 具有最大的数值，所以它被称为三向应力状态下的最大切应力，记为

$$\tau_{\text{max}} = \frac{\sigma_1 - \sigma_3}{2} \tag{7.9}$$

计算此最大切应力是相当重要的，因为塑料材料的强度在很大程度上取决于它抵抗切应力的能力。此外还可以证明，对于与三个主应力均不平行的斜截面上的正应力和切应力，必位于图 7.10 中的阴影区域内（证明略）。

第四节　位移与应变分量

如图 7.11 所示，由于载荷的作用，初始相互垂直的两个直线段 MN 和 ML，移动到新的位置 $M'N'$ 和 $M'L'$。

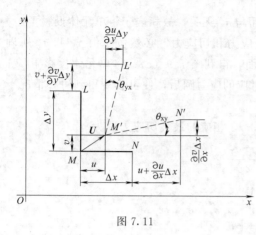

图 7.11

M 点的位移矢用 $\boldsymbol{U}$ 来表示。若其在 x 轴和 y 轴上的投影分别记为 u 和 v，则有

$$\boldsymbol{U} = u\boldsymbol{i} + v\boldsymbol{j}$$

式中，$\boldsymbol{i}$ 和 $\boldsymbol{j}$ 是沿 x 轴和 y 轴正方向的单位矢量。依据变形固体的连续性假设，位移分量 u 和 v 应是坐标 x 和 y 的连续函数，用数学表达式表示如下

$$u = u(x,y), \quad v = v(x,y)$$

与 M 点相比，N 点的纵坐标未变，但横坐标有一个增量 Δx，所以 N 点的位移分量应为

$$u + \frac{\partial u}{\partial x}\Delta x \ \text{和} \ v + \frac{\partial v}{\partial x}\Delta x$$

其中，$\dfrac{\partial u}{\partial x}\Delta x$ 和 $\dfrac{\partial v}{\partial x}\Delta x$ 是函数 u 和 v 因 x 有一增量 Δx 而引起的相应增量。在小变形的情况下，位移 v 的增量 $\dfrac{\partial v}{\partial x}\Delta x$ 只会引起线段 $M'N'$ 的轻微转动，并不改变它的长度。因此可以认为 $M'N'$ 的长度为

$$M'N' = \Delta x + u + \frac{\partial u}{\partial x}\Delta x - u = \Delta x + \frac{\partial u}{\partial x}\Delta x$$

根据应变的定义，M 点沿 x 轴方向的应变为

$$\varepsilon_x = \lim_{MN \to 0}\frac{M'N' - MN}{MN} = \lim_{\Delta x \to 0}\frac{\Delta x + \dfrac{\partial u}{\partial x}\Delta x - \Delta x}{\Delta x}\Delta x = \frac{\partial u}{\partial x}$$

与此相类似，可以得到 M 点沿 y 轴方向的应变为

$$\varepsilon_y = \frac{\partial v}{\partial y}$$

线段 $M'N'$ 相对于初始位置 MN 转过的角度 θ_{xy} 为

$$\theta_{xy} \approx \tan\theta_{xy} = \frac{\dfrac{\partial v}{\partial x}\Delta x}{\Delta x + \dfrac{\partial u}{\partial x}\Delta x} = \frac{\dfrac{\partial v}{\partial x}}{1 + \dfrac{\partial u}{\partial x}}$$

小变形情况下，$\dfrac{\partial u}{\partial x}$ 远小于 1，因此上式中的分母用 1 来替代，于是有

$$\theta_{xy} = \frac{\partial v}{\partial x}$$

同理可得

$$\theta_{yx} = \frac{\partial u}{\partial y}$$

依据切应变的定义，有

$$\gamma_{xy} = \lim_{\substack{ML \to 0 \\ MN \to 0}}\left(\frac{\pi}{2} - \angle L'M'N'\right) = \frac{\pi}{2} - \left(\frac{\pi}{2} - \theta_{xy} - \theta_{yx}\right) = \frac{\partial v}{\partial x} + \frac{\partial u}{\partial y}$$

假如应变的正负规定与应力的正负规定保持一致，即正的应力产生正的应变。则使 $\angle LMN$ 增大的切应变为正，而上式表示的切应变使 $\angle LMN$ 减小，所以对其应冠以负号。于是由位移的偏导数所表示的三个应变分量为

$$\varepsilon_x = \frac{\partial u}{\partial x}, \quad \varepsilon_y = \frac{\partial v}{\partial y}, \quad \gamma_{xy} = -\left(\frac{\partial v}{\partial x} + \frac{\partial u}{\partial y}\right) \tag{7.10}$$

第五节　平面应变状态分析

假如我们将已知坐标系 xOy 沿逆时针方向旋转角度 α（图 7.12），并规定此方向为正，则在新的坐标系 $x'Oy'$ 中，M 点的位移矢可表示为

$$\boldsymbol{U} = u'\boldsymbol{i}' + v'\boldsymbol{j}' \tag{a}$$

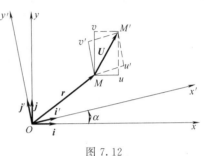

图 7.12

式中，u' 和 v' 是位移矢 $\boldsymbol{U}$ 在 x' 轴和 y' 轴上的投影，而 $\boldsymbol{i}'$ 和 $\boldsymbol{j}'$ 是沿 x' 轴和 y' 轴正方向的单位矢量。重复前面的过程，便可得到沿 x' 轴和 y' 轴方向的应变 $\varepsilon_{x'}$ 和 $\varepsilon_{y'}$ 以及平面内的切应变 $\gamma_{x'y'}$，它们分别是

$$\varepsilon_{x'} = \frac{\partial u'}{\partial x'}, \quad \varepsilon_{y'} = \frac{\partial v'}{\partial y'}, \quad \gamma_{x'y'} = -\left(\frac{\partial v'}{\partial x'} + \frac{\partial u'}{\partial y'}\right) \tag{b}$$

在初始坐标系 xOy 下，M 点的位移矢 $\boldsymbol{U}$ 为

$$\boldsymbol{U} = u\boldsymbol{i} + v\boldsymbol{j} \tag{c}$$

式中，$\boldsymbol{i}$ 和 $\boldsymbol{j}$ 是沿 x 轴和 y 轴正方向的单位矢量。M 点的位移矢 $\boldsymbol{U}$ 应与坐标的选择无关，所以由式（a）和式（c）两式表示的 $\boldsymbol{U}$ 是相同的，即

$$u'\boldsymbol{i}' + v'\boldsymbol{j}' = u\boldsymbol{i} + v\boldsymbol{j} \tag{d}$$

在两个不同坐标系下，M 点矢径的表达式分别为

$$\boldsymbol{r} = x'\boldsymbol{i}' + y'\boldsymbol{j}' \text{ 和 } \boldsymbol{r} = x\boldsymbol{i} + y\boldsymbol{j}$$

式中各符号的含义同前所述。如同 M 点的位移矢一样，其矢径也应该与坐标的选取无关，因此有

$$x'\boldsymbol{i}' + y'\boldsymbol{j}' = x\boldsymbol{i} + y\boldsymbol{j} \tag{e}$$

对于式（d），两端以 $\boldsymbol{j}'$ 进行点乘，得

$$u'\boldsymbol{i}' \cdot \boldsymbol{j}' + v'\boldsymbol{j}' \cdot \boldsymbol{j}' = u\boldsymbol{i} \cdot \boldsymbol{j}' + v\boldsymbol{j} \cdot \boldsymbol{j}' \tag{f}$$

注意到

$$\begin{cases} \boldsymbol{i}' \cdot \boldsymbol{j}' = 0 \\ \boldsymbol{j}' \cdot \boldsymbol{j}' = 1 \\ \boldsymbol{i} \cdot \boldsymbol{j}' = \cos\left(\frac{\pi}{2} + \alpha\right) = -\sin\alpha \\ \boldsymbol{j} \cdot \boldsymbol{j}' = \cos\alpha \end{cases}$$

将以上各式点乘结果代入式（f）中，得

$$v' = -u\sin\alpha + v\cos\alpha$$

采用类似的方法，以 $\boldsymbol{i}'$ 点乘式（d），并分别以 $\boldsymbol{i}$ 和 $\boldsymbol{j}$ 点乘式（e），又可求出 u'、x 和 y。最终结果如下

$$\begin{cases} u' = u\cos\alpha + v\sin\alpha \\ v' = -u\sin\alpha + v\cos\alpha \\ x = x'\cos\alpha - y'\sin\alpha \\ y = x'\sin\alpha + y'\cos\alpha \end{cases} \tag{g}$$

在式（b）中，若将 u' 和 v' 视为 x 和 y 的函数，而 x 和 y 又是 x' 和 y' 的函数，于是由复合函数的求导法则可得

$$\begin{cases} \varepsilon_{x'} = \dfrac{\partial u'}{\partial x'} = \dfrac{\partial u'}{\partial x} \times \dfrac{\partial x}{\partial x'} + \dfrac{\partial u'}{\partial y} \times \dfrac{\partial y}{\partial x'} \\ \gamma_{x'y'} = -\left(\dfrac{\partial v'}{\partial x'} + \dfrac{\partial u'}{\partial y'} \right) = -\left(\dfrac{\partial v'}{\partial x} \times \dfrac{\partial x}{\partial x'} + \dfrac{\partial v'}{\partial y} \times \dfrac{\partial y}{\partial x'} \right) - \left(\dfrac{\partial u'}{\partial x} \times \dfrac{\partial x}{\partial y'} + \dfrac{\partial u'}{\partial y} \times \dfrac{\partial y}{\partial y'} \right) \end{cases} \tag{h}$$

上式中的一些偏导数可由式（g）求得，结果如下

$$\frac{\partial u'}{\partial x} = \frac{\partial u}{\partial x}\cos\alpha + \frac{\partial v}{\partial x}\sin\alpha , \quad \frac{\partial x}{\partial x'} = \cos\alpha$$

$$\frac{\partial u'}{\partial y} = \frac{\partial u}{\partial y}\cos\alpha + \frac{\partial v}{\partial y}\sin\alpha , \quad \frac{\partial y}{\partial x'} = \sin\alpha$$

$$\frac{\partial v'}{\partial x} = -\frac{\partial u}{\partial x}\sin\alpha + \frac{\partial v}{\partial x}\cos\alpha , \quad \frac{\partial x}{\partial y'} = -\sin\alpha$$

$$\frac{\partial v'}{\partial y} = -\frac{\partial u}{\partial y}\sin\alpha + \frac{\partial v}{\partial y}\cos\alpha , \quad \frac{\partial y}{\partial y'} = \cos\alpha$$

将上述相应表达式代入式（h），并进行整理，得

$$\begin{cases} \varepsilon_{x'} = \varepsilon_x\cos^2\alpha + \varepsilon_y\sin^2\alpha - \gamma_{xy}\sin\alpha\cos\alpha \\ \gamma_{x'y'} = 2(\varepsilon_x - \varepsilon_y)\sin\alpha\cos\alpha + \gamma_{xy}(\cos^2\alpha - \sin^2\alpha) \end{cases} \tag{7.11}$$

上式就是坐标变换时应变分量的变化规律。按照上述同样的方法可将 $\varepsilon_{y'}$ 导出，但如用 $\left(\alpha + \dfrac{\pi}{2}\right)$ 代替第一式中的 α，同样可以求得 $\varepsilon_{y'}$。若将 $\varepsilon_{x'}$ 和 $\gamma_{x'y'}$ 分别记为 ε_α 和 γ_α，并将右端的三角函数略作简化，则式（7.11）又可写成

$$\varepsilon_\alpha = \frac{\varepsilon_x + \varepsilon_y}{2} + \frac{\varepsilon_x - \varepsilon_y}{2}\cos2\alpha - \frac{\gamma_{xy}}{2}\sin2\alpha \tag{7.12}$$

$$\frac{\gamma_\alpha}{2} = \frac{\varepsilon_x - \varepsilon_y}{2}\sin2\alpha + \frac{\gamma_{xy}}{2}\cos2\alpha \tag{7.13}$$

1. 主应变及其方位

将公式（7.12）、公式（7.13）与应力变换公式（7.1）和公式（7.2）进行比较，可见这两组公式完全相似。在平面应变状态分析中的 ε_x、ε_y 和 ε_α 相当于平面应力状态下的 σ_x、σ_y 和 σ_α；而平面应变状态分析中的 $\dfrac{\gamma_{xy}}{2}$ 和 $\dfrac{\gamma_\alpha}{2}$ 则相当于平面应力状态下的 τ_{xy} 和 τ_α。由于这种相似关系，因此在平面应力状态下推导得出的那些结论，在现在的平面应变状态下，必然会有同样的结论存在。例如，对应于主应力和主平面，在平面应变状态下，通过一点一定存在两个相互垂直的方向，在这两个方向上，线应变为极值而切应变为零。此种情况下的线应变称为主应变。如果材料是各向同性的，则主应变的方向与主应力方向重合。

利用应变与应力的对应关系，对公式（7.3）和公式（7.4）中的应力进行相应的代换，则可以得到主应变的方位和主应变的大小，即

$$\tan2\alpha_0 = -\frac{\gamma_{xy}}{\varepsilon_x - \varepsilon_y} \tag{7.14}$$

$$\left.\begin{array}{c}\varepsilon_{max}\\[1em]\varepsilon_{min}\end{array}\right\} = \frac{\varepsilon_x + \varepsilon_y}{2} \pm \sqrt{\left(\frac{\varepsilon_x - \varepsilon_y}{2}\right)^2 + \left(\frac{\gamma_{xy}}{2}\right)^2} \tag{7.15}$$

2. 最大切应变

采用相似的方法，对式（7.5）和式（7.7）中的应力进行代换并整理，则可得最大切应变的方位及最大切应变的大小为

$$\tan2\alpha_1 = \frac{\varepsilon_x - \varepsilon_y}{\gamma_{xy}} \tag{7.16}$$

$$\frac{\gamma_{max}}{2} = \sqrt{\left(\frac{\varepsilon_x - \varepsilon_y}{2}\right)^2 + \left(\frac{\gamma_{xy}}{2}\right)^2} \tag{7.17}$$

3. 应变圆

利用上述相似关系，在平面应力状态下所使用的图解法——应力圆，可以推广到平面应变状态下使用，即为应变圆。但应注意，在作图时，横坐标表示线应变，而纵坐标表示的是切应变的二分之一。具体应用可参见应力圆的操作，在这里不再做具体介绍。

第六节　广义胡克定律

在本节中，将研究材料在复杂应力状态下的行为。

1. 广义胡克定律

对于均匀且各向同性的材料，当应力-应变关系处于线弹性范围内时，线应变仅与正应力有关，而切应变仅与切应力有关。因此，在求解线应变时，仅需考虑正应力的影响，而不用考虑切应力。在图 7.13（a）中（仅画出了正应力），单元体处于复杂应力状态下，当求解其在某一方向上的线应变时，可采用叠加法进行。例如，在求单元体在 x 方向上的线应变 ε_x 时，可将 σ_x、σ_y 和 σ_z 分别作用，之后将各自所得结果进行叠加即可。当施加 σ_x 时［图 7.13（b）］，单元体沿 x 方向伸长，由胡克定律可得其应变 ε'_x 为

$$\varepsilon'_x = \frac{\sigma_x}{E}$$

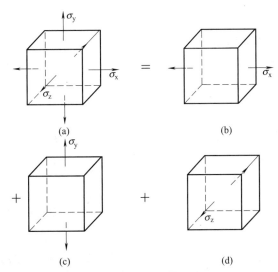

图 7.13

当施加应力 σ_y 时［图 7.13（c）］，它将引起单元体在 y 方向的伸长，但在 x 方向却会导致收缩，此种情况下，x 方向上的线应变 ε''_x 为

$$\varepsilon''_x = -\mu\frac{\sigma_y}{E}$$

同理，在图 7.13（d）中，施加应力 σ_z 所引起的 x 方向上的线应变 ε'''_x 为

$$\varepsilon'''_x = -\mu \frac{\sigma_z}{E}$$

单元体在 x 方向上的线应变即是以上三个结果之和。采用相同方法，可得单元体沿 y 和 z 方向的线应变，以上所有结果经过整理得

$$\begin{cases} \varepsilon_x = \dfrac{1}{E}[\sigma_x - \mu(\sigma_y + \sigma_z)] \\[2mm] \varepsilon_y = \dfrac{1}{E}[\sigma_y - \mu(\sigma_z + \sigma_x)] \\[2mm] \varepsilon_z = \dfrac{1}{E}[\sigma_z - \mu(\sigma_x + \sigma_y)] \end{cases} \tag{7.18}$$

实验观察结果显示，在施加切应力 τ_{xy} 时，仅会引起相应的切应变 γ_{xy} [图 7.14（a）]。类似地，切应力 τ_{yz} 和 τ_{zx} 仅会引起切应变 γ_{yz} 和 γ_{zx}，如图 7.14（b）和（c）所示。于是，由剪切胡克定律可得

$$\gamma_{xy} = \frac{\tau_{xy}}{G}, \ \gamma_{yz} = \frac{\tau_{yz}}{G}, \ \gamma_{zx} = \frac{\tau_{zx}}{G} \tag{7.19}$$

公式（7.18）和公式（7.19）总称为广义胡克定律。

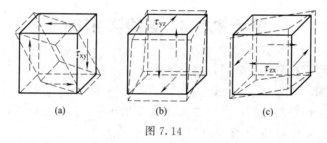

图 7.14

作为一个特例，当单元体处于三向主应力作用时，即

$$\sigma_x = \sigma_1, \ \sigma_y = \sigma_2, \ \sigma_z = \sigma_3$$
$$\tau_{xy} = 0, \ \tau_{yz} = 0, \ \tau_{zx} = 0$$

于是，广义胡克定律可以简化为如下形式

$$\begin{cases} \varepsilon_1 = \dfrac{1}{E}[\sigma_1 - \mu(\sigma_2 + \sigma_3)] \\[2mm] \varepsilon_2 = \dfrac{1}{E}[\sigma_2 - \mu(\sigma_3 + \sigma_1)] \\[2mm] \varepsilon_3 = \dfrac{1}{E}[\sigma_3 - \mu(\sigma_1 + \sigma_2)] \end{cases} \tag{7.20}$$

$$\gamma_{xy} = 0, \ \gamma_{yz} = 0, \ \gamma_{zx} = 0$$

式中，ε_1、ε_2 和 ε_3 即为主应变，它们的方向与主应力方向是重合的，符号也相同。

2. 体应变及体积胡克定律

现在讨论体积变化与应力间的关系。一单元体如图 7.15（a）所示，初始边长分别为 dx、dy 和 dz，则其体积为 $V = dx\,dy\,dz$。将此单元体作为主单元体，在其六个主平面上施加相应的主应力，则施加载荷后单元体的边长分别为 $(1+\varepsilon_1)dx$，$(1+\varepsilon_2)dy$ 和 $(1+\varepsilon_3)dz$ [图 7.15（b）]。于是，变形后的体积 $V_1 = (1+\varepsilon_1)(1+\varepsilon_2)(1+\varepsilon_3)dx\,dy\,dz$。展开此式并略去高阶微量，则有 $V_1 = (1+\varepsilon_1+\varepsilon_2+\varepsilon_3)dx\,dy\,dz$。

单位体积的体积改变量，即体应变 θ，可以表示为

$$\theta = \frac{V_1 - V}{V}$$

将 V_1 与 V 的表达式代入上式，得

$$\theta = \frac{(1+\varepsilon_1+\varepsilon_2+\varepsilon_3)\mathrm{d}x\,\mathrm{d}y\,\mathrm{d}z - \mathrm{d}x\,\mathrm{d}y\,\mathrm{d}z}{\mathrm{d}x\,\mathrm{d}y\,\mathrm{d}z} = \varepsilon_1 + \varepsilon_2 + \varepsilon_3$$

将式（7.20）的结果代入并整理得

$$\theta = \varepsilon_1 + \varepsilon_2 + \varepsilon_3 = \frac{1-2\mu}{E}(\sigma_1 + \sigma_2 + \sigma_3) \tag{7.21}$$

将式（7.21）改写成如下形式

$$\theta = \frac{3(1-2\mu)}{E} \times \frac{(\sigma_1+\sigma_2+\sigma_3)}{3} = \frac{\sigma_\mathrm{m}}{K} \tag{7.22}$$

式中

$$K = \frac{E}{3(1-2\mu)}, \sigma_\mathrm{m} = \frac{(\sigma_1+\sigma_2+\sigma_3)}{3}$$

K 称为体积弹性模量，而 σ_m 是三个主应力的平均值。由式（7.22）可以看出，体应变与平均应力成正比，这就是所谓的体积胡克定律。

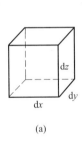 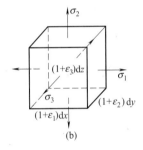

图 7.15

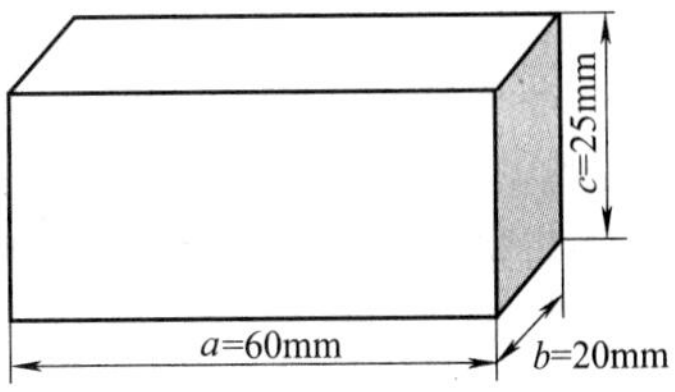

【例 7.4】　如图 7.16 所示的长方体，若在各个面上均受相同压应力作用，其大小为 $p=0.6\mathrm{MPa}$。试确定体应变及各边长的改变量。取弹性模量 $E=6\mathrm{MPa}$，泊松比 $\mu=0.3$。

解：根据题意，三个主应力的大小均为 $-0.6\mathrm{MPa}$，将其代入式（7.21）中，则有

图 7.16

$$\theta = \frac{1-2\mu}{E}(\sigma_1+\sigma_2+\sigma_3) = \frac{1-2(0.3)}{6\mathrm{MPa}}[3(-0.6\mathrm{MPa})] = -0.12$$

沿各边的主应变相同，由广义胡克定律，即式（7.20）可得

$$\varepsilon = \frac{1}{E}[\sigma_1 - \mu(\sigma_2+\sigma_3)] = \frac{1}{6\mathrm{MPa}}[-0.6\mathrm{MPa}-(0.3)(-0.6\mathrm{MPa}-0.6\mathrm{MPa})] = -0.04$$

因此，各边长的改变量为

$$\Delta a = -0.04(60\mathrm{mm}) = -2.4\mathrm{mm}$$
$$\Delta b = -0.04(20\mathrm{mm}) = -0.8\mathrm{mm}$$
$$\Delta c = -0.04(25\mathrm{mm}) = -1.0\mathrm{mm}$$

负号表明各边均缩短了。

第七节　强度理论概述

当杆处于轴向拉伸或压缩时，从中选取的单元体处于单向应力状态。此种情况下，材料的极限应力可由拉伸或压缩实验测得。用极限应力除以安全因数，便可得到许用应力。于是相应的强度条件可以表示为

$$\sigma_{\max}=\frac{F_N}{A}\leqslant[\sigma]$$

以上强度条件是基于实验为基础的。但是，当材料处于二向或三向应力状态时，由于各应力之间比值存在无穷多种可能性，故采用实验的方法来研究材料的失效是不可行的。因此，需要采用其他的途径来研究这个问题。

长期以来，人们通过对破坏的分析和研究，提出了很多种假说。一些假说认为，材料之所以按某种方式失效，是由于应力、应变或应变能密度等因素中的某一因素所引起的，而与材料所处的应力状态无关。这些假说通常称为强度理论。

对于脆性材料，其失效形式通常为断裂，而塑性材料则为屈服。因此，存在相应的两类强度理论。一类以断裂为破坏标志，主要有最大拉应力理论和最大伸长线应变理论；另一类是以屈服为失效标志，主要有最大切应力理论和畸变能密度理论。这四个强度理论在工程实际中有广泛的应用，接下来对它们做较为详细的介绍。此外，对于莫尔强度理论和构件含裂纹时的断裂准则也分别做了介绍。

第八节　四种常用强度理论

一、关于断裂的强度理论

1. 最大拉应力理论（第一强度理论）

这一理论认为最大拉应力是引起材料断裂的主要原因。当最大拉应力 σ_1 达到同种材料在单向拉伸实验中断裂时的强度极限 σ_b 时，则材料产生断裂。此即为断裂准则，表示为

$$\sigma_1=\sigma_b$$

将极限应力 σ_b 除以安全因数便可得到许用应力 $[\sigma]$，所以与第一强度理论相对应的强度条件为

$$\sigma_1\leqslant[\sigma] \tag{7.23}$$

虽然该理论对于铸铁的拉伸破坏、脆性材料的扭转破坏符合得很好，但它也有明显的缺点。首先，这一理论没有考虑其他两个主应力的影响；其次，对于没有拉应力存在的情形也不适用，如单向压缩、三向压缩等。

2. 最大伸长线应变理论（第二强度理论）

这一理论认为最大伸长线应变是引起材料断裂的主要原因。依据该理论，只要构件线应变的最大值小于同种材料在单向拉伸实验中断裂时的极限应变值 ε_b，材料就是安全的，否则就会产生断裂。与此对应的断裂准则可表示为

$$\varepsilon_1=\frac{1}{E}[\sigma_1-\mu(\sigma_2+\sigma_3)]=\frac{\sigma_u}{E}$$

化简之后，得

$$\sigma_1 - \mu(\sigma_2 + \sigma_3) = \sigma_u$$

将极限应力 σ_b 除以安全因数便可得到许用应力 $[\sigma]$，所以与第二强度理论相对应的强度条件为

$$\sigma_1 - \mu(\sigma_2 + \sigma_3) \leqslant [\sigma] \tag{7.24}$$

观察到的试验结果表明，某些脆性材料在双向拉伸或压缩应力状态下，且压应力较大情况时，最大伸长线应变理论与试验结果大致吻合。

二、关于屈服的强度理论

1. 最大切应力理论（第三强度理论）

这一理论认为最大切应力是引起材料屈服的主要原因。依据该理论，只要构件切应力的最大值小于同种材料在单向拉伸实验中屈服时的最大切应力，材料就是安全的，否则就会产生屈服。与此对应的屈服准则可表示为

$$\tau_{\max} = \frac{\sigma_1 - \sigma_3}{2} = \frac{\sigma_s}{2}$$

化简之后，得

$$\sigma_1 - \sigma_3 = \sigma_s$$

将屈服极限 σ_s 除以安全因数便可得到许用应力 $[\sigma]$，所以与第三强度理论相对应的强度条件为

$$\sigma_1 - \sigma_3 \leqslant [\sigma] \tag{7.25}$$

这一理论对于塑性材料有广泛的应用，因为它与实验得到的结果吻合得很好。但它的缺点是没有考虑 σ_2 对材料破坏机理的影响，而实验表明，主应力 σ_2 对材料的屈服确实存在一定的影响。

2. 畸变能密度理论（第四强度理论）

首先，介绍有关应变能密度的相关知识。

弹性固体在外力作用下，因变形而储存的能量称为应变能，用 V_ε 表示。单位体积内的应变能，称为应变能密度，记为 v_ε。它由体积改变能密度 v_V 和形状改变能密度 v_d（畸变能密度）两部分组成。三向应力状态下，各向同性材料的畸变能密度的表达式为（推导从略）

$$v_d = \frac{(1+\mu)}{6E}[(\sigma_1 - \sigma_2)^2 + (\sigma_2 - \sigma_3)^2 + (\sigma_3 - \sigma_1)^2]$$

接下来，对畸变能密度理论进行介绍。

这一理论认为畸变能密度是引起材料屈服的主要原因。依据该理论，只要构件应变能密度的最大值小于同种材料在单向拉伸实验中屈服时的应变能密度，材料就是安全的，否则就会产生屈服。

当材料处于单向应力状态下且开始屈服时，有 $\sigma_1 = \sigma_s$，$\sigma_2 = \sigma_3 = 0$，于是得

$$v_d = \frac{(1+\mu)}{6E}(2\sigma_s^2)$$

与这一理论相对应的屈服准则可表示为

$$\frac{(1+\mu)}{6E}[(\sigma_1 - \sigma_2)^2 + (\sigma_2 - \sigma_3)^2 + (\sigma_3 - \sigma_1)^2] = \frac{(1+\mu)}{6E}(2\sigma_Y^2)$$

简化之后，得

$$\sqrt{\frac{1}{2}\left[(\sigma_1-\sigma_2)^2+(\sigma_2-\sigma_3)^2+(\sigma_3-\sigma_1)^2\right]}=\sigma_Y$$

将屈服极限 σ_s 除以安全因数便可得到许用应力 $[\sigma]$，所以与第四强度理论相对应的强度条件为

$$\sqrt{\frac{1}{2}\left[(\sigma_1-\sigma_2)^2+(\sigma_2-\sigma_3)^2+(\sigma_3-\sigma_1)^2\right]}\leqslant[\sigma] \tag{7.26}$$

对于塑性材料而言，因为这一强度理论与实验结果吻合得也很好，所以应用得也十分广

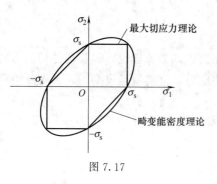

图 7.17

泛。畸变能密度理论与最大切应力理论的比较见图 7.17。椭圆恰好经过六边形的各个顶点，这意味着对于这六个点所示的应力状态而言，两个强度理论给出的结果是相同的。但对于六边形内其他各点所示的应力状态，因其均位于椭圆的内部，所以可以看出第三强度理论给出的结果更加趋于保守。换言之，对于一点的应力状态，若用第三强度理论校核合格，用第四强度理论校核则必然合格。反之，该结论不成立。

将上述四个强度理论写成如下统一形式

$$\sigma_r\leqslant[\sigma] \tag{7.27}$$

式中，σ_r 称为相当应力。针对四个强度理论，有

$$\begin{cases}\sigma_{r1}=\sigma_1\\ \sigma_{r2}=\sigma_1-\mu(\sigma_2+\sigma_3)\\ \sigma_{r3}=\sigma_1-\sigma_3\\ \sigma_{r4}=\sqrt{\frac{1}{2}\left[(\sigma_1-\sigma_2)^2+(\sigma_2-\sigma_3)^2+(\sigma_3-\sigma_1)^2\right]}\end{cases} \tag{7.28}$$

对于铸铁、玻璃、混凝土、陶瓷等脆性材料，它们失效的形式通常为断裂，所以对于这些材料宜采用第一和第二强度理论。而对于碳钢、铜、铝等塑性材料，它们失效的形式通常为屈服，所以对于这些材料宜采用第三和第四强度理论。

此外还应指出，不同材料固然可以发生不同形式的失效，但即使是同一材料，在不同应力状态下也可能有不同的失效形式。在三向拉应力相近的情况下，无论是脆性或塑性材料，都将以断裂的形式失效，所以对于此种情况，宜采用最大拉应力理论。而在三向压应力相近的情况下，均会引起塑性变形，因此需采用第三或第四强度理论。

第九节　莫尔强度理论

这一强度理论是由德国工程师莫尔（Otto Mohr）基于对一系列实验结果分析的基础上提出的。

假如对于某种材料，已完成其单向拉伸、压缩及纯剪切实验，相应的极限应力圆如图 7.18 所示。根据莫尔强度理论，若工程实际中同种材料某点应力状态所对应的应力圆，完全包含在由实验得到的三个应力圆的包络线以内，则该应力状态是安全的。如果进行更多类似实验，测得针对不同应力状态下的极限应力圆，则上述结果会变得更加准确。

假如仅仅知道材料的许用拉应力 $[\sigma_t]$ 和许用压应力 $[\sigma_c]$，前述的包络线可以由切线 NM 和 $N'M'$ 代替（图 7.19）。在图中，同时存在另一个极限应力圆，直径由 σ_1 延伸至 σ_3，它与 NM 和 $N'M'$ 相切，表明此应力状态处于临界失效状态。

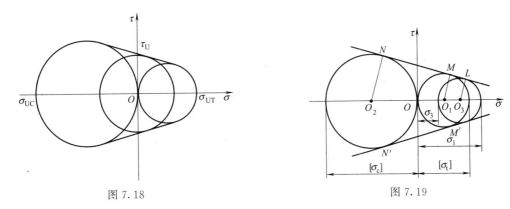

图 7.18　　　　　　　　　　　　图 7.19

由几何学的知识，可得

$$\frac{O_1M-O_3L}{O_2N-O_3L}=\frac{O_3O_1}{O_3O_2}$$

其中

$$O_1M=[\sigma_t]$$

$$O_3L=\frac{\sigma_1-\sigma_3}{2}$$

$$O_2N=[\sigma_c]$$

$$O_3O_1=\frac{\sigma_1+\sigma_3}{2}-\frac{[\sigma_t]}{2}$$

$$O_3O_2=\frac{[\sigma_c]}{2}+\frac{\sigma_1+\sigma_3}{2}$$

将以上各式代入并化简得

$$\sigma_1-\frac{[\sigma_t]}{[\sigma_c]}\sigma_3=[\sigma_t]$$

此式即为与莫尔强度理论相应的失效准则。由此，强度条件可表示为

$$\sigma_1-\frac{[\sigma_t]}{[\sigma_c]}\sigma_3\leqslant[\sigma_t] \tag{7.29}$$

与莫尔强度理论相应的相当应力的表达式为

$$\sigma_{rM}=\sigma_1-\frac{[\sigma_t]}{[\sigma_c]}\sigma_3 \tag{7.30}$$

如果材料的许用拉应力和许用压应力相等，则式 (7.29) 可简化为最大切应力理论。由此可见，莫尔强度理论是第三强度理论的推广，它考虑了材料拉、压许用应力不相同的情况。

【例 7.5】　已知一点应力状态如图 7.20 所示。若材料的许用正应力为 $[\sigma]=160MPa$，试用第三及第四强度理论

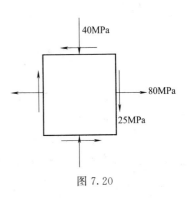

图 7.20

校核其强度。

解： 根据应力的正负规定，有

$$\sigma_x = 80\text{MPa}, \ \sigma_y = -40\text{MPa}, \ \tau_{xy} = 25\text{MPa}$$

（1）主应力 由式（7.4），可得

$$\left.\begin{array}{c}\sigma_1 \\ \sigma_3\end{array}\right\} = \frac{\sigma_x + \sigma_y}{2} \pm \sqrt{\left(\frac{\sigma_x - \sigma_y}{2}\right)^2 + \tau_{xy}^2}$$

$$= \frac{80\text{MPa} + (-40\text{MPa})}{2} \pm \sqrt{\left[\frac{80\text{MPa} - (-40\text{MPa})}{2}\right]^2 + (25\text{MPa})^2} = \begin{cases}85\text{MPa} \\ -45\text{MPa}\end{cases}$$

（2）相当应力及强度校核 与第三强度理论相应的相当应力为

$$\sigma_{r3} = \sigma_1 - \sigma_3 = 85\text{MPa} - (-45\text{MPa}) = 130\text{MPa} < [\sigma]$$

由于相当应力的数值小于材料的许用应力，所以按照第三强度理论进行校核，材料的强度是满足要求的。

与第四强度理论相应的相当应力为

$$\sigma_{r4} = \sqrt{\frac{1}{2}\left[(\sigma_1 - \sigma_2)^2 + (\sigma_2 - \sigma_3)^2 + (\sigma_3 - \sigma_1)^2\right]} = 114\text{MPa} < [\sigma]$$

此数值也小于材料的许用应力，所以按照第四强度理论进行校核，材料同样是安全的。

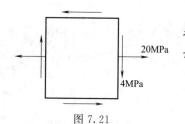

图 7.21

例 7.6 已知一点应力状态如图 7.21 所示。如果材料的抗拉和抗压许用应力分别为 $[\sigma_t] = 30\text{MPa}$，$[\sigma_c] = 160\text{MPa}$，试按莫尔强度理论校核该点的强度。

解： 根据应力的正负规定，有

$$\sigma_x = 20\text{MPa}, \ \sigma_y = 0\text{MPa}, \ \tau_{xy} = 4\text{MPa}$$

（1）主应力 由式（7.4），可得

$$\left.\begin{array}{c}\sigma_1 \\ \sigma_3\end{array}\right\} = \frac{\sigma_x + \sigma_y}{2} \pm \sqrt{\left(\frac{\sigma_x - \sigma_y}{2}\right)^2 + \tau_{xy}^2}$$

$$= \frac{20\text{MPa} + 0\text{MPa}}{2} \pm \sqrt{\left(\frac{20\text{MPa} - 0\text{MPa}}{2}\right)^2 + (4\text{MPa})^2} = \begin{cases}20.8\text{MPa} \\ -0.77\text{MPa}\end{cases}$$

（2）相当应力及强度校核 与莫尔强度理论相应的相当应力为

$$\sigma_{rM} = \sigma_1 - \frac{[\sigma_t]}{[\sigma_c]}\sigma_3 = 20.8\text{MPa} - \frac{30\text{MPa}}{160\text{MPa}}(-0.77\text{MPa}) = 20.9\text{MPa} < [\sigma_t]$$

由于相当应力的数值小于材料的许用拉应力，所以按照莫尔强度理论进行校核，材料在该点处的强度是满足要求的。

第十节　构件含裂纹时的断裂准则

针对构件的传统强度计算，主要基于前面各节讨论过的强度理论来进行，而其前提则是要求材料必须满足连续性假设，即认为构件不能含有裂纹等缺陷。这些强度计算方法，在安全因素选取比较恰当的情况下相对来讲是很安全的。

但是，随着高强度材料的广泛应用，发现某些构件在使用过程中，虽然工作应力小于材料的许用应力，即满足传统的强度条件，但却发生了脆性断裂，这就是所谓的低应力脆断问题。对于这类现象的研究结果表明，造成构件断裂的主要原因是由于构件内含有诸如裂纹等原始缺陷，在一定条件下，随着应力水平的提高，裂纹产生快速扩展并最终引起构件的断裂破坏。因此，研究裂纹尖端处应力场的分布、材料抵抗断裂的能力以及裂纹扩展条件，对于分析含裂纹体构件的安全是十分重要的。

1. 应力强度因子

工程实际中的裂纹，按照所受载荷特点及变形形式，可分为三种基本类型：张开型（Ⅰ型）裂纹 ［图 7.22 (a)］；滑开型（Ⅱ型）裂纹 ［图 7.22 (b)］；撕开型（Ⅲ型）裂纹 ［图 7.22 (c)］。

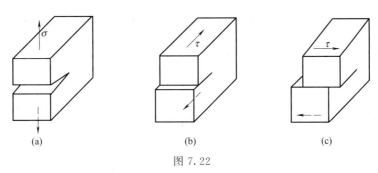

图 7.22

以上三种类型的裂纹，Ⅰ型裂纹最为常见且最为危险。所以接下来以Ⅰ型裂纹为例，简单介绍一下相关的基本概念。

考虑图 7.23 (a) 所示的无限大板，中心有一长为 $2a$ 的穿透板厚的裂纹，在垂直于裂纹平面的方向，受到均匀拉应力 σ 作用。

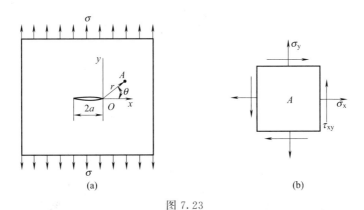

图 7.23

根据弹性理论的研究结果，在裂纹尖端邻域，即当 r 远远小于裂纹半长度 a 时，A 点的应力分量 ［图 7.23 (b)］可表示为如下形式

$$\begin{cases} \sigma_x = \dfrac{K_{\text{I}}}{\sqrt{2\pi r}}\left(\cos\dfrac{\theta}{2} - \dfrac{1}{2}\sin\theta\sin\dfrac{3\theta}{2}\right) \\[2mm] \sigma_y = \dfrac{K_{\text{I}}}{\sqrt{2\pi r}}\left(\cos\dfrac{\theta}{2} + \dfrac{1}{2}\sin\theta\sin\dfrac{3\theta}{2}\right) \\[2mm] \tau_{xy} = \dfrac{K_{\text{I}}}{\sqrt{2\pi r}}\left(\dfrac{1}{2}\sin\theta\cos\dfrac{3\theta}{2}\right) \end{cases} \tag{7.31}$$

式中，K_I 称为应力强度因子，它反映了裂纹尖端应力场的强弱程度，其表达式为

$$K_I = \sigma\sqrt{\pi a} \tag{7.32}$$

应力强度因子的单位为 MPa·m$^{1/2}$。

2. 断裂韧性

实验结果表明，当裂纹尖端应力强度因子 K_I 达到某一临界值时，裂纹便会开始扩展。这一临界值称为断裂韧性，用 K_{IC} 来表示。断裂韧性表明了某种材料抵抗断裂失效的能力，该数值由实验测得。对于 I 型裂纹，其失稳扩展的条件是

$$K_I = K_{IC} \tag{7.33}$$

相关问题的进一步讨论已超出本书的范围，如有需要可参考有关断裂力学的书籍。

小　结

1. 平面应力状态分析——解析法

正应力、切应力和方位角的正负规定：对于正应力，规定拉应力为正，压应力为负；对于切应力，可将其视为一个力，如果它对单元体内任一点取矩为顺时针方向，则此切应力为正，否则为负；方位角主要用于定义斜截面的位置，用 α 来表示，其正负规定如下，从 x 轴正方向旋转一角度 α 到斜截面外法线方向 n，如果此角度沿着逆时针方向则为正，否则为负。

任一斜截面上的正应力和切应力

$$\sigma_\alpha = \frac{\sigma_x + \sigma_y}{2} + \frac{\sigma_x - \sigma_y}{2}\cos 2\alpha - \tau_{xy}\sin 2\alpha$$

$$\tau_\alpha = \frac{\sigma_x - \sigma_y}{2}\sin 2\alpha + \tau_{xy}\cos 2\alpha$$

主平面方位

$$\tan 2\alpha_0 = -\frac{2\tau_{xy}}{\sigma_x - \sigma_y}$$

主应力大小

$$\left.\begin{matrix}\sigma_{max}\\\sigma_{min}\end{matrix}\right\} = \frac{\sigma_x + \sigma_y}{2} \pm \sqrt{\left(\frac{\sigma_x - \sigma_y}{2}\right)^2 + \tau_{xy}^2}$$

应力状态分类：单向应力状态、二向或平面应力状态、三向或空间应力状态。单向应力状态也称为简单应力状态，二向和三向应力状态也统称为复杂应力状态。

最大切应力所在平面的方位角

$$\tan 2\alpha_1 = \frac{\sigma_x - \sigma_y}{2\tau_{xy}}$$

最大切应力所在平面与主平面相差 45°。

$$\alpha_1 = \alpha_0 + 45°$$

最大、最小切应力

$$\left.\begin{matrix}\tau_{max}\\\tau_{min}\end{matrix}\right\} = \pm\sqrt{\left(\frac{\sigma_x - \sigma_y}{2}\right)^2 + \tau_{xy}^2}$$

绘制主单元体按照"两大夹一小"规律进行。对于已知两个正应力相等的情况，可以通

过考察其变形来确定求得的拉伸主应力和压缩主应力所发生的方向。

2. 平面应力状态分析——图解法

应力圆方程

$$\left(\sigma_\alpha - \frac{\sigma_x + \sigma_y}{2}\right)^2 + \tau_\alpha^2 = \left(\frac{\sigma_x - \sigma_y}{2}\right)^2 + \tau_{xy}^2$$

圆心坐标为$\left(\dfrac{\sigma_x + \sigma_y}{2}, 0\right)$，半径为$\sqrt{\left(\dfrac{\sigma_x - \sigma_y}{2}\right)^2 + \tau_{xy}^2}$。

3. 三向应力状态及最大切应力

三向应力状态下的最大切应力

$$\tau_{max} = \frac{\sigma_1 - \sigma_3}{2}$$

4. 位移与应变分量

由位移的偏导数所表示的三个应变分量

$$\varepsilon_x = \frac{\partial u}{\partial x}, \ \varepsilon_y = \frac{\partial v}{\partial y}, \ \gamma_{xy} = -\left(\frac{\partial v}{\partial x} + \frac{\partial u}{\partial y}\right)$$

5. 平面应变状态分析

任一斜截面上的正应变和切应变

$$\varepsilon_\alpha = \frac{\varepsilon_x + \varepsilon_y}{2} + \frac{\varepsilon_x - \varepsilon_y}{2}\cos 2\alpha - \frac{\gamma_{xy}}{2}\sin 2\alpha$$

$$\frac{\gamma_\alpha}{2} = \frac{\varepsilon_x - \varepsilon_y}{2}\sin 2\alpha + \frac{\gamma_{xy}}{2}\cos 2\alpha$$

主应变方位

$$\tan 2\alpha_0 = -\frac{\gamma_{xy}}{\varepsilon_x - \varepsilon_y}$$

主应变的大小

$$\left.\begin{array}{c}\varepsilon_{max}\\ \varepsilon_{min}\end{array}\right\} = \frac{\varepsilon_x + \varepsilon_y}{2} \pm \sqrt{\left(\frac{\varepsilon_x - \varepsilon_y}{2}\right)^2 + \left(\frac{\gamma_{xy}}{2}\right)^2}$$

最大切应变的方位

$$\tan 2\alpha_1 = \frac{\varepsilon_x - \varepsilon_y}{\gamma_{xy}}$$

最大切应变的大小

$$\frac{\gamma_{max}}{2} = \sqrt{\left(\frac{\varepsilon_x - \varepsilon_y}{2}\right)^2 + \left(\frac{\gamma_{xy}}{2}\right)^2}$$

6. 广义胡克定律

（1）广义胡克定律的六个公式

$$\begin{cases}\varepsilon_x = \dfrac{1}{E}[\sigma_x - \mu(\sigma_y + \sigma_z)]\\[2mm] \varepsilon_y = \dfrac{1}{E}[\sigma_y - \mu(\sigma_z + \sigma_x)]\\[2mm] \varepsilon_z = \dfrac{1}{E}[\sigma_z - \mu(\sigma_x + \sigma_y)]\end{cases}$$

$$\gamma_{xy} = \frac{\tau_{xy}}{G}, \ \gamma_{yz} = \frac{\tau_{yz}}{G}, \ \gamma_{zx} = \frac{\tau_{zx}}{G}$$

对应于主单元体情况下的广义胡克定律

$$\begin{cases} \varepsilon_1 = \dfrac{1}{E}[\sigma_1 - \mu(\sigma_2 + \sigma_3)] \\[2mm] \varepsilon_2 = \dfrac{1}{E}[\sigma_2 - \mu(\sigma_3 + \sigma_1)] \\[2mm] \varepsilon_3 = \dfrac{1}{E}[\sigma_3 - \mu(\sigma_1 + \sigma_2)] \end{cases}$$

$$\gamma_{xy} = 0, \ \gamma_{yz} = 0, \ \gamma_{zx} = 0$$

（2）体应变及体积胡克定律　体应变与平均应力成正比，这就是体积胡克定律。

$$\theta = \frac{\sigma_m}{K}$$

式中，K 为体积弹性模量，$K = \dfrac{E}{3(1-2\mu)}$；σ_m 是三个主应力的平均值，$\sigma_m = \dfrac{(\sigma_1 + \sigma_2 + \sigma_3)}{3}$。

7. 强度理论概述

一些假说认为，材料之所以按某种方式失效，是由于应力、应变或应变能密度等因素中的某一因素引起的，而与材料所处的应力状态无关。这些假说通常称为强度理论。

8. 四种常用强度理论

（1）关于断裂的强度理论

① 最大拉应力理论（第一强度理论）　这一理论认为最大拉应力是引起材料断裂的主要原因。相对应的强度条件为

$$\sigma_1 \leqslant [\sigma]$$

② 最大伸长线应变理论（第二强度理论）　这一理论认为最大伸长线应变是引起材料断裂的主要原因。相对应的强度条件为

$$\sigma_1 - \mu(\sigma_2 + \sigma_3) \leqslant [\sigma]$$

（2）关于屈服的强度理论

① 最大切应力理论（第三强度理论）　这一理论认为最大切应力是引起材料屈服的主要原因。相对应的强度条件为

$$\sigma_1 - \sigma_3 \leqslant [\sigma]$$

② 畸变能密度理论（第四强度理论）　这一理论认为畸变能密度是引起材料屈服的主要原因。相对应的强度条件为

$$\sqrt{\frac{1}{2}[(\sigma_1 - \sigma_2)^2 + (\sigma_2 - \sigma_3)^2 + (\sigma_3 - \sigma_1)^2]} \leqslant [\sigma]$$

四个强度理论统一形式

$$\sigma_r \leqslant [\sigma]$$

针对四个强度理论的相当应力 σ_r 为

$$\begin{cases} \sigma_{r1} = \sigma_1 \\ \sigma_{r2} = \sigma_1 - \mu(\sigma_2 + \sigma_3) \\ \sigma_{r3} = \sigma_1 - \sigma_3 \\ \sigma_{r4} = \sqrt{\dfrac{1}{2}\left[(\sigma_1 - \sigma_2)^2 + (\sigma_2 - \sigma_3)^2 + (\sigma_3 - \sigma_1)^2\right]} \end{cases}$$

9. 莫尔强度理论

与莫尔强度理论相应的强度条件为

$$\sigma_{rM} = \sigma_1 - \frac{[\sigma_t]}{[\sigma_c]}\sigma_3 \leqslant [\sigma_t]$$

10. 构件含裂纹时的断裂准则

对于 I 型裂纹，应力强度因子 K_I 反映了裂纹尖端应力场的强弱程度，其表达式为

$$K_I = \sigma\sqrt{\pi a}$$

含裂纹体失稳扩展的条件为

$$K_I = K_{IC}$$

式中，K_{IC} 为材料的断裂韧性，由实验测得，它表示材料抵抗断裂失效的能力。

习　　题

7.1　对于图 7.24 所示各单元体（应力单位为 MPa），试用解析法求指定斜截面上的正应力和切应力。

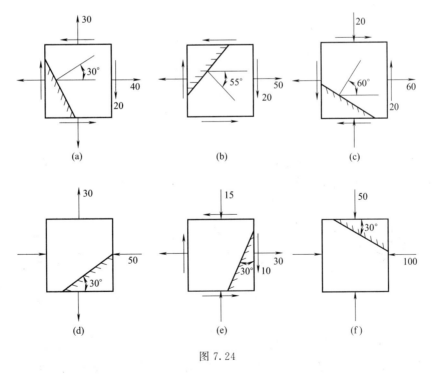

图 7.24

7.2　对于图 7.25 所示各单元体（应力单位为 MPa），试用解析法求主应力大小、主平面方位，并画出主单元体，同时求出图示平面内的最大切应力。

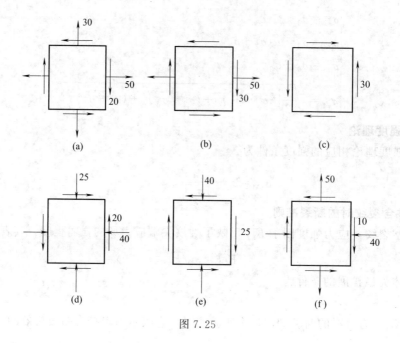

图 7.25

7.3　对于图 7.26 所示各单元体（应力单位为 MPa），试用图解法求指定斜截面上的正应力和切应力。

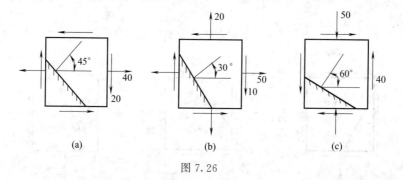

图 7.26

7.4　通过一点的两个平面上的应力如图 7.27 所示（应力单位为 MPa），试求主应力大小、主平面方位，并画出主单元体。

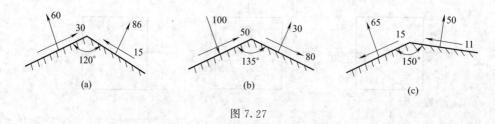

图 7.27

7.5　图 7.28 所示的圆筒形容器，所受内压力为 p，内径为 D，壁厚为 δ。若该容器为薄壁容器（$D > 20\delta$），试确定图（a）中单元体的轴向正应力 σ' 和周向正应力 σ''。

7.6　图 7.29 所示的卧式储罐，内径 $D = 800\text{mm}$，壁厚 $\delta = 8\text{mm}$。假设内压力为 $p = 2\text{MPa}$，试求指定斜截面 ab 上的正应力和切应力。

7.7　图 7.30 所示的矩形截面梁某横截面受剪力 $F_S = 100\text{kN}$ 和弯矩 $M = 15\text{kN} \cdot \text{m}$ 作用。试绘出 1、2、3 各点处单元体的应力状态，并求出主应力的大小。

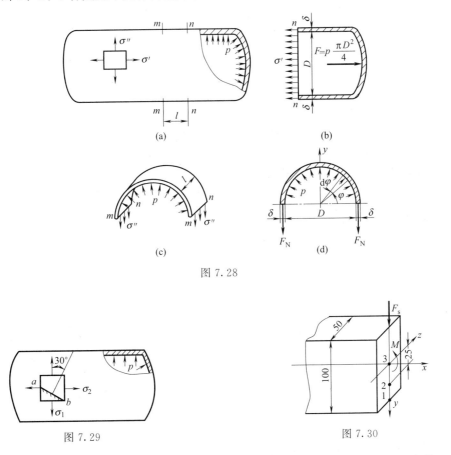

图 7.28

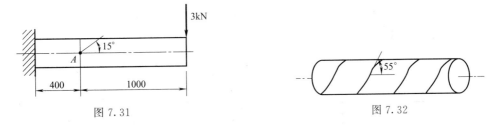

图 7.29　　　　　　　　　　　　图 7.30

7.8　一矩形截面梁（图 7.31），其横截面高为 200mm，宽为 50mm。A 点位于外表面中性轴上，试求过该点且与水平线夹角为 15° 的斜面上的正应力和切应力。

图 7.31　　　　　　　　　　　　图 7.32

7.9　以绕带焊接成的圆管，焊缝为螺旋线，如图 7.32 所示。已知管的内径为 200mm，壁厚为 1mm，内压力 $p = 0.8\text{MPa}$。试求沿焊缝斜面上的正应力和切应力。

7.10　试用广义胡克定律证明弹性常数 E、G 和 μ 之间的关系是 $G = \dfrac{E}{2(1+\mu)}$。

7.11　试证明弹性模量 E、切变模量 G 和体积弹性模量 K 之间的关系是 $E = \dfrac{9KG}{3K+G}$。

7.12　对于图 7.33 所示的各单元体（应力单位为 MPa），试求出三个主应力的大小及最大切应力的数值。

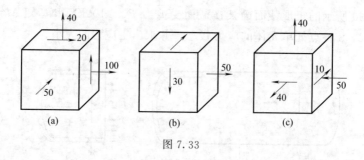

图 7.33

7.13 图 7.34 所示的平面应力状态，已知应力 $\sigma_x = 100\text{MPa}$，$\sigma_y = 80\text{MPa}$，$\tau_{xy} = 50\text{MPa}$。若材料的弹性模量 $E = 200\text{GPa}$，泊松比 $\mu = 0.3$，试确定线应变 ε_x 和 ε_y、切应变 γ_{xy} 以及将 x 轴正方向沿逆时针旋转 $30°$ 方向上的线应变 $\varepsilon_{30°}$。

7.14 图 7.35 所示边长为 $a = 10\text{mm}$ 的立方体钢块，恰好放在相同宽度和深度的槽形刚体内。若钢块顶面承受合力为 $F = 10\text{kN}$ 的均布压力作用，试求钢块的三个主应力的大小。取钢的弹性模量 $E = 200\text{GPa}$，泊松比 $\mu = 0.3$。

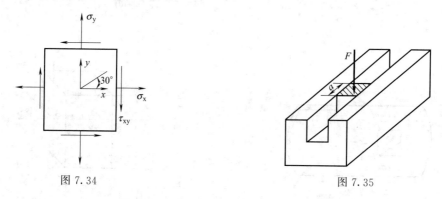

图 7.34   图 7.35

7.15 围绕钢构件内某一点周围取出一部分，如图 7.36 所示。若已知 $\sigma = 40\text{MPa}$，$\tau = 20\text{MPa}$，材料的弹性模量 $E = 200\text{GPa}$，泊松比 $\mu = 0.3$。试求对角线 AC 的长度改变量 Δl_{AC}。

7.16 某炮筒横截面如图 7.37 所示。危险点处径向应力为 $\sigma_r = -400\text{MPa}$，周向应力为 $\sigma_t = 500\text{MPa}$，第三个主应力是沿着轴线方向的拉应力，且大小为 450MPa。试计算与第三和第四强度理论相对应的相当应力大小。

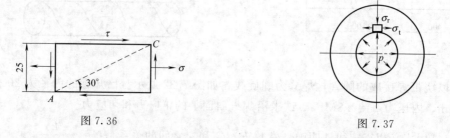

图 7.36   图 7.37

7.17 导轨与滚轮接触点处于三向受压状态，三个主应力分别为 -800MPa、-850MPa 和 -1050MPa。若材料的许用应力为 $[\sigma] = 260\text{MPa}$，试校核该接触点的强度。

7.18 一卧式储罐，内径 $D = 800\text{mm}$，壁厚 $\delta = 4\text{mm}$。若材料的许用应力为 $[\sigma] = 120\text{MPa}$，试分别按第三和第四强度理论确定该储罐所能承受的内压力。

第八章 组合变形

第一节 组合变形和叠加原理

在前面各章中，已经对轴向拉伸或压缩、剪切、扭转和弯曲等基本变形进行了研究。但在工程实际中，还存在着一些更为复杂的情况，即由两种或两种以上基本变形叠加而成的组合变形。例如，图 8.1（a）所示的起重机，横向力 F_{Ay}、F_{By} 和 W 引起弯曲，而轴向力 F_{Ax} 和 F_{Bx} 导致压缩 [图 8.1（b）]，所以 AB 杆的变形即为弯曲与压缩的组合变形。又如，图 8.2（a）所示的传动轴，处于两个轴承 A、B 处的横向力与 F 引起弯曲，而力偶矩 M_C 和 M_D 导致扭转 [图 8.2（b）]，所以图示传动轴的变形即为弯曲与扭转的组合变形。

分析组合变形时，须将外力进行简化和分解，从而得到几组静力等效的载荷。依据前面所学知识，使每一组载荷对应一种基本变形。这样，将每一种基本变形情形下所求得的内力、

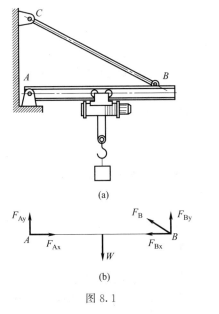

(a)

(b)

图 8.1

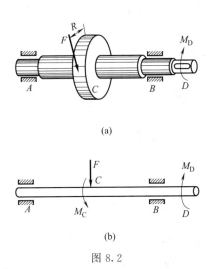

(a)

(b)

图 8.2

应力、应变和位移进行相应叠加，便可得到构件在组合变形情况下的内力、应力、应变和位移，这就是叠加原理。这一原理在前面章节中曾多次使用过，在本节中将对此作一些更广泛的阐述。

若简支梁跨度中点作用有集中力 F 时（表6.4），其中点挠度为

$$w_{\max}=-\frac{Fl^3}{48EI}$$

改写成如下形式

$$w_{\max}=-\frac{l^3}{48EI}F$$

由上式可见，挠度 $w_{\max}$ 与载荷 F 的关系是线性的，$-\dfrac{l^3}{48EI}$ 是一个系数，只要力 F 作用的位置不变，则此系数就不会改变，即这一系数与 F 的大小无关。对于基本变形中的内力、应力、应变和位移，都存在有类似关系，在此不一一叙述。

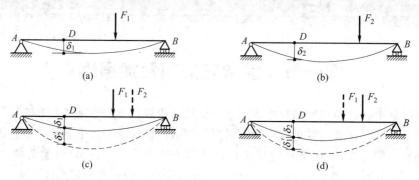

图 8.3

根据上述讨论结果，对于图8.3（a）中的简支梁，由力 F_1 引起的 D 点的位移可表示为 $\delta_1=C_1F_1$，系数 C_1 与 F_1 的大小无关。类似地，由力 F_2 引起的 D 点的位移 $\delta_2=C_2F_2$，系数 C_2 同样与 F_2 的大小无关 [图8.3（b）]。若在梁上先作用力 F_1，然后再作用力 F_2 [图8.3（c）]，则 F_1 产生的位移是 $\delta_1=C_1F_1$，F_2 产生的位移是 $\delta_2'=C_2'F_2$，系数 C_2' 也应该与 F_1 和 F_2 的大小无关。类似地，若先作用力 F_2，然后再作用力 F_1 [图8.3（d）]，则 F_2 产生的位移是 $\delta_2=C_2F_2$，F_1 产生的位移是 $\delta_1'=C_1'F_1$，系数 C_1' 与 F_1 和 F_2 的大小无关。图8.3（c）和（d）两种加载方式引起的 D 点的位移相同，即 D 点位移与加载顺序无关，故有 $\delta_1+\delta_2'=\delta_2+\delta_1'$，将各表达式代入得

$$C_1F_1+C_2'F_2=C_2F_2+C_1'F_1$$

整理得

$$(C_1-C_1')F_1+(C_2'-C_2)F_2=0$$

若上式对于 F_1 和 F_2 取任何值时均成立，则要求系数必须都等于零，即

$$C_1-C_1'=0,C_2'-C_2=0$$
$$C_1=C_1',C_2'=C_2$$

所以 D 点位移

$$\delta=C_1F_1+C_2F_2=\delta_1+\delta_2$$

此式可以表述为：组合载荷作用下某点的位移等于单一载荷作用下同一点位移的叠加。叠加原理的成立，要求内力、应力、应变和位移与外载荷成线性关系。当不能满足上述线性

关系时，则不能使用叠加原理。

第二节　弯曲与拉伸或压缩的组合

对于弯曲与拉伸或压缩的组合变形，以下简称弯拉（压）组合变形。其具体求解大致包括以下三个步骤。

（1）外力分析　将外力向形心简化并沿主惯性轴分解。

（2）内力分析　绘制出与每个外力分量（基本变形）对应的内力图，并确定危险截面所在位置。

（3）强度计算　绘制危险截面应力分布图，叠加，建立危险点的强度条件。

下面通过例题进行说明。

【例 8.1】　一矩形截面悬臂梁如图 8.4（a）所示。设跨度 $l=2\text{m}$，宽度 $b=20\text{mm}$，高度 $h=30\text{mm}$，在自由端形心 D 处作用有一位于纵向对称面内的集中力，且 $F=100\text{kN}$，$\theta=70°$。若材料的拉（压）许用应力均为 $[\sigma]=160\text{MPa}$，试校核该梁的强度。

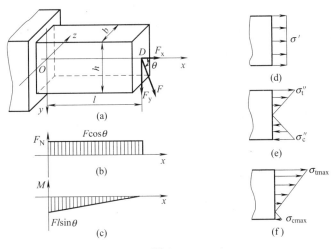

图 8.4

解：（1）外力分析　将力 F 沿 x 轴和 y 轴进行分解，有

$$F_x = F\cos\theta = 34.2\text{kN}$$
$$F_y = F\sin\theta = 94.0\text{kN}$$

（2）内力分析　相应于拉伸与弯曲，分别绘制轴力图［图 8.4（b）］和弯矩图［图 8.4（c）］。可见，危险截面位于梁的最左端。相应的轴力和弯矩分别为

$$F_N = F_x = 34.2\text{kN}$$
$$M_{max} = F_y l = 188\text{kN} \cdot \text{m}$$

（3）强度计算　对于拉伸变形，危险截面的拉应力［图 8.4（d）］为

$$\sigma' = \frac{F_N}{A} = \frac{34.2 \times 10^3 \text{ N}}{20 \times 30 \times 10^{-6} \text{m}^2} = 57.0\text{MPa}$$

对于弯曲变形，危险截面的拉应力与压应力［图 8.4（e）］同为

$$\sigma''_t = \sigma''_c = \frac{M_{max}}{W} = \frac{188 \times 10^3 \text{ N} \cdot \text{m}}{20 \times 30^2 \times 10^{-9} \text{m}^3/6} = 62.6\text{MPa}$$

叠加，可见最大拉应力及最大压应力［图8.4（f）］分别为

$$\sigma_{tmax}=\sigma'+\sigma_t''$$
$$\sigma_{cmax}=|\sigma'-\sigma_c''|$$

代入，得

$$\sigma_{tmax}=\frac{F_N}{A}+\frac{M_{max}}{W}=119.6\text{MPa}$$

$$\sigma_{cmax}=\left|\frac{F_N}{A}-\frac{M_{max}}{W}\right|=5.6\text{MPa（压）}$$

在本例中，材料的拉（压）许用应力相同，故仅需校核应力最大值，即最大拉应力。因为 $\sigma_{tmax}<[\sigma]$，故梁的强度满足要求。

【例8.2】 如图8.5（a）所示，一悬臂吊车横梁 AB 为16号工字钢，若 $F=40\text{kN}$，$l=1\text{m}$，$\theta=30°$，材料的许用应力为 $[\sigma]=160\text{MPa}$，试校核该梁的强度。

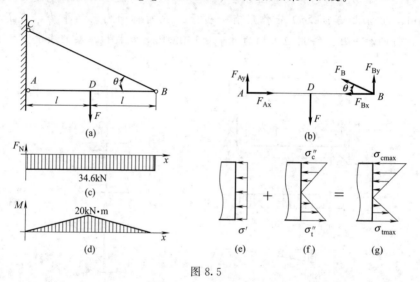

图 8.5

解：（1）外力分析 将力 F_B 分解为 F_{Bx} 和 F_{By}，图8.5（b）所示方向即为它们的实际方向。据此，可以画出 A 处约束力 F_{Ax} 和 F_{Ay} 的实际方向。对于 AB 梁而言，两个轴向载荷 F_{Ax} 和 F_{Bx} 引起压缩，而三个横向力 F_{Ay}、F_{By} 和 F 导致弯曲，所以 AB 梁的变形为弯压组合变形。

由于横向力有对称关系，故

$$F_{Ay}=F_{By}=\frac{F}{2}=20\text{kN}$$

又由平衡关系及几何关系，得

$$F_{Ax}=F_{Bx}=\sqrt{3}F_{By}=34.6\text{kN}$$

（2）内力分析 相应于压缩与弯曲，分别绘制轴力图［图8.5（c）］和弯矩图［图8.5（d）］。可见，危险截面位于梁的 D 截面。相应的轴力和弯矩分别为

$$F_N=-34.6\text{kN}$$
$$M_{max}=20\text{kN·m}$$

（3）强度计算 查型钢表，有 $A=26.131\text{cm}^2$，$W=141\text{cm}^3$。

对于压缩变形，危险截面的压应力［图 8.5（e）］为

$$\sigma' = \frac{F_N}{A} = \frac{-34.6 \times 10^3\,\mathrm{N}}{26.131 \times 10^{-4}\,\mathrm{m}^2} = -13.2\mathrm{MPa}$$

对于弯曲变形，危险截面的拉应力与压应力［图 8.5（f）］同为

$$\sigma''_t = \sigma''_c = \frac{M_{max}}{W} = \frac{20 \times 10^3\,\mathrm{N \cdot m}}{141 \times 10^{-6}\,\mathrm{m}^3} = 141.8\mathrm{MPa}$$

叠加，可见最大拉应力及最大压应力［图 8.5（g）］分别为

$$\sigma_{tmax} = \sigma' + \sigma''_t$$

$$\sigma_{cmax} = |\sigma' - \sigma''_c|$$

代入，得

$$\sigma_{tmax} = \frac{F_N}{A} + \frac{M_{max}}{W} = 128.6\mathrm{MPa}$$

$$\sigma_{cmax} = \left| \frac{F_N}{A} - \frac{M_{max}}{W} \right| = 155\mathrm{MPa}（压）$$

本例仅需校核应力最大值，即最大压应力。因为

$$\sigma_{cmax} < [\sigma]$$

故梁 AB 的强度满足要求。

第三节　偏心压缩与截面核心

当短柱所受压力的作用线与其轴线平行但不重合时，即为偏心压缩，如图 8.6（a）所示。取截面形心 O 为坐标原点，轴线为 x 轴、y 轴和 z 轴为形心主惯性轴建立图示正交坐标系。图中力 F 作用点的坐标为（y_F，z_F），偏心距为 e。将此偏心压力向短柱的轴线进行简化，则得到一与轴线重合的力 F 和一矩为 Fe 的力偶。将此力偶再分解为 x-y 平面内的外力偶 M_{ez} 和 x-z 平面内的外力偶 M_{ey} ［图 8.6（b）］，容易得到 $M_{ez} = Fy_F$，$M_{ey} = Fz_F$。以上简化后的载荷中，轴向载荷 F 引起短柱受压，而两个力偶 M_{ez} 和 M_{ey} 则使短柱产生弯曲。所以，偏心压缩是弯曲与压缩的组合变形。若研究短柱内力，则可以发现对于任意横截面，它们的内力和内力值都是相同的。即：轴力 $F_N = -F$，x-y 平面内的弯矩 $M_z = -M_{ez}$，x-z 平面内的弯矩 $M_y = -M_{ey}$。

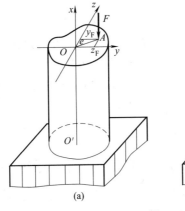 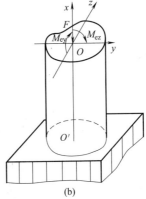

图 8.6

在任意截面上取一点 B，其坐标为（y，z）。则与上述三种变形对应的应力分别为

$$\sigma' = \frac{F_N}{A} = -\frac{F}{A}$$

$$\sigma'' = \frac{M_z y}{I_z} = -\frac{F y_F y}{I_z}$$

$$\sigma''' = \frac{M_y z}{I_y} = -\frac{F z_F z}{I_y}$$

式中负号表示压应力，同时注意到 $I_z = i_z^2 A$，$I_y = i_y^2 A$，则叠加以上各式后得到 B 点的应力为

$$\sigma = -\frac{F}{A}\left(1 + \frac{y_F y}{i_z^2} + \frac{z_F z}{i_y^2}\right) \tag{8.1}$$

在横截面上，离中性轴最远的点具有最大的应力，为此，应该先确定中性轴的位置。若中性轴上各点的坐标为（y_0，z_0），则由于中性轴上各点的应力等于零，将 y_0 和 z_0 代入式（8.1），可以得到

$$-\frac{F}{A}\left(1 + \frac{y_F y_0}{i_z^2} + \frac{z_F z_0}{i_y^2}\right) = 0$$

或者写成

$$\frac{y_F y_0}{i_z^2} + \frac{z_F z_0}{i_y^2} = -1 \tag{8.2}$$

上式即为中性轴的直线方程。若中性轴在 y 轴和 z 轴上的截距分别为 a_y 和 a_z，则在式（8.2）中分别取 $y_0 = a_y$、$z_0 = 0$ 和 $y_0 = 0$、$z_0 = a_z$，即可得到

$$a_y = -\frac{i_z^2}{y_F}, \quad a_z = -\frac{i_y^2}{z_F} \tag{8.3}$$

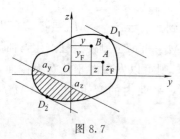

图 8.7

上式表明，a_y 与 y_F 正负号相反；a_z 与 z_F 正负号也相反，所以中性轴与偏心压力 F 的作用点 A，分别位于坐标原点的两侧，如图 8.7 所示。中性轴把截面划分为两部分，阴影部分受拉伸，而另一部分受压缩。在截面周边上，D_1 和 D_2 两点的切线平行于中性轴，它们是离中性轴最远的点，应力为最大值。

式（8.3）还表明，若偏心压力 F 逐渐向截面形心靠近，即 y_F 和 z_F 逐渐减小，则 a_y 和 a_z 逐渐增加，即中性轴逐渐远离形心。当中性轴与边缘相切时，整个截面上就只有压应力存在，而没有拉应力。对于偏心压缩情况下的砖、石或混凝土短柱，这正是所希望的情形。

如要求点 C（r，s）的应力为零，即要求中性轴通过 C 点，则将 r 和 s 代入式（8.2）中，得到 y_F 和 z_F 的关系式为

$$\frac{y_F r}{i_z^2} + \frac{z_F s}{i_y^2} = -1$$

这是直线 pq 的方程。它表明，只要压力 F 作用于 pq 的任一点上，C 点的应力就总等于零，即中性轴总通过 C 点。或者说，当压力 F 沿直线 pq 移动时，中性轴绕 C 点旋转（图 8.8）。

结合上面的结论，下面介绍截面核心的概念。设受压短柱的横截面如图 8.9 所示，y 轴和 z 轴为形心主惯性轴。若取中性轴为通过 E、A 两点的直线，则因其在坐标轴上的截距为已知，故由式（8.3）便可确定偏心压力的作用点 a，即 F 作用于点 a 时，中性轴为过 E 和 A 的直线。同理，当中性轴依次取 AB、BC、CD、DE 诸边时，压力的作用点依次为点 b、c、d、e。如压力沿直线 ab 由点 a 移动至 b 点，则中性轴绕 A 点，由 EA 旋转到 AB；当压力沿直线 bc 由点 b 移动至 c 点，则中性轴绕 B 点，由 AB 旋转到 BC。依此类推，压力沿封闭拆线 $abcdea$ 移动，中性轴依次绕 A、B、C、D、E 诸点旋转，但始终在截面之外，最多与截面相切，所以截面上只会有压应力存在。若压力作用于上述封闭区域之内，则因作用点向形心靠近，中性轴将离形心更远，截面上更不会出现拉应力。可见，对每一个横截面，围绕形心都会有一个封闭区域，当压力作用于这一封闭区域内时，截面上只有压应力。这个封闭区域称为截面核心。对于给定截面，确定其截面核心具有现实意义，接下来通过例子进行具体说明。

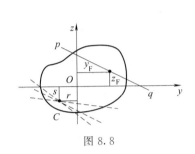

图 8.8

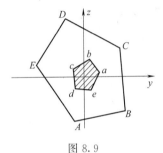

图 8.9

【例 8.3】 若短柱的横截面为矩形，如图 8.10 所示，试确定其截面核心。

解：矩形截面的对称轴即为形心主惯性轴，且有

$$i_y^2 = \frac{b^2}{12}, \quad i_z^2 = \frac{h^2}{12}$$

若中性轴与 AB 边重合，则中性轴在坐标轴上的截距分别为

$$a_y = -\frac{h}{2}, \quad a_z = \infty$$

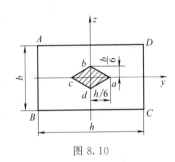

图 8.10

将上述式子代入式（8.3）中，得到压力 F 的作用点 a 的坐标为

$$y_F = \frac{h}{6}, \quad z_F = 0$$

同理，若中性轴与 BC 边重合，则压力 F 的作用点 b 的坐标为

$$y_F = 0, \quad z_F = \frac{b}{6}$$

压力沿直线 ab 由点 a 移动至 b 点时，中性轴绕 B 点，由 AB 旋转到 BC。用同样的方法可以确定点 c 和点 d，图 8.10 中菱形阴影部分即为截面核心。

【例 8.4】 试求半径为 r 的圆形截面的截面核心。

解：圆形截面的任意直径均为形心主惯性轴。设中性轴切于圆周上的任意点 A（图 8.11），以通过 A 点的直径为 y 轴，与 y 轴垂直的另一直径为 z 轴。用与前例同样的方法，

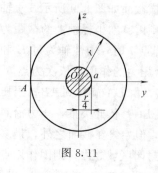

图 8.11

可以确定压力作用点 a 点的坐标为

$$y_F = \frac{r}{4}, z_F = 0$$

即点 a 也在通过 A 点的直径上，且距圆心的距离为 $\frac{r}{4}$。中性轴切于圆周的其他点时，压力作用点也在通过该点的直径上，距圆心的距离也是 $\frac{r}{4}$。这样，就得到一个半径为 $\frac{r}{4}$ 的圆形截面核心。

第四节　弯曲与扭转的组合

工程机械中的传动轴，在工作过程中大都处于弯曲与扭转组合变形情况，以下简称弯扭组合。本节主要对圆截面轴在弯扭组合情况下的强度计算进行讨论。

为方便研究，取一实心圆轴（直径为 d）简化模型如图 8.12（a）所示，其左端固定，自由端受铅垂力 F 和力偶矩 M_e 作用。在绘制完相应的弯矩图［图 8.12（b）］和扭矩图［图 8.12（c）］之后，可以发现圆轴最左端为危险截面。靠近左端截取一微段，在截面上取铅垂直径并画出正应力、切应力分布图，可见位于上、下边缘的 A 点和 B 点为危险点。这里取围绕 A 点的单元体进行分析。因为单元体上表面为自由表面，所以此单元体处于平面应力状态下，其三维视图和二维视图分别见图 8.12（e）和（f）。对于图 8.12（f）所示的单元体，有

$$\sigma_x = \sigma, \ \sigma_y = 0, \ \tau_{xy} = \tau$$

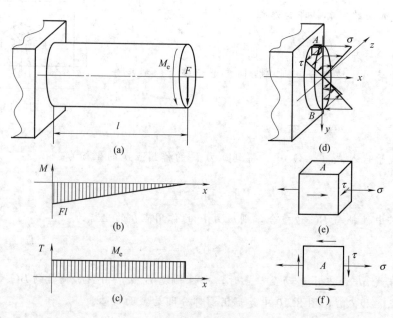

图 8.12

则主应力为

$$\left.\begin{array}{c}\sigma_1\\\sigma_3\end{array}\right\}=\frac{\sigma_x+\sigma_y}{2}\pm\sqrt{\left(\frac{\sigma_x-\sigma_y}{2}\right)^2+\tau_{xy}^2}=\frac{\sigma}{2}\pm\sqrt{\frac{\sigma^2}{4}+\tau^2}$$

如果轴的材料为塑性材料，则由第三和第四强度理论得到相应强度条件为

$$\sigma_{r3}=\sigma_1-\sigma_3=\sqrt{\sigma^2+4\tau^2}\leqslant[\sigma] \tag{8.4}$$

$$\sigma_{r4}=\sqrt{\frac{1}{2}\left[(\sigma_1-\sigma_2)^2+(\sigma_2-\sigma_3)^2+(\sigma_3-\sigma_1)^2\right]}=\sqrt{\sigma^2+3\tau^2}\leqslant[\sigma] \tag{8.5}$$

若本例中载荷及尺寸均给定，则正应力和切应力可由如下公式计算得到。

$$\sigma=\frac{M}{W}$$

$$\tau=\frac{T}{W_t}=\frac{T}{2W}$$

将以上两式代入式（8.4）和式（8.5）中，则得由内力表示的强度条件为

$$\sigma_{r3}=\frac{1}{W}\sqrt{M^2+T^2}\leqslant[\sigma] \tag{8.6}$$

$$\sigma_{r4}=\frac{1}{W}\sqrt{M^2+0.75T^2}\leqslant[\sigma] \tag{8.7}$$

【例 8.5】 一手摇绞车如图 8.13（a）所示，卷筒直径 $D=360\text{mm}$，$l=800\text{mm}$。若材料的许用应力为 $[\sigma]=160\text{MPa}$，最大起吊载荷为 $F=1\text{kN}$，试按第三强度理论设计轴 AB 的直径 d。

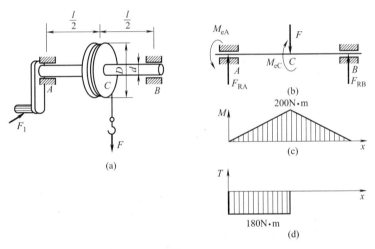

图 8.13

解：（1）外力分析 利用力的平移定理，将力 F 等效移动至轴线上 [图 8.13（b）]，则有

$$F_{RA}=F_{RB}=\frac{F}{2}=500\text{N}$$

$$M_{eC}=\frac{1}{2}FD=\frac{1}{2}(1\times10^3\text{N})(360\times10^{-3}\text{m})=180\text{N}\cdot\text{m}$$

（2）内力分析 作弯矩图 [图 8.13（c）]，其中弯矩的最大值发生在截面 C 处，其大小为

$$M = \frac{1}{4}Fl = \frac{1}{4}(1 \times 10^3 \text{N})(800 \times 10^{-3} \text{m}) = 200 \text{N} \cdot \text{m}$$

作扭矩图如图 8.13 (d) 所示，AC 段扭矩大小为

$$T = -M_{eC} = -180 \text{N} \cdot \text{m}$$

（3）强度计算　由强度条件［式（8.6）］，有

$$\frac{32}{\pi d^3}\sqrt{M^2 + T^2} \leqslant [\sigma]$$

得轴 AB 的直径为

$$d \geqslant \sqrt[3]{\frac{32\sqrt{M^2 + T^2}}{\pi[\sigma]}} = \sqrt[3]{\frac{32\sqrt{(200 \text{N} \cdot \text{m})^2 + (-180 \text{N} \cdot \text{m})^2}}{\pi(160 \times 10^6 \text{ Pa})}} = 0.0258\text{m}$$

取

$$d = 26\text{mm}$$

【例 8.6】　一齿轮传动轴如图 8.14 (a) 所示。传动轴直径 $d = 54$mm。齿轮 1 节圆直径

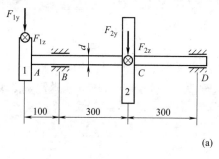
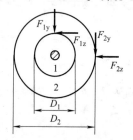

(a)

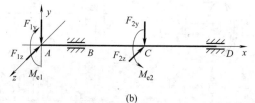

(b)

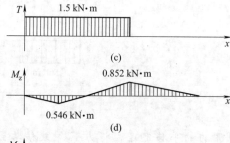

(c)

(d)

(e)

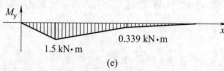

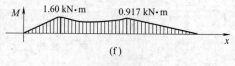

(f)

图 8.14

$D_1 = 200\text{mm}$，其上作用有径向力 $F_{1y} = 5.46\text{kN}$，切向力 $F_{1z} = 15\text{kN}$。齿轮 2 节圆直径 $D_2 = 400\text{mm}$，其上作用的径向力 $F_{2z} = 2.73\text{kN}$，切向力 $F_{2y} = 7.5\text{kN}$。若材料的许用应力为 $[\sigma] = 177\text{MPa}$，试按第四强度理论校核轴的强度。

解：（1）外力分析 利用力的平移定理，将切向力等效移动至轴线上 [图 8.14（b）]，则有

$$M_{e1} = \frac{1}{2} F_{1z} D_1 = \frac{1}{2}(15 \times 10^3 \text{N})(200 \times 10^{-3}\text{m}) = 1.5\text{kN} \cdot \text{m}$$

$$M_{e2} = \frac{1}{2} F_{2y} D_2 = \frac{1}{2}(7.5 \times 10^3 \text{N})(400 \times 10^{-3}\text{m}) = 1.5\text{kN} \cdot \text{m}$$

（2）内力分析 扭矩图如图 8.14（c）所示。作用在铅垂面内的横向力使传动轴产生绕 z 轴的弯曲，其弯矩图 M_z 如图 8.14（d）所示；而作用在水平面内的横向力使传动轴产生绕 y 轴的弯曲，其弯矩图 M_y 见图 8.14（e）。对于圆形截面的轴而言，包含轴线的任意纵向面都是纵向对称面。所以，合成弯矩的大小为

$$M = \sqrt{M_y^2 + M_z^2}$$

总弯矩图如图 8.14（f）所示。

由内力图可见，危险截面位于 B 截面，其上的弯矩和扭矩分别为

$$T = 1.5\text{kN} \cdot \text{m}$$

$$M = 1.60\text{kN} \cdot \text{m}$$

（3）强度计算 由强度条件 [式（8.6）]，有

$$\sigma_{r3} = \frac{1}{W}\sqrt{M^2 + T^2} = \frac{32\sqrt{(1600\text{N} \cdot \text{m})^2 + (1500\text{N} \cdot \text{m})^2}}{\pi(54 \times 10^{-3}\text{m})^3} = 142\text{MPa} < [\sigma]$$

由于最大工作应力小于许用应力，故该轴符合强度要求。

第五节 组合变形的普遍情况

任意载荷作用下的等直杆如图 8.15（a）所示。当研究横截面 m—m 上的内力（包含内力矩）时，可以采用截面法。即用一假想平面沿 m—m 将杆截开，然后取任何一部分作为研究对象研究其平衡。本例中取左半部分，其受力图见图 8.15（b）。

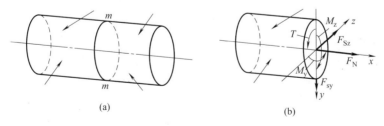

(a)　　　　　(b)

图 8.15

对于一般情况，空间力系情形下，在横截面上会存在三个内力分量 F_N、F_{Sy}、F_{Sz} 及三个内力偶矩分量 T、M_y、M_z。若外载荷为已知，则上述内力及内力矩的大小均可由平衡方程确定。与前面各章节学过的基本变形相比较，可见：F_N 为轴力，对应的基本变形为轴向拉伸或压缩，在杆件横截面上将产生正应力；F_{Sy}、F_{Sz} 为剪力，对应的基本变形为横力弯

曲，在杆件横截面上将产生切应力；T 为扭矩，对应的基本变形为扭转，在杆件横截面上将产生切应力；M_y、M_z 为弯矩，对应的基本变形为弯曲，在杆件横截面上将产生正应力。

组合变形的普遍情况，即为上述各种基本变形的叠加。组合变形情况下的应力可通过叠加各种基本变形情况下相应的应力求得。需要注意是，与 F_N、M_y 和 M_z 对应的正应力可按代数量相加；而与 F_{Sy}、F_{Sz} 和 T 对应的切应力应按矢量相加。与横力弯曲的强度计算相类似，一般说来，与 F_{Sy} 和 F_{Sz} 对应的切应力是次要的。所以，对于轴类零件的强度计算，以上应力有时是可以忽略的。

以上三个内力和三个内力矩分量，若忽略 F_{Sy} 和 F_{Sz}，则仅余 F_N、M_y、M_z 和 T 四个分量。当 $T=0$ 时，表示的是弯拉（压）组合变形；当 $F_N=0$ 时，则表示的是弯扭组合变形。可见前面讨论过的组合变形是本节普遍情况的特例而已。

小　结

1. 组合变形和叠加原理

由两种或两种以上基本变形叠加而成的变形，称为组合变形。

将每一种基本变形情形下所求得的内力、应力、应变和位移进行相应叠加，便可得到构件在组合变形情况下的内力、应力、应变和位移，这就是叠加原理。

叠加原理的成立，要求内力、应力、应变和位移与外载荷成线性关系。当不能满足上述线性关系时，则不能使用叠加原理。

2. 弯曲与拉伸或压缩的组合

对于弯拉（压）组合变形，其具体求解大致包括三个步骤：①外力分析；②内力分析；③强度计算。相应的强度条件为

$$\sigma_{tmax}=\frac{F_N}{A}+\frac{M_{max}}{W}\leqslant[\sigma_t]$$

$$\sigma_{cmax}=\left|\frac{F_N}{A}-\frac{M_{max}}{W}\right|\leqslant[\sigma_c]$$

3. 偏心压缩与截面核心

当短柱所受压力的作用线与其轴线平行但不重合时，即为偏心压缩。

对每一个横截面，围绕形心都会有一个封闭区域，当压力作用于这一封闭区域内时，截面上只有压应力。这个封闭区域称为截面核心。

4. 弯曲与扭转的组合

对于弯扭组合变形，其具体求解大致包括外力分析、内力分析和强度计算三个步骤。

对于塑性材料制成的轴，由应力表示的与第三和第四强度理论相应的强度条件为

$$\sigma_{r3}=\sqrt{\sigma^2+4\tau^2}\leqslant[\sigma]$$

$$\sigma_{r4}=\sqrt{\sigma^2+3\tau^2}\leqslant[\sigma]$$

由内力表示的强度条件为

$$\sigma_{r3}=\frac{1}{W}\sqrt{M^2+T^2}\leqslant[\sigma]$$

$$\sigma_{r4}=\frac{1}{W}\sqrt{M^2+0.75T^2}\leqslant[\sigma]$$

5. 组合变形的普遍情况

一般情况下，在等直杆横截面上会存在三个内力分量 F_N、F_{Sy}、F_{Sz} 及三个内力偶矩分量 T、M_y、M_z。与 F_N、M_y 和 M_z 对应的正应力可按代数量相加，而与 F_{Sy}、F_{Sz} 和 T 对应的切应力应按矢量相加。

习　　题

8.1　图 8.16 所示的短柱不计自重。若铅垂力 $F=15$kN，试计算 B、C 点的正应力。

8.2　图 8.17 所示的矩形短柱不计自重。若铅垂力 $F=40$kN，试计算截面 $ABCD$ 上最大压应力。

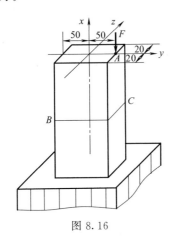

图 8.16

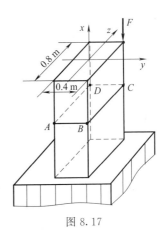

图 8.17

8.3　图 8.18 所示钻床的立柱为铸铁制成，偏心距 $e=400$mm。若力 $F=18$kN，材料的许用拉应力 $[\sigma_t]=35$MPa，试确定立柱所需直径 d。

8.4　图 8.19 所示的圆截面直角钢杆，直径 $d=7.5$mm。若力 $F=500$ N，试确定 C 点应力大小。

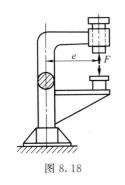

图 8.18

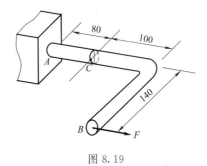

图 8.19

8.5　一带槽钢板（图 8.20），板宽 $b=80$mm，厚度 $\delta=10$mm，半圆形槽 $r=10$mm。若力 $F=80$kN，材料的许用应力 $[\sigma]=150$MPa，试校核钢板强度。如果在对称位置再开一个相同的槽，则结果又如何？

8.6　图 8.21 所示的带槽板件，板宽 $b=40$mm，厚度 $\delta=5$mm。若力 $F=12$kN，材料的许用应力 $[\sigma]=100$MPa，试确定板边切口的允许深度 x。

8.7　图 8.22 所示的构件，若 m—m 截面上的最大正应力为 $\sigma_{max}=210$MPa，试确定载荷 F。

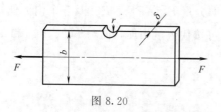

图 8.20

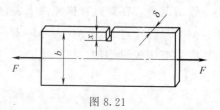

图 8.21

8.8 图 8.23 所示的矩形截面钢杆，用应变片测得其上、下表面的轴向正应变分别为 $\varepsilon_a = 1.0 \times 10^{-3}$ 和 $\varepsilon_b = 0.4 \times 10^{-3}$。若材料的弹性模量 $E = 210 \text{GPa}$，试确定拉力 F 及偏心距 e。

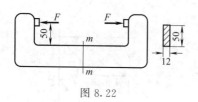

图 8.22

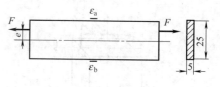

图 8.23

8.9 图 8.24 所示的结构中，杆 AB 的横截面为正方形，其边长 $a = 100 \text{mm}$。若已知长度 $l = 1 \text{m}$，作用力 $F = 30 \text{kN}$，材料的许用应力 $[\sigma] = 120 \text{MPa}$，试校核 AB 杆的强度。

8.10 图 8.25 所示的结构中，BC 为矩形截面杆。若已知长度 $l = 1 \text{m}$，作用力 $F = 8 \text{kN}$，材料的许用应力 $[\sigma] = 10 \text{MPa}$，试校核 BC 杆的强度。

8.11 如图 8.26（a）所示，一悬臂吊车横梁 AB 为工字钢，最大吊重 $W = 12 \text{kN}$。若材料为 Q235 钢，许用应力为 $[\sigma] = 100 \text{MPa}$，试选择工字钢的型号。

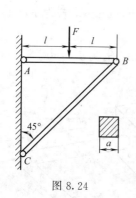

图 8.24

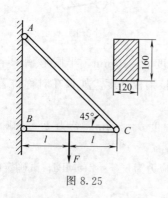

图 8.25

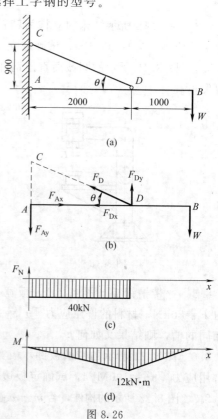

图 8.26

8.12　图 8.27 所示的圆轴受集中力和集中力偶作用。若已知长度 $l=0.6$m，作用力 $F=$ 4kN，材料的许用应力 $[\sigma]=140$MPa。试按第三强度理论设计该轴的直径 d。

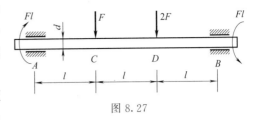

图 8.27

8.13　图 8.28 所示为水平放置的圆截面直角钢杆。若直径 $d=100$mm，$a=4$m，$b=3$m，在 C 点受铅垂力 $F=2$kN 作用，材料的许用应力 $[\sigma]=160$MPa。试按第三强度理论校核 AB 杆的强度。

8.14　图 8.28 所示为水平放置的圆截面直角钢杆。若 $a=150$mm，$b=140$mm，在 C 点受铅垂集中力 $F=1$kN 作用，材料的许用应力 $[\sigma]=160$MPa。试按第三强度理论确定 AB 杆的直径 d。

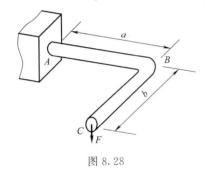

图 8.28

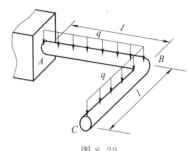

图 8.29

8.15　图 8.28 所示为水平放置的圆截面直角钢杆。若直径 $d=20$mm，$a=2b$，在 C 点受铅垂集中力 $F=0.2$kN 作用，材料的许用应力 $[\sigma]=170$MPa。试按第三强度理论确定长度 b 的许可值。

8.16　图 8.29 所示为水平放置的圆截面直角钢杆。若直径 $d=25$mm，$l=2$m，均布载荷 $q=1$kN/m，材料的许用应力 $[\sigma]=160$MPa。试按第四强度理论校核 AB 杆的强度。

8.17　某精密磨床砂轮轴的示意图如图 8.30 所示。若电动机功率 $P=3$kW，转子转速 $n=1400$r/min，转子重量 $W_1=101$N，砂轮直径 $D=250$mm，砂轮重量 $W_2=275$N，磨削力 $F_y:F_z=3:1$，砂轮轴直径 $d=50$mm，材料为轴承钢，许用应力 $[\sigma]=60$MPa。

（1）试用单元体表示危险点处的应力状态，并求出主应力和最大切应力。

（2）试用第三强度理论校核轴的强度。

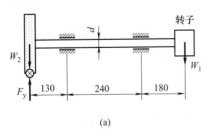

(a)

(b)

图 8.30

第九章　压杆稳定

第一节　压杆稳定的基本概念

在前面的一些章节中，已经讨论了构件在静力平衡状态下的应力、应变以及强度和刚度的计算问题。构件除了强度和刚度不足而引起失效外，有时还由于不能保持其原有的平衡状态而失效，这种失效形式称为丧失稳定性。

细长直杆两端受轴向压力作用，其平衡也有稳定性的问题。如液压装置的活塞杆（图9.1），当驱动工作台移动时，油缸活塞上的压力和工作台的阻力使活塞杆受到压缩。

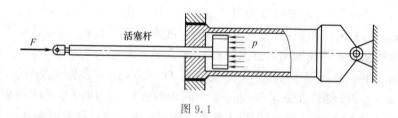

图 9.1

设有一等截面直杆，受轴向压力作用，杆件处于直线形状下的平衡。为判断平衡的稳定性，可以加一横向微小干扰力，使杆件发生微小的弯曲变形［图 9.2 (a)］，然后撤消此横向干扰力。当轴向压力较小时，撤消横向干扰力后杆件能够恢复到原来的直线平衡状态［图 9.2 (b)］，则原有的平衡状态是稳定平衡状态；当轴向压力增大到一定值时，撤消横向干扰力后杆件不能再恢复到原来的直线平衡状态［图 9.2 (c)］，则原有的平衡状态是不稳定平衡状态。压杆由稳定平衡过渡到不稳定平衡时所受轴向压力的临界值称为临界压力，或简称临界力，用 F_{cr} 表示。

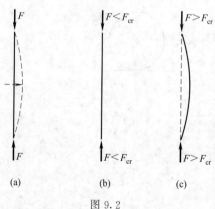

图 9.2

176

当 $F=F_{cr}$ 时，压杆处于稳定平衡与不稳定平衡的临界状态，称为临界平衡状态，这种状态的特点是：不受横向干扰时，压杆可在直线位置保持平衡；若受微小横向干扰并将干扰撤消后，压杆又可在微弯位置维持平衡，因此临界平衡状态具有两重性。

压杆处于不稳定平衡状态时，称为丧失稳定性，简称为失稳。显然，结构中的受压杆件绝不允许失稳。除压杆外，还有很多其他形式的工程构件同样存在稳定性问题，例如薄壁杆件的扭转与弯曲、薄壁容器承受外压以及薄拱等问题都存在稳定性问题，在图 9.3 中列举了几种薄壁结构的失稳现象。本章只讨论压杆的稳定性问题。

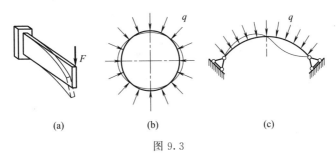

(a)　　　　(b)　　　　(c)

图 9.3

第二节　两端铰支细长压杆临界力的欧拉公式

下面以两端球形铰支、长度为 l 的等截面细长压杆为例，推导其临界力的计算公式。选取坐标系如图 9.4（a）所示，当轴向压力达到临界力 F_{cr} 时，压杆既可保持直线形态的平衡，又可保持微弯形态的平衡。假设压杆处于微弯状态的平衡，在临界力 F_{cr} 作用下压杆的轴线如图 9.4（a）所示。此时压杆距原点为 x 的任一截面的挠度为 $w=f(x)$，取隔离体如图 9.4（b）所示。

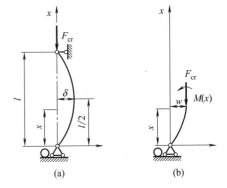

图 9.4

截面上的轴力为 F_{cr}，弯矩为

$$M(x)=F_{cr}w \tag{a}$$

按弯矩的正负号规定，F_{cr} 取正值，挠度以 y 轴正方向为正。将弯矩方程式（a）代入挠曲线的近似微分方程

$$\frac{\mathrm{d}^2 w}{\mathrm{d}x^2}=-\frac{M(x)}{EI}=-\frac{F_{cr}}{EI}w \tag{b}$$

令

$$\frac{F_{cr}}{EI}=K^2 \tag{c}$$

则式（b）可写成

$$\frac{\mathrm{d}^2 w}{\mathrm{d}x^2}+K^2 w=0 \tag{d}$$

这是一个二阶常系数线性微分方程，其通解为

$$w=A\sin Kx+B\cos Kx \tag{e}$$

式中，A 和 B 是积分常数，可由压杆两端的边界条件确定。此杆的边界条件为

$$在 \ x=0 \ 处，\quad w=0$$
$$在 \ x=l \ 处，\quad w=0$$

由边界条件的第一式得

$$B=0$$

于是式（e）成为

$$w=A\sin Kx \qquad\qquad\qquad (f)$$

由边界条件的第二式得

$$A\sin Kl=0$$

由于压杆处于微弯状态的平衡，因此 $A\neq 0$，所以

$$\sin Kl=0$$

由此得

$$Kl=n\pi \ (n=0,1,2,\cdots)$$

所以

$$K^2=\frac{n^2\pi^2}{l^2}$$

将上式代入式（c），得

$$F_{cr}=\frac{n^2\pi^2 EI}{l^2} \ (n=0,1,2,\cdots)$$

由于临界力是使压杆失稳的最小压力，因此 n 应取不为零的最小值，即取 $n=1$，所以

$$F_{cr}=\frac{\pi^2 EI}{l^2} \qquad\qquad\qquad (9.1)$$

上式即为两端球形铰支（简称两端铰支）细长压杆临界力 F_{cr} 的计算公式，由欧拉于 1744 年首先导出，所以通常称为欧拉公式。两端铰支压杆是实际工程中最常见的情况，例如内燃机配气机构中的挺杆、活塞杆和桁架结构中的受压杆等，一般都可简化成两端铰支杆。导出欧拉公式时，用变形以后的位置计算弯矩，如式（a）所示。这里不再使用原始尺寸原理，是稳定问题在处理方法上与以往的不同之处。应该注意，压杆的弯曲在其最小的刚度平面内发生，因此欧拉公式中的 I 应该是截面的最小形心主惯性矩。

第三节　不同支承条件下细长压杆临界力的欧拉公式

杆件受到轴向压力作用而发生微小弯曲时，其挠曲线的形式将与杆端的约束情况有直接的关系，这说明在其他条件相同的情况下，压杆两端的约束不同，其临界压力也不同。但在推导不同杆端约束条件下细长压杆的临界压力计算公式时，可以采用上述类似的方法进行推导。另外，也可以利用对比的方法，即将杆端为某种约束的细长受压杆在临界状态时的挠曲线形状与两端铰支受压杆的挠曲线形状进行对比分析，来得到该约束条件下的临界压力计算公式。本节利用该方法给出几种典型的约束条件下，理想中心受压直杆的临界压力计算公式。

由上节可知，两端铰支细长压杆的挠曲轴线的形状为半个正弦波。对于杆端为其他约束条件的细长压杆，若能够找到挠曲轴线上的两个拐点，即两个弯矩为零的截面，则可认为在

该截面处为铰链支承。所以，两拐点间的一段杆可视为两端铰支的细长压杆，而其临界压力应与相同长度的两端铰支细长压杆相同。

例如，对于一端固定、一端铰支的细长压杆，在其挠曲轴线上距固定端 $0.3l$ 处有一个拐点，这样上下两个铰链的长度为 $0.7l$，因此其临界压力应与长度为 $0.7l$ 且两端铰支细长压杆的临界压力公式相同；对于两端固定的细长压杆，两拐点间的长度为 $0.5l$，所以，只需将公式（9.1）中的长度 l 替换为 $0.5l$ 即可；而对于一端固定另一端自由且在自由端受到轴向压力的细长压杆，相当于两端铰支长为 $2l$ 的压杆挠曲线的上半部分等。表 9.1 给出了几种工程实际中常见的理想约束条件下细长压杆的挠曲线形状及其相应的欧拉公式。

表 9.1　各种支承约束条件下等截面细长压杆临界压力的欧拉公式

支承情况	两端铰支	一端固定另端铰支	两端固定	一端固定另端自由
临界状态时挠曲线形状		C——挠曲线拐点	CD——挠曲线拐点	
临界力公式	$F_{cr}=\dfrac{\pi^2 EI}{l^2}$	$F_{cr}=\dfrac{\pi^2 EI}{(0.7l)^2}$	$F_{cr}=\dfrac{\pi^2 EI}{(0.5l)^2}$	$F_{cr}=\dfrac{\pi^2 EI}{(2l)^2}$
长度系数 μ	$\mu=1$	$\mu\approx0.7$	$\mu=0.5$	$\mu=2$

由表 9.1 可知，对于各种不同约束条件下的等截面中心受压细长直杆的临界压力的欧拉公式可写成统一的形式

$$F_{cr}=\frac{\pi^2 EI}{(\mu l)^2} \tag{9.2}$$

式中，系数 μ 称为压杆的长度系数，与压杆的杆端约束情况有关；μl 称为原压杆的计算长度，又称相当长度，其物理意义就是在各种不同支承情况下两拐点之间的长度，即挠曲线上相当于半波正弦曲线的一段长度。

应当指出，当杆端在各个方向的约束情况相同时（如球形铰约束），欧拉公式中的惯性矩 I 应取最小值，即应取最小形心主惯性矩；而若在不同方向杆端约束情况不同（如柱形铰约束），则惯性矩 I 应取挠曲时横截面对其中性轴的惯性矩。另外，在工程实际中，由于实际支承与理想支承约束的差异，其长度系数 μ 应以表 9.1 中的参数作为参考来根据实际情况进行选取，在有关的设计规范中，对压杆的长度系数 μ 多有具体的规定。

第四节　欧拉公式的应用范围

一、欧拉公式的适用范围

将压杆的临界力 F_{cr} 除以横截面面积 A，即得压杆的临界应力

$$\sigma_{cr} = \frac{F_{cr}}{A} = \frac{\pi^2 EI}{(\mu l)^2 A} = \frac{\pi^2 E}{\left(\dfrac{\mu l}{i}\right)^2} \qquad (9.3)$$

式中，$i = \sqrt{\dfrac{I}{A}}$ 为压杆横截面对中性轴的惯性半径。令

$$\lambda = \frac{\mu l}{i} \qquad (9.4)$$

这是一个无量纲的参数，称为压杆的长细比或柔度。于是式（9.3）可写成

$$\sigma_{cr} = \frac{\pi^2 E}{\lambda^2} \qquad (9.5)$$

上式是临界应力的计算公式，实际上是欧拉公式的另一种形式。

在推导欧拉公式的过程中，曾用到了挠曲线的近似微分方程，而挠曲线的近似微分方程又是建立在胡克定律基础上的，因此只有材料在线弹性范围内工作时，即只有在 $\sigma_{cr} \leqslant \sigma_p$ 时，欧拉公式才能适用。于是欧拉公式的适用范围为

$$\sigma_{cr} = \frac{\pi^2 E}{\lambda^2} \leqslant \sigma_p$$

或写成

$$\lambda \geqslant \sqrt{\frac{\pi^2 E}{\sigma_p}} = \pi\sqrt{\frac{E}{\sigma_p}} = \lambda_p \qquad (9.6)$$

式中，λ_p 为能够应用欧拉公式中的压杆柔度界限值。通常称 $\lambda \geqslant \lambda_p$ 的压杆为大柔度杆，或细长压杆；而对于 $\lambda < \lambda_p$ 的压杆就不能应用欧拉公式。

压杆的 λ_p 值取决于材料的力学性能。例如，对于 Q235 钢，$E = 206\text{GPa}$，$\sigma_p = 200\text{MPa}$，则由式（9.6）可得

$$\lambda_p = \pi\sqrt{\frac{E}{\sigma_p}} = \pi\sqrt{\frac{206 \times 10^9 \text{Pa}}{200 \times 10^6 \text{Pa}}} \approx 100$$

因此用 Q235 钢制成的压杆，只有当柔度 $\lambda \geqslant 100$ 时才能应用欧拉公式计算临界力或临界应力。一些常用材料的 λ_p 值见表 9.2。

【例 9.1】 如图 9.5 所示，各杆均为圆截面细长压杆（$\lambda > \lambda_p$），已知各杆所用的材料和截面均相同，各杆的长度如图所示，问哪根杆能够承受的压力最大，哪根最小？

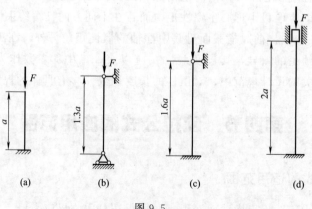

图 9.5

解：比较各杆的承载能力只需比较各杆的临界力，因为各杆均为细长杆，所以都可以用欧拉公式计算临界力

$$F_{cr}=\frac{\pi^2 EI}{(\mu l)^2}$$

由于各杆的材料和截面都相同，因此只需比较各杆的计算长度 μl 即可。

杆 a：$\mu l=2\times a=2a$

杆 b：$\mu l=1\times 1.3a=1.3a$

杆 c：$\mu l=0.7\times 1.6a=1.12a$

杆 d：$\mu l=0.5\times 2a=a$

临界力与 μl 的平方成反比，所以杆 d 能够承受的压力最大，杆 a 能够承受的压力最小。

【例 9.2】　如图 9.6 所示，一矩形截面的细长压杆，其两端用柱形铰与其他构件相连接。压杆的材料为 Q235 钢，$E=210\text{GPa}$，

（1）若 $l=2.3\text{m}$，$b=40\text{mm}$，$h=60\text{mm}$，试求其临界力；

（2）试确定截面尺寸 b 和 h 的合理关系。

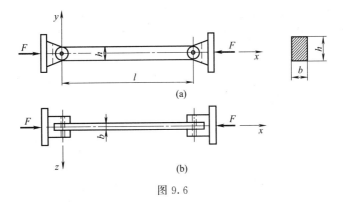

图 9.6

解：（1）若压杆在 $x\text{-}y$ 平面内失稳，则杆端约束条件为两端铰支，长度系数 $\mu_1=1$，惯性半径

$$i_z=\sqrt{\frac{I_z}{A}}=\sqrt{\frac{bh^3/12}{bh}}=\frac{h}{\sqrt{12}}=\frac{60\text{mm}}{\sqrt{12}}=17.3\text{mm}$$

$$\lambda_1=\frac{\mu_1 l}{i_z}=\frac{1\times 2.3\text{m}}{17.3\times 10^{-3}\text{m}}=133$$

若压杆在 $x\text{-}z$ 平面内失稳，则杆端约束条件为两端固定，长度系数 $\mu_2=0.5$，惯性半径

$$i_y=\sqrt{\frac{I_y}{A}}=\sqrt{\frac{b^3 h/12}{bh}}=\frac{b}{\sqrt{12}}=\frac{40\text{mm}}{\sqrt{12}}=11.5\text{mm}$$

$$\lambda_2=\frac{\mu_2 l}{i_y}=\frac{0.5\times 2.3\text{m}}{11.5\times 10^{-3}\text{m}}=100$$

由于 $\lambda_1>\lambda_2$，因此该杆失稳时将在 $x\text{-}y$ 平面内弯曲。该杆属于细长杆，可用欧拉公式计算其临界力

$$F_{cr}=\frac{\pi^2 EI_z}{(\mu l)^2}=\frac{\pi^2\times 210\times 10^9\text{Pa}\times\dfrac{0.04\text{m}\times 0.06^3\text{m}}{12}}{(1\times 2.3)^2\text{m}}=282\text{kN}$$

（2）若压杆在 x-y 平面内失稳，则其临界力为

$$F'_{cr}=\frac{\pi^2 EI_z}{l^2}=\frac{\pi^2 Ebh^3}{12l^2}$$

若压杆在 x-z 平面内失稳，则其临界力为

$$F''_{cr}=\frac{\pi^2 EI_z}{(0.5l)^2}=\frac{\pi^2 Ehb^3}{3l^2}$$

截面的合理尺寸应使压杆在 x-y 和 x-z 两个平面内具有相同的稳定性，即

$$F'_{cr}=F''_{cr}$$

$$\frac{\pi^2 Ebh^3}{12l^2}=\frac{\pi^2 Ehb^3}{3l^2}$$

由此可得

$$h=2b$$

二、中、小柔度杆的临界应力

如果压杆的柔度 $\lambda<\lambda_p$，则临界应力 σ_{cr} 大于材料的比例极限 σ_p，这时欧拉公式已不再适用，属于超过比例极限的压杆稳定问题。常见的压杆，如内燃机连杆、千斤顶螺杆等，其柔度 λ 就往往小于 λ_p。对超过比例极限后的压杆失稳问题，也有理论分析的结果。但工程中对这类压杆的计算，一般使用以试验结果为依据的经验公式。在这里我们介绍两种经常使用的经验公式：直线公式和抛物线公式。

1. 直线公式

$$\sigma_{cr}=a-b\lambda \tag{9.7}$$

式中，a 和 b 是与材料力学性能有关的常数，一些常用材料 a 和 b 的值见表 9.2。

显然临界应力不能大于极限应力 σ_u（塑性材料为屈服极限，脆性材料为强度极限），因此直线型经验公式也有其适用范围。对于塑性材料，按公式（9.7）算出的应力最高只能等于 σ_s，即

$$a-b\lambda=\sigma_s$$

若相应的柔度为 λ_s，则

$$\lambda_s=\frac{a-\sigma_s}{b} \tag{9.8}$$

$\lambda_s\le\lambda<\lambda_p$ 的压杆可使用直线型经验公式（9.7）计算其临界应力，这样的压杆称为中柔度压杆，一些常用材料的 λ_s 值可在表 9.2 中查到。对于脆性材料可用 σ_b 代替 σ_s 而得到 λ_s，$\lambda<\lambda_s$ 的压杆称为小柔度杆或短粗杆，对于小柔度杆不会因失稳而破坏，只会因压应力达到极限应力而破坏，属于强度破坏，因此小柔度杆的临界应力即为极限应力。

表 9.2　几种常见材料的直线公式系数 a、b 及柔度 λ_p、λ_s

材料	a/MPa	b/MPa	λ_p	λ_s
Q235 钢	304	1.12	100	61.4
优质碳钢，$\sigma_s=306$MPa	460	2.57	100	60
硅钢，$\sigma_s=353$MPa	577	3.74	100	60
铬钼钢	980	5.3	55	40

续表

材料	a/MPa	b/MPa	λ_p	λ_s
硬铝	372	2.14	50	
铸铁	332	1.45	80	
木材	39	0.2	50	

上述经验公式也仅适用于杆柔度的一定范围。对于塑性材料制成的压杆，当其临界应力等于材料的屈服极限时，压杆就会发生屈服，而应按强度问题来考虑。因此，应用直线公式时，压杆的临界应力不能超过屈服极限 σ_s。

2. 抛物线公式

$$\sigma_\text{cr} = a_1 - b_1 \lambda^2 \qquad (9.9)$$

式中，a_1、b_1 为与材料力学性能有关的常数。

三、压杆的临界应力总图

由上述讨论可知，压杆的临界应力 σ_cr 的计算与柔度 λ 有关，在不同的 λ 范围内计算方法也不同。压杆的临界应力 σ_cr 与柔度 λ 之间的关系曲线称为压杆的临界应力总图，塑性材料的临界应力总图如图 9.7 所示。

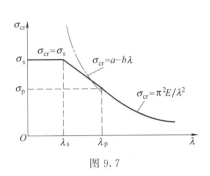

图 9.7

第五节　压杆的稳定性校核

以前的讨论表明，对各种柔度的压杆，总可用欧拉公式或经验公式求出相应的临界应力，乘以横截面面积 A 便为临界压力 F_cr。F_cr 与工作压力 F 之比即为压杆的工作安全因数 n，它应大于规定的稳定安全因数 n_st，故有

$$n = \frac{F_\text{st}}{F} \geqslant n_\text{st} \qquad (9.10)$$

稳定安全因数 n_st 一般要高于强度安全因数。这是因为工程实际中存在一些难以避免的因素，如杆件的初弯曲、压力偏心、材料不均匀和支座缺陷等，都严重地影响压杆的稳定性，降低了临界压力。而同样这些因素，对压杆强度的影响就不像对稳定性那么严重。关于稳定安全因数 n_st，一般可在设计手册或规范中查到。

【例 9.3】　空气压缩机的活塞杆由 45 钢制成，$\sigma_\text{s} = 350\text{MPa}$，$\sigma_\text{p} = 280\text{MPa}$，$E = 210\text{GPa}$；长度 $l = 703\text{mm}$，直径 $d = 45\text{mm}$；最大压力 $F_\text{max} = 41.6\text{kN}$，$a = 461\text{MPa}$，$b = 2.568\text{MPa}$；规定稳定安全因数为 $n_\text{st} = 8 \sim 10$，试校核其稳定性。

解：

$$\lambda_\text{p} = \pi \sqrt{\frac{E}{\sigma_\text{p}}} = \pi \sqrt{\frac{210 \times 10^9 \text{Pa}}{280 \times 10^6 \text{Pa}}} = 86$$

活塞杆简化成两端铰支杆，$\mu = 1$。截面为圆形，$i = \sqrt{\dfrac{I}{A}} = \dfrac{d}{4}$。柔度为

$$\lambda = \frac{\mu l}{i} = \frac{\mu l}{\dfrac{d}{4}} = 62.5$$

$$\lambda < \lambda_p$$

杆件是非大柔度杆，所以不能用欧拉公式计算临界压力。由公式

$$\lambda_s = \frac{a - \sigma_s}{b} = \frac{(461 - 350)\text{MPa}}{2.568\text{MPa}} = 43.2$$

可见活塞杆的柔度 λ 介于 λ_s 和 λ_p 之间（$\lambda_s < \lambda < \lambda_p$），是中等柔度压杆。由直线公式求出临界应力为

$$\sigma_{cr} = a - b\lambda = 461\text{MPa} - 2.568\text{MPa} \times 62.5 = 301\text{MPa}$$

临界压力为

$$F_{cr} = \sigma_{cr} A = \frac{\pi}{4}(301 \times 10^6\,\text{Pa}) \times (45 \times 10^{-3}\,\text{m})^2 = 478\text{kN}$$

活塞杆的工作安全因数为

$$n = \frac{F_{cr}}{F_{max}} = \frac{478\text{kN}}{41.6\text{kN}} = 11.5 > n_{st}$$

所以满足稳定性要求。

【例 9.4】 某液压驱动装置的油缸活塞如图 9.1 所示。油缸活塞直径 $D = 65\text{mm}$，油压 $p = 1.2\text{MPa}$。活塞杆长度 $l = 1250\text{mm}$，材料为 35 钢，$\sigma_p = 220\text{MPa}$，$E = 210\text{GPa}$。若 $n_{st} = 6$，试确定活塞杆的直径。

解： 活塞杆承受的轴压力应为

$$F = \frac{\pi}{4}D^2 p = \frac{\pi}{4}(65 \times 10^{-3}\,\text{m})^2 \times (1.2 \times 10^6\,\text{Pa}) = 3982\text{N}$$

如在稳定条件 [式 (9.10)] 中取等号，则活塞杆的临界压力应该是

$$F_{cr} = n_{st} F = 6 \times 3982\text{N} = 23.9 \times 10^3\,\text{N} \tag{a}$$

现在需要确定活塞的直径 d，使它具有上列数值的临界压力。由于直径尚待确定，无法求出活塞杆的柔度 λ，自然也不能判定究竟应该用欧拉公式还是用经验公式计算。为此，先由欧拉公式确定活塞杆的直径，待直径确定后，再检查是否满足使用欧拉公式的条件。

把活塞杆的两端简化为铰支座，由欧拉公式求得临界压力为

$$F_{cr} = \frac{\pi^2 EI}{(\mu l)^2} = \frac{\pi^2 (210 \times 10^9\,\text{Pa})\dfrac{\pi}{64}d^4}{(1 \times 1.25\,\text{m})^2} \tag{b}$$

由式 (a) 和式 (b) 两式解出

$$d = 0.0246\text{m} = 24.6\text{mm}, \quad 取\ d = 25\text{mm}$$

用所确定的 d 计算活塞杆的柔度

$$\lambda = \frac{\mu l}{i} = \frac{1 \times 1250\text{mm}}{\dfrac{25\text{mm}}{4}} = 200$$

对所用材料 35 钢来说，由公式求得

$$\lambda_p = \pi\sqrt{\frac{E}{\sigma_p}} = \pi\sqrt{\frac{210 \times 10^9\,\text{Pa}}{220 \times 10^6\,\text{Pa}}} = 97.1$$

由于 $\lambda > \lambda_p$，所以前面用欧拉公式进行的试算是正确的。

我国钢结构设计规范中，规定轴心受压杆件的稳定性按下式计算

$$\frac{F_N}{\varphi A} \leqslant f$$

式中，F_N 为压杆的轴力；f 为强度设计值，与材料无关，例如对 Q235 钢可取 $f = 215\text{MPa}$；φ 为稳定因数，与压杆材料、截面形状和柔度有关。f 和 φ 都可从规范中查到，上式自然可以写成

$$\sigma = \frac{F_N}{A} \leqslant \varphi f \tag{9.11}$$

由于使用上式时要涉及与规范有关的较多内容，这里就不再举例。

第六节 提高压杆稳定性的措施

由以上各节的讨论可知，压杆的临界应力或临界压力的大小，直接反映了压杆稳定性的高低。提高压杆稳定性的关键，在于提高压杆的临界压力或临界应力，而影响压杆临界应力或临界压力的因素有：压杆的截面形状、长度和约束条件、材料的性质等。因而，我们从这几方面入手，讨论如何提高压杆的稳定性。

1. 选择合理的截面形状

从欧拉公式 $\left(\sigma_{cr} = \dfrac{\pi^2 E}{\lambda^2}\right)$ 和直线型经验公式 $(\sigma_{cr} = a - b\lambda)$ 可看到，柔度 λ 越小，临界应力越高。由于 $\lambda = \dfrac{\mu l}{i}$，所以提高惯性半径 i 的数值就能减小 λ 的数值。可见，如不增加截面面积 A，则尽可能把材料放在离截面形心较远处，以取得较大的 I 和 i，就等于提高了临界应力和临界压力。例如，图 9.8 所示的两组截面，图（a）与图（b）的面积相同，图（a）的 I 和 i 要比图（b）大得多；由四根角钢组成的起重机的起重臂 [图 9.9（a）]，其四根角钢分散布置在截面的四角 [图 9.9（b）]，比集中布置在截面形心附近 [图 9.9（c）] 更为合理。

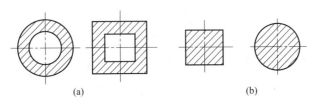

图 9.8

由型钢组成的桥梁桁架中的压杆或建筑物中的柱，也都是把型钢分开安放，如图 9.10 所示。当然，也不能为了取得较大的 I 和 i，就无限制地增加环形截面的直径并减小其壁厚，这将使其变成薄壁圆管而引起局部失稳，发生局部折皱的危险。对于由型钢组成的组合压杆，也要用足够的缀条或缀板把分开放置的型钢连成一个整体（图 9.9 和图 9.10）。否则，各条型钢将变为分散单独的受压杆件，反而降低了稳定性。

当压杆两端在各弯曲平面内的约束条件相同时，失稳总是发生在最小刚度的平面内。因此，当截面面积一定时，要使压杆在各方向上的惯性矩 I 相等并尽可能大些，如图 9.8～图 9.10

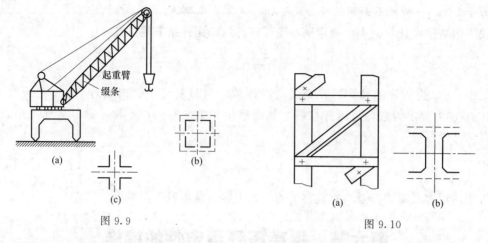

图 9.9

图 9.10

所示。但是，某些压杆在不同的纵向平面内，μl 并不相同。例如，发动机的连杆，在摆动平面的平面内，两端可简化为铰支座 [图 9.11 (a)]，$\mu_1 = 1$；而在垂直于摆动平面的平面内，两端可简化为固定端 [图 9.11 (b)]，$\mu_2 = 1/2$。这就要求连杆截面对两个主形心惯性轴 x 和 y 有不同的 i_x 和 i_y，使得在两个主惯性平面内的柔度 $\lambda_1 = \dfrac{\mu_1 l_1}{i_x}$ 和 $\lambda_2 = \dfrac{\mu_2 l_2}{i_y}$ 接近相等。这样，连杆在两个主惯性平面内仍可以有接近相等的稳定性。

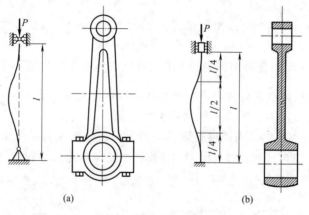

图 9.11

2. 改变压杆的约束条件或者增加中间支座

从本章第三节以及 $\lambda = \dfrac{\mu l}{i}$ 可以看出，改变压杆的支座情况、压杆的有效长度 l，都直接影响临界压力的大小。从表 9.1 可知，两端约束加强，长度系数 μ 增大。此外，减小长度 l，如中间支座的使用等，也可大大增大杆件的临界压力 F_{cr}。如图 9.12 所示，杆件的临界压力变为原来的四倍。

$$F_{cr} = \frac{\pi^2 EI}{\left(\dfrac{1}{2}l\right)^2} = \frac{4\pi^2 EI}{l^2}$$

3. 合理选择材料

大柔度压杆，临界应力与材料的弹性模量 E 成正比。因此钢压杆比铜、铸铁或铝制压杆的临界载荷高。但各种钢材的 E 基本相同，所以对大柔度杆选用优质钢材与低碳钢并无多大差别。中柔度压杆，由临界应力总图可以看到，材料的屈服极限 σ_s 和比例极限 σ_p 越高，则临界应力就越大。这时选用优质钢材会提高压杆的承载能力。小柔度压杆，本来就是强度问题，优质钢材的强度高，其承载能力的提高是显然的。

4. 改善结构的形式

对于压杆，除了可以采取上述几方面的措施以提高其承载能力外，在可能的条件下，还可以从结构方面采取相应的措施。如图 9.13（a）中的压杆 AB 改变为图 9.13（b）中的拉杆 AB。

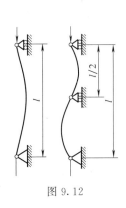

图 9.12

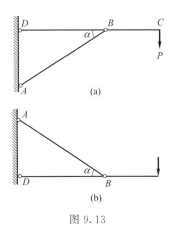

图 9.13

小　结

工程实际的压杆稳定问题的计算步骤：

（1）根据 $i=\sqrt{\dfrac{I}{A}}$，确定 i 值。

（2）根据 $\lambda=\dfrac{\mu l}{i}$、$\lambda_p=\pi\sqrt{\dfrac{E}{\sigma_p}}$，计算得出 λ 及 λ_p；如果 $\lambda\geqslant\lambda_p$，即为大柔度杆，可用欧拉公式 $F_{cr}=\dfrac{\pi^2 EI}{(\mu l)^2}$、$\sigma_{cr}=\dfrac{\pi E}{\lambda^2}$ 得到临界压力 F_{cr}。

（3）如果 $\lambda<\lambda_p$，根据 $\lambda_s=\dfrac{a-\sigma_s}{b}$，得到 λ_s；若 $\lambda_s\leqslant\lambda<\lambda_p$，可用经验公式 $\sigma_{cr}=a-b\lambda$ 得到临界应力。

（4）若 $\lambda<\lambda_s$，是压杆的强度问题。

（5）根据 $\dfrac{F_{cr}}{F_{max}}=\dfrac{\sigma_{cr}A}{F_{max}}\geqslant n_{st}$，进行稳定性校核。

习　题

9.1　图 9.14 所示的细长杆，两端为球形铰支，弹性模量 $E=200\text{GPa}$，试用欧拉公式计算其临界压力。

（1）圆形截面，$d=25\text{mm}$，$l=1000\text{mm}$；

（2）矩形截面，$h=25\text{mm}$，$b=20\text{mm}$，$l=1000\text{mm}$；

（3）16 号工字钢，$l = 2000\text{mm}$。

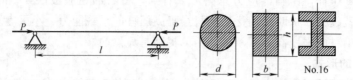

图 9.14

9.2 一木柱两端铰支，其横截面为 $120\text{mm} \times 200\text{mm}$ 的矩形，长度为 4m。木材的 $E = 10\text{GPa}$，$\sigma_\text{p} = 20\text{MPa}$。试求木柱的临界应力。

9.3 如图 9.15 所示为某型飞机起落架中承受轴向压力的斜撑杆。杆为空心圆管，外径 $D = 52\text{mm}$，内径 $d = 44\text{mm}$，$l = 950\text{mm}$。材料为 30CrMnSiNi2A，$\sigma_\text{s} = 1600\text{MPa}$，$\sigma_\text{p} = 1200\text{MPa}$，$E = 210\text{GPa}$。试求斜撑杆的临界压力 F_cr 和临界应力 σ_cr。

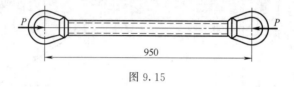

950

图 9.15

9.4 三根圆截面压杆，直径均为 $d = 160\text{mm}$，材料为 Q235 钢，$E = 200\text{GPa}$，$\sigma_\text{p} = 200\text{MPa}$，$\sigma_\text{s} = 240\text{MPa}$。两端均为铰支，长度分别为 l_1、l_2 和 l_3，且 $l_1 = 2l_2 = 4l_3 = 5\text{m}$。试求各杆的临界压力 F_cr。

9.5 无缝钢管厂的穿孔顶杆如图 9.16 所示，杆端承受压力。杆长 $l = 4.5\text{m}$，横截面直径 $d = 15\text{cm}$。材料为低合金钢，$E = 210\text{GPa}$。两端可简化为铰支座，规定的稳定安全系数为 $n_\text{st} = 3.3$，试求杆的许可载荷。

9.6 一木柱两端铰支，其截面为 $120\text{mm} \times 200\text{mm}$ 的矩形，长度为 4m。木材的 $E = 10\text{GPa}$，$\sigma_\text{p} = 20\text{MPa}$。试求木柱的临界压力。计算临界压力的公式有：

（a）欧拉公式（大柔度压杆）；

（b）直线公式 $\sigma_\text{cr} = 28.7 - 0.19\lambda$（中等柔度压杆，$\sigma_\text{cr}$ 以 MPa 计）。

9.7 图 9.17 所示为蒸汽机的活塞杆 AB，所受的压力 $P = 120\text{kN}$，$l = 1.8\text{m}$，横截面为圆形，直径 $d = 7.5\text{cm}$。材料为 Q275 钢，$E = 210\text{GPa}$，$\sigma_\text{p} = 240\text{MPa}$。规定 $n_\text{st} = 8$，试校核活塞杆的稳定性。

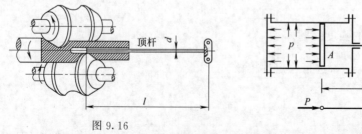

图 9.16

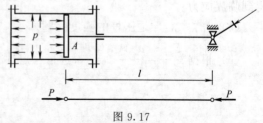

图 9.17

9.8 在图 9.18 所示的铰接杆系 ABC 中，AB 和 BC 皆为细长压杆，且截面相同，材料一样。若因在 ABC 平面内失稳而破坏，试确定 P 为最大值时的 θ 角。

9.9 由三根钢管构成的支架如图 9.19 所示。钢管的外径为 30mm，内径为 22mm，稳

定安全系数 $n_{st} = 3$，长度 $l = 2.5\text{m}$，$E = 210\text{GPa}$，在支座的顶点三杆铰接，试求许可载荷 P。

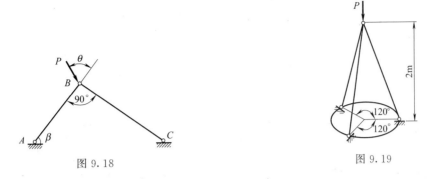

图 9.18　　　　　　　　　　　　　　　图 9.19

9.10　蒸汽机车的连杆如图 9.20 所示，截面为工字形，材料为 Q235 钢。连杆所受的最大轴向压力为 465kN。连杆在摆动平面（x-y 平面）内发生弯曲时，两端可认为是铰支，而在与摆动平面垂直的 x-z 平面内发生弯曲时，两端可认为是固定支座。试确定其工作安全系数。

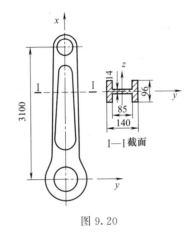

图 9.20

9.11　两端固定的管道厂为 2m，内径 $d = 30\text{mm}$，外径 $D = 40\text{mm}$。材料为 Q235 钢，$E = 210\text{GPa}$，线胀系数 $a_1 = 125 \times 10^{-7} \text{℃}^{-1}$。若安装管道时的温度为 10℃，试求不引起管道失稳的最高温度。

9.12　由压杆挠曲线的近似微分方程式，导出一端固定、另一端自由的压杆的欧拉公式。

第十章 动 荷 载

第一节 概 述

前面研究了静载荷作用下的强度、刚度和稳定性问题。所谓静载荷，是指构件所承受的载荷从零开始缓慢地增加到最终值，然后不再随时间而改变。这时，构件在变形过程中各质点的加速度很小，加速度对变形和应力的影响可以忽略不计。当载荷引起构件质点的加速度较大，不能忽略它对变形和应力的影响时，这种载荷就称为动载荷。

构件在动载荷作用下产生的应力和变形分别称为动应力和动变形。实验表明，在静载荷下服从胡克定律的材料，只要动应力不超过比例极限，在动载荷下胡克定律仍然有效，并且弹性模量也与静载荷时相同。

根据加载速度和应力随时间变化情况的不同，工程中常遇到下列三类动荷载。

（1）作等加速运动或等速转动时构件的惯性力，例如起吊重物、旋转飞轮等。对于这类构件，主要考虑运动加速度对构件应力的影响，材料的机械性质可认为与静荷载时相同。

（2）冲击荷载，它的特点是加载时间短，荷载的大小在极短时间内有较大的变化，因此加速度及其变化都很剧烈，不易直接测定。冲击波或爆炸是冲击荷载的典型来源。工程中的冲击实例很多，例如汽锤锻造、落锤打桩、传动轴突然刹车等。这类构件的应力及材料机械性质都与静荷载时不同。

（3）周期性荷载，它的特点是在多次循环中，荷载相继呈现相同的时间历程，如旋转机械装置因质量不平衡引起的离心力。对于承受这类动荷载的构件，荷载产生的瞬时应力可以近似地按静荷载公式计算，但其材料的机械性质与静荷载时有很大区别。

动荷载问题的研究分为两个方面。一方面是由动荷载引起的应力、应变和位移的计算；另一方面是动荷载下的材料行为。本章属基本知识介绍，只讨论前两种情况下简单问题的应力和位移的计算，对于第三种情况，则只介绍有关的基本概念，以唤起读者对动荷载问题的注意。在解决实际问题时，需遵照有关规范要求进行分析计算。

第二节　杆件作等加速直线运动时的应力计算

构件承受静荷载时，可根据静力平衡方程确定支反力及内力。当杆件作加速运动时，考虑加速度的影响，由牛顿第二定律可知

$$\sum F = \rho g a \tag{10.1}$$

式中，$\sum F$ 为杆件所受外力的合力；ρ 为材料密度；g 为重力加速度；a 为杆件的加速度。在静荷载时，$a = 0$，此时，式（10.1）即为静力平衡方程。若令

$$\sum F' = -\rho g a'$$

式中，$\sum F'$ 称为惯性力，则式（10.1）可写成

$$\sum F + F' = 0 \tag{10.2}$$

这样，就可将对运动构件的分析式（10.1），看成添加惯性力后的平衡问题式（10.2）来处理。这种将运动问题转化成平衡问题来分析的方法，称为达朗伯原理，又称为动静法。下面介绍它的应用。

一、动荷拉伸压缩时杆的应力

现用起重机以匀加速起吊构件为例，来说明构件作等加速直线运动时动荷应力的计算方法。

图 10.1（a）所示为一被起吊时的杆件，其横截面面积为 A，长为 l，材料密度为 ρ，吊索的起吊力为 F，起吊时的加速度为 a，方向向上。要求杆中任意横截面 I—I 的正应力。

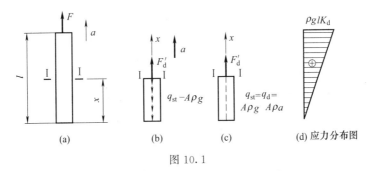

图 10.1

仍用截面法，取任一截面 I—I 以下部分杆为脱离体，该部分杆长为 x ［图 10.1（b）］，脱离体所受外力有自身的重力，其集度为

$$q_{st} = A\rho g \tag{a}$$

有截面 I—I 上的轴力 F_d'，根据动静法（达朗伯原理），如果把这部分杆的惯性力作用为虚拟的力，则其集度为

$$q_d = \frac{A\rho g}{g} a \tag{b}$$

方向与加速度 a 相反 ［图 10.1（c）］。则作用在这部分杆上的自重、惯性力和轴力（即动荷轴力）可看作是平衡力系。应用平衡条件很易求得动荷轴力 F_d'。

根据平衡条件 $\sum F_x = 0$，有

材料力学

$$F_d' - (q_{st} + q_d)x = 0$$

由此求得

$$F_d' = (q_{st} + q_d)x \tag{c}$$

将式（a）和式（b）代入上式，得

$$F_d' = \left(A\rho g + A\rho g \frac{a}{g}\right)x = A\rho g x\left(1 + \frac{a}{g}\right) \tag{d}$$

式中，$A\rho g x$ 是这部分杆的自重，相当于静荷载。相应的轴力以 F_{st}' 表示：

$$F_{st}' = A\rho g x \tag{e}$$

称为静荷轴力。于是式（d）可改写成

$$F_d' = F_{st}'\left(1 + \frac{a}{g}\right) \tag{f}$$

由式可见，动荷轴力等于静荷轴力乘以系数 $\left(1 + \frac{a}{g}\right)$，以 K_d 表示：

$$K_d = 1 + \frac{a}{g} \tag{10.3}$$

K_d 称为杆件作铅垂匀加速上升运动时的动荷系数，它与加速度 a 成比例，将式（10.3）代入式（f）得

$$F_d' = F_{st}'K_d \tag{10.4}$$

即动荷轴力等于静荷轴力乘以动荷系数。当 $a=0$ 时，$K_d=1$，即动荷轴力等于静荷轴力。

欲求截面上的动荷正应力 σ_d，将动荷轴力除以截面面积 A 即得。

由式（d），有

$$\sigma_d = \frac{F_d'}{A}\rho g x\left(1 + \frac{a}{g}\right) \tag{g}$$

式中，$\rho g x$ 即为静荷应力 σ_{st}，所以上式也可写成

$$\sigma_d = \sigma_{st}K_d \tag{10.5}$$

即动荷应力等于静荷应力乘以动荷系数。

图 10.1（d）为动荷应力 σ_d 图，它是 x 的线性函数，当 $x=l$ 时，由式（g）可得最大动荷应力 σ_{dmax} 为

$$\sigma_{dmax} = \rho g l\left(1 + \frac{a}{g}\right) = \sigma_{stmax}K_d \tag{10.6}$$

同理，欲求动荷伸长或缩短 Δl_d，也可由静荷伸长或缩短 Δl_{st} 乘以动荷系数 K_d 得到

$$\Delta l_d = \Delta l_{st}K_d \tag{h}$$

二、动荷弯曲时梁的应力计算

图 10.2（a）为一由起重机起吊的梁，上升加速度为 a，设梁长为 l，梁的密度为 ρ。则每单位梁长的自重（静荷集度）为 $\rho g x$，惯性力为 $\frac{A\rho g x}{g}a$。将静荷集度与惯性力相加，并以 q_d 表示得

$$q_d = A\rho g + \frac{A\rho g}{g}a = A\rho g\left(1 + \frac{a}{g}\right) = q_{st}K_d \tag{i}$$

q_d 称为动荷集度，此式表明动荷集度仍可表为静荷集度 q_{st} 乘以动荷系数 K_d，于是可以把

192

梁看作为一无重梁，该梁沿全长受集度为 q_d 的均布荷载作用，如图 10.2（b）所示。

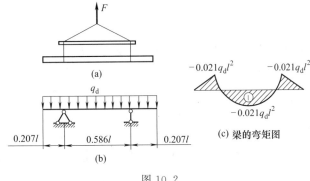

(a)

(b)

(c) 梁的弯矩图

图 10.2

适当选择吊装点［图 10.2（a）］，可使梁内正弯矩的最大值与负弯矩的最大绝对值相等，其值为

$$M_d = 0.02lq_dl^2 = 0.02lq_{st}l^2K_d = M_{st}K_d \tag{j}$$

式中，M_{st} 为最大静荷（自重）弯矩，相应的弯矩图示于图 10.2（c）。危险截面的最大动荷应力 σ_{dmax} 为

$$\sigma_{dmax} = \frac{M_d}{W} = \frac{M_{st}}{W}K_d = \sigma_{stmax}K_d \tag{k}$$

式中，$\sigma_{stmax} = \dfrac{M_{st}}{W}$ 是由静荷载所引起的最大正应力。

不论是动荷拉压问题或动荷弯曲问题，求得最大动荷应力 σ_{dmax} 后，仍可像以前那样，来建立强度条件

$$\sigma_{dmax} = \sigma_{stmax}K_d \leqslant [\sigma] \tag{10.7}$$

式中，$[\sigma]$ 仍是静荷计算中的许用应力。上式也可写成

$$\sigma_{stmax} \leqslant \frac{[\sigma]}{K_d} \tag{10.8}$$

此式表明，验算动荷强度时，也可用静荷应力建立强度条件，只要把许用应力 $[\sigma]$ 除以动荷系数 K_d 即可。

第三节　杆件作等角速度转动时的应力计算

图 10.3（a）为一根长为 l，截面面积为 A 的等直杆 OB，其位置是水平的，O 端与刚性的竖直轴 z 连接，设它以角速度 ω 绕 z 轴作等速转动，现来研究其横截面上的动荷应力。

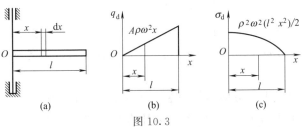

(a)　　(b)　　(c)

图 10.3

由于杆绕 O 点作匀速转动，由运动学知，杆内任一质点的切向加速度都为零，因此只有向心加速度 a_n，其值为

$$a_n = x\omega^2 \tag{10.9}$$

式中，x 为质点到转动中心 O 的距离。相应地就有惯性力，其大小为 $ma_n = mx\omega^2$，方向与向心加速度相反，式中 m 为质点质量。此惯性力沿杆全长分布，设 ρ 为材料密度，则其集度为

$$q_d = x\omega^2 A\rho \tag{a}$$

与 x 成比例，如图 10.3（b）所示。

现于离 O 端 x 处，用相距为 dx 的二横截面截取一微段，则其惯性力 dF_d 为

$$dF_d = q_d dx = A\rho\omega^2 x\, dx \tag{b}$$

欲求 x 截面上的动荷内力 $F_d'(x)$，可在 x 截面处把杆截开，取 $x \sim l$ 段杆为脱离体，求出它的惯性力之和。

$$\int_x^l dF = \int_x^l A\rho\omega^2 x\, dx$$

然后，根据动静法，即得

$$F_d'(x) = \int_x^l A\rho\omega^2 x\, dx = A\rho\omega^2 \frac{l^2 - x^2}{2} \tag{c}$$

动荷应力 $\sigma_d(x)$ 为

$$\sigma_d(x) = \frac{F_d'(x)}{A} = \rho\omega^2 \frac{l^2 - x^2}{2} \tag{d}$$

其分布规律如图 10.3（c）所示。最大动荷应力发生在 $x = 0$ 处，即靠近 z 轴处，其值为

$$\sigma_{dmax} = \frac{\rho\omega^2 l^2}{2} \tag{10.10}$$

下面讨论圆环绕通过圆心且垂直于圆环平面的轴作匀角速旋转的情况，如图 10.4（a）所示。机械里的飞轮或带轮等作匀速转动时，若不计轮辐的影响，就是这种情况的实例。

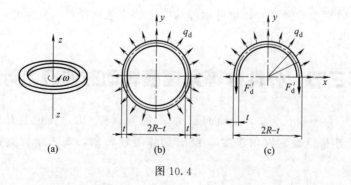

图 10.4

设环的宽度为 t，平均半径为 R，且 t 远小于 R，截面面积为 A。圆环作匀角速转动时，有向心加速度 $a_n = R\omega^2$，于是各质点将产生离心惯性力，集度为

$$q_d = A\rho\omega^2 R \tag{e}$$

其作用点假设在平均圆周上，方向向外辐射，如图 10.4（b）所示。

欲求截面上的动荷内力 F_d'，可取半个圆环为脱离体［图 10.4（c）］，按动静法，脱离

体受离心惯性力 q_d 及动荷轴力 F_d' 的作用而平衡，于是由 $\sum F_y = 0$，有

$$2F_d' = \int_0^\pi q_d \sin\varphi R\,\mathrm{d}\varphi = q_d \times 2R$$

由此得

$$F_d' = A\rho\omega^2 R^2 \tag{f}$$

动荷应力为

$$\sigma_d = \frac{F_d'}{A} = \rho\omega^2 R^2 = \rho v^2 \tag{10.11}$$

强度条件为

$$\sigma_d = \rho v^2 \leqslant [\sigma] \tag{10.12}$$

上式表明，对于同样半径的圆环，其应力的大小与截面积 A 的大小无关，而与角速度 ω^2 成比例。所以，要保证圆环的强度，须限制圆环的转速。

【例 10.1】　在 AB 轴的 B 端有一个质量很大的飞轮（图 10.5），与飞轮相比，轴的质量可以忽略不计。轴的另一端 A 装有刹车离合器。飞轮的转速为 $n = 100\,\mathrm{r/min}$，转动惯量为 $I_x = 0.5\,\mathrm{kN \cdot m \cdot s^2}$。轴的直径 $d = 100\,\mathrm{mm}$。若刹车时要使轴在 $10\mathrm{s}$ 内均匀减速停止转动，求轴内最大动应力。

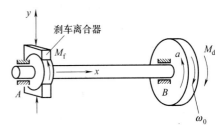

图 10.5

解：飞轮与轴的转动角速度为

$$\omega_0 = \frac{n \times 2\pi}{60} = \frac{10\pi}{3}(\mathrm{rad/s})$$

当飞轮与轴同时作均匀减速转动时，其角加速度为

$$a = \frac{\omega_1 - \omega_0}{t} = \frac{\left(0 - \frac{10}{3}\pi\right)\mathrm{rad/s}}{10\mathrm{s}} = -\frac{\pi}{3}\mathrm{rad/s}$$

等号右边的负号表示 a 与 ω_0 转向相反，如图 10.5 所示。按动静法，在飞轮上加上转向与 a 相反的矩为 M_d 的惯性力偶，且

$$M_d = -I_x a = -(0.5\mathrm{kN \cdot m \cdot s^2})\left(-\frac{\pi}{3}\mathrm{rad/s^2}\right) = \frac{0.5\pi}{3}\mathrm{kN \cdot m}$$

式中，$-I_x a$ 中的负号表示 M_d 的转向与 a 相反。设作用于轴 A 端的摩擦力偶之矩为 M_f，由平衡方程 $\sum M_x = 0$，求出

$$M_f = M_d = \frac{0.5\pi}{3}\mathrm{kN \cdot m}$$

摩擦力偶 M_f 和惯性力偶 M_d 引起 AB 轴的扭转变形，横截面上的扭矩为

$$T = M_d = \frac{0.5\pi}{3}\mathrm{kN \cdot m}$$

横截面上的最大扭转切应力为

$$\tau_{\max} = \frac{T}{W_t} = \frac{\frac{0.5\pi}{3} \times 10^3\,\mathrm{N \cdot m}}{\frac{\pi}{16}(100 \times 10^{-3}\,\mathrm{m})^3} = 2.67 \times 10^6\,\mathrm{Pa} = 2.67\mathrm{MPa}$$

第四节　杆件受冲击时的应力和变形

一、概述

冲击是指因力、速度和加速度等参量急剧变化而激起的系统的瞬间运动。在物体碰撞、炸药爆炸、地震等过程中，都会产生冲击；受冲击作用的结构上会产生幅值很大的加速度和应力。

本节仅讨论简单冲击现象。例如，当一运动物体以某一速度与另一静止物体相撞时，物体的速度在极短的时间内发生急剧的变化，从而受到很大的作用力，这种现象便为冲击。其中运动的物体称为冲击物，受冲击物体称为被冲击物，被冲击物因受冲击而引起的应力称为冲击应力。用重锤打桩、吊车突然刹车等都是工程中常见的冲击问题。

由于冲击时间非常短促，而且不易精确测出，因此加速度的大小很难确定。这样就不能引入惯性力，无法用前节介绍的动静法求出冲击时的应力和变形。事实上，精确分析冲击现象是一个相当复杂的问题，因而在工程实际中，一般采用偏于保守的能量法来计算被冲击物中的最大动应力和最大动变形。为了简化计算，还需采用如下几个假设：

（1）冲击物的变形很小，可视为刚体；

（2）被冲击物的质量引起的应力可单独分析，对冲击影响小，分析冲击时忽略不计；

（3）冲击物与被冲击物接触后，两者即附着在一起运动；

（4）略去冲击过程中的能量损失（如热能的损失），只考虑动能与势能（重力势能和弹性应变能）的转化。

因此，由能量守恒定律可知，在冲击过程中，冲击物所减少的动能 T 和势能 V 之和应等于被冲击物所增加的弹性应变能 V_ε，即

$$T + V = V_\varepsilon \qquad (10.13)$$

上式为用能量法求解冲击问题的基本方程。

二、冲击时应力及位移的计算公式

1. 自由落体冲击

设以弹簧代表一被冲击构件［图 10.6（a）］。实际问题中，一根被冲击的梁［图 10.6（b）］，或被冲击的杆［图 10.6（c）］，或其他被冲击的弹性构件都可以看作是一个弹簧，只是各种情况的弹簧常数不同而已。设冲击物的重量为 Q，从距弹簧顶端为 h 的高度自由落下。重物与弹簧接触后速度迅速减小，最后为零，此时弹簧的变形最大，用 Δ_d 表示。下面来求 Δ_d 的表达式。

由图 10.5（a）可知，弹簧达到最大变形 Δ_d 时，冲击物减少的势能为

$$V = Q(h + \Delta_d) \qquad (a)$$

由于冲击物的初速度与最终速度都等零，所以没有动能的变化，即

$$T = 0 \qquad (b)$$

被冲击物的弹性应变能 V_ε 等于冲击荷载在冲击过程中所做的功。由于冲击荷载和位移分别由零增加到最大值 F_d 和 Δ_d，当材料服从胡克定律时，冲击载荷所做的功为 $F_d \Delta_d / 2$，故有

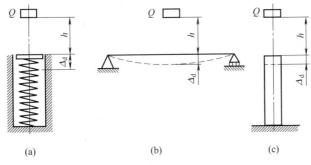

图 10.6

$$V_\varepsilon = \frac{1}{2} F_d \Delta_d \tag{c}$$

将式（a）~式（c）代入基本方程式（10.13），得

$$Q(h + \Delta_d) = \frac{1}{2} F_d \Delta_d \tag{d}$$

设重物 Q 按静载荷方式作用于构件（弹簧）上时的静位移为 Δ_{st}，静应力为 σ_{st}。在线弹性范围内，变形、应力和荷载成正比，故有

$$\frac{F_d}{Q} = \frac{\sigma_d}{\sigma_{st}} = \frac{\Delta_d}{\Delta_{st}}$$

或者写成

$$F_d = \frac{\Delta_7}{\Delta_{st}} Q, \sigma_d = \frac{\Delta_d}{\Delta_{st}} \sigma_{st} \tag{e}$$

以式（e）的第一式代入式（d），得

$$Q(h + \Delta_d) = \frac{1}{2} Q \frac{\Delta_d^2}{\Delta_{st}}$$

或者写成

$$\Delta_d^2 - 2\Delta_{st}\Delta_d - 2h\Delta_{st} = 0$$

由此解出

$$\Delta_d = \Delta_{st} \pm \sqrt{\Delta_{st}^2 + 2h\Delta_{st}} = \Delta_{st}\left(1 \pm \sqrt{1 + \frac{2h}{\Delta_{st}}}\right)$$

为了求得位移的最大值 Δ_d，上式中根号前的符号应取正号，故有

$$\Delta_d = \Delta_{st}\left(1 + \sqrt{1 + \frac{2h}{\Delta_{st}}}\right) \tag{f}$$

引用记号

$$K_d = \frac{\Delta_d}{\Delta_{st}} = 1 + \sqrt{1 + \frac{2h}{\Delta_{st}}} \tag{10.14}$$

K_d 称为自由落体冲击动荷系数。因此式（f）成为

$$\Delta_d = K_d \Delta_{st} \tag{10.15a}$$

式（e）成为

$$F_d = K_d Q \tag{10.15b}$$

$$\sigma_d = K_d \sigma_{st} \tag{10.15c}$$

由此可见，只要求出了动荷系数 K_d，用 K_d 分别乘以静荷载、静位移和静应力，即可求得构件受冲击时所达到的最大动荷载、最大位移和最大应力。

下面对动荷系数 K_d 作进一步说明。

冲击物作为突加荷载（即 $h=0$）作用在弹性体上时，由式（10.14）可得，$K_d=2$ 在突加荷载作用下，最大应力和最大位移值都为静荷载作用下的两倍。

如果已知冲击物与被冲击物接触前一瞬间的速度为 v，根据自由落体时，$v^2=2gh$，可得

$$K_d=1+\sqrt{1+\frac{v^2}{g\Delta_{st}}}\qquad(10.16)$$

动荷系数 K_d 表达式中的静位移 Δ_{st} 的物理意义是：它是以冲击物的重力 Q 作为静荷载，沿冲击方向作用在冲击点时，被冲击构件在冲击点处沿冲击方向的静位移。计算 Δ_{st} 时，应针对具体结构，按上述意义作具体分析。

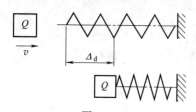

图 10.7

2. 水平冲击

设重物 Q 以速度 v 沿水平方向冲击一弹性系统（以弹簧表示），如图 10.7 所示。当重物与弹性系统接触后，该弹性系统便开始变形。与此同时，重物的速度逐渐减小，当速度降到零时，被冲击点达到最大位移 Δ_d。下面来求 Δ_d 的表达式。

在冲击过程中，冲击物的高度无变化，则势能减少为零，即 $V=0$；动能减少为

$$T=\frac{1}{2}\times\frac{Q}{g}v^2$$

被冲击物的弹性应变能增加为

$$V_\varepsilon=\frac{1}{2}F_d\Delta_d$$

根据方程式（10.13），得

$$\frac{1}{2}\times\frac{Q}{g}v^2=\frac{1}{2}F_d\Delta_d\qquad(g)$$

在线弹性范围内，有

$$F_d=\frac{\Delta_d}{\Delta_{st}}Q\qquad(h)$$

将式（h）代入式（g），得

$$\frac{Q}{g}v^2=\frac{\Delta_d^2}{\Delta_{st}}Q$$

解得

$$\Delta_d=\sqrt{\frac{v^2\Delta_{st}}{g}}=\sqrt{\frac{v^2}{g\Delta_{st}}}\Delta_{st}\qquad(i)$$

于是，水平冲击动荷系数为

$$K_d=\frac{\Delta_d}{\Delta_{st}}=\sqrt{\frac{v^2}{g\Delta_{st}}}\qquad(10.17)$$

故有

$$\Delta_\mathrm{d} = K_\mathrm{d} \Delta_\mathrm{st}$$

$$\sigma_\mathrm{d} = K_\mathrm{d} \sigma_\mathrm{st}$$

Δ_st 为静荷载位移，其物理意义与自由落体冲击相同。

上面仅介绍了两种常见冲击情况下的应力及位移计算公式。对于其他冲击情况，例如重物在吊装过程中突然刹车，吊绳受到的拉伸冲击，又如带有飞轮的旋转圆轴突然刹车时的扭转冲击，都可以从基本方程式（10.13）出发，推导出相应的公式。

【例 10.2】　在水平平面内的 AC 杆，绕通过 A 点的铅锤轴以匀角速度 ω 转动，图 10.8 （a）是它的俯视图。杆的 C 端有一重为 P 的集中质量。如杆因在 B 点卡住而突然停止转动 [图 10.8（b）]，试求 AC 杆内的最大冲击弯曲正应力。设 AC 杆的质量可以不计。

解：AC 杆将因突然停止转动而受到冲击，发生弯曲变形。C 端集中质量的初速度原为 ωl，在冲击过程中，最终变为零。损失的动能是

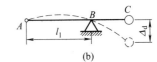

$$T = \frac{1}{2} \times \frac{P}{g}(\omega l)^2$$

因为是在水平平面内运动，所集中质量的势能没有变化，即

$$V = 0$$

杆件的应变能

$$V_\varepsilon = \frac{1}{2} \times \frac{\Delta_\mathrm{d}^2}{\Delta_\mathrm{st}} P$$

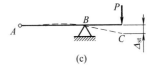

将 T、V、V_ε 带入式（10.13），整理得到

$$K_\mathrm{d} = \frac{\Delta_\mathrm{d}}{\Delta_\mathrm{st}} = \sqrt{\frac{\omega^2 l^2}{g \Delta_\mathrm{st}}}$$

图 10.8

令式（i）中的 $v = \omega l$，也可得到上式。由式（e）知冲击应力为

$$\sigma_\mathrm{d} = K_\mathrm{d} \sigma_\mathrm{st} = \sqrt{\frac{\omega^2 l^2}{g \Delta_\mathrm{st}}} \sigma_\mathrm{st}$$

若 P 以静载的方式作用于 C 端（图 10.8），则可以求得 C 点的静位移 Δ_st 为

$$\Delta_\mathrm{st} = \frac{Pl(l - l_1)^2}{3EI}$$

同时，在截面 B 上的最大弯曲静应力 σ_st 为

$$\sigma_\mathrm{st} = \frac{M}{W} = \frac{P(l - l_1)}{W}$$

把 Δ_st 和 σ_st 代入式（j）便可求出最大冲击弯曲正应力为

$$\sigma_\mathrm{d} = \frac{\omega}{W} \sqrt{\frac{3EIlP}{g}}$$

三、提高构件抗冲击能力的一些措施

构件受冲击时产生很大的冲击力，因此，必须设法降低冲击应力。从前面的分析中可以看出，冲击应力可以表达为 $\sigma_\mathrm{d} = K_\mathrm{d} \sigma_\mathrm{st}$。如果设法减少动荷系数 K_d，便能降低冲击应力。由式（10.14）可知，静位移 Δ_st 越大，动荷系数 K_d 就越小。这是因为静位移增大表示构件刚度减小，因而能够更多地吸收冲击物的能量。提高抗冲击能力，主要应从增大静位移

Δ_{st} 着手。但应注意，在设法增加静位移时，应当尽量避免增大静应力。否则，虽然降低了动荷系数 K_d，却增加了静应力 σ_{st}，其结果未必能降低冲击应力。下面介绍几种减小冲击应力的措施。

1. 设置缓冲装置

在被冲击构件上增设缓冲装置，这样既增大了静位移，又不会改变构件的静应力。例如，在火车车箱架与轮轴之间安装压缩弹簧，在某些机器或零件上加橡皮座垫或垫圈。

2. 改变被冲击构件的尺寸

在某些情况下，增大被冲击构件的体积可以降低动应力。例如，图 10.9 所示受水平冲击的等直杆，根据式（10.15），冲击应力为

$$\sigma_d = K_d \sigma_{st} = \sqrt{\frac{v^2}{g\Delta_{st}}}\frac{Q}{A} = \sqrt{\frac{v^2}{g} \times \frac{EA}{Ql}}\frac{Q}{A} = \sqrt{\frac{v^2 EQ}{gAl}}$$

由上式可见，杆件的体积 A 越大，冲击应力 σ_d 就越小。基于这种原因，如果把承受冲击的气缸盖螺栓由短螺栓 ［图 10.10（a）］ 改为长螺栓 ［图 10.10（b）］，则增加螺栓的体积就可以提高螺栓的承受冲击能力了。

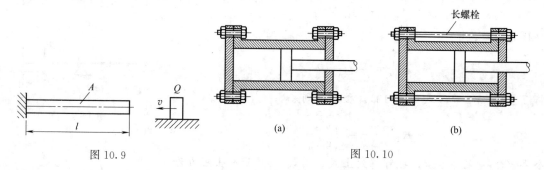

图 10.9   图 10.10

但需注意，上述结论只是对等截面杆有效，不能用于变截面杆。这一点可以图 10.11 所示两杆来说明。显然，两杆危险截面上的静应力 $\sigma_a = \sigma_b$，若两杆材料相同，则静位移 $\Delta_{sta} > \Delta_{stb}$，因此 $K_{da} > K_{db}$。这说明虽然 b 杆的体积大于 a 杆的体积，但 b 杆的冲击应力却大于 a 杆的冲击应力。这是因为，在受冲击杆件中，应尽量避免在部分长度内削弱截面。

像螺钉这一类零件，不能避免某些部分要削弱。因此，一些承受冲击的螺钉往往不采取图 10.12（a）的形式，而是将无螺纹部分作得细一些 ［图 10.12（b）］，或将无螺纹部分作成空心截面 ［图 10.12（c）］，以使螺钉全长范围内截面大小基本一致。

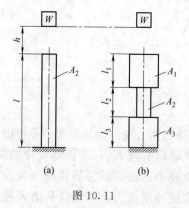

图 10.11

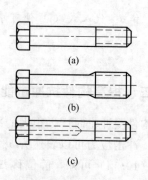

图 10.12

3. 选用低弹性模量的材料

采用弹性模量较低的材料可以增大静位移，从而降低冲击应力。但是需注意，弹性模量低的材料往往强度指标也低，所以采取这项措施时，还必须校核该构件是否满足强度条件。

小　结

在线弹性范围内，应力不超过比例极限的前提下：

（1）等加速直线运动杆件的强度条件

$$\sigma_{dmax} = \sigma_{stmax} K_d \leqslant [\sigma]$$

（2）匀速旋转圆环的强度条件

$$\sigma_d = \rho v^2 \leqslant [\sigma]$$

（3）杆件受冲击时其载荷、变形、应力分别是

$$F_d = K_d Q, \Delta_d = K_d \Delta_{st}, \sigma_d = K_d \sigma_{st}$$

其中冲击是由重物从高为 h 处落下的

$$K_d = 1 + \sqrt{1 + \frac{2h}{\Delta_{st}}}$$

水平冲击的

$$K_d = \sqrt{\frac{v^2}{g\Delta_{st}}}$$

习　题

10.1　长度为 l，重量为 G，横截面面积为 A 的均质等直杆，水平放置在一排光滑的辊子上，杆的两端受轴向力 F_1 和 F_2 作用（图 10.13），且 $F_2 > F_1$。试求杆内的正应力沿杆长的变化规律（设滚动摩擦可以忽略不计）。

10.2　桥式起重机上悬挂一重量 $P = 50\text{kN}$ 的重物（图 10.14），以匀速度 $v = 1\text{m/s}$ 向前移（在图中，移动的方向垂直于纸面）。当起重机突然停止时，重物像单摆一样向前摆动。若梁为 14 号工字钢，吊索横截面面积 $A = 5 \times 10^{-4}\ \text{m}^2$，试问此时吊索及梁内的最大正应力增加多少？设吊索的自重以及由重物摆动引起的影响都忽略不计。

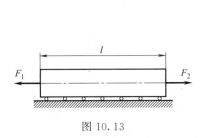

图 10.13

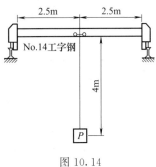

图 10.14

10.3　如图 10.15 所示，飞轮的最大圆周速度 $v = 25\text{m/s}$，材料的密度 $\rho = 7.26\text{kg/m}^3$。若不计轮辐的影响，试求轮缘内的最大正应力。

10.4　如图 10.16 所示，在直径 $D = 100\text{mm}$ 的轴上装有转动惯量 $I = 0.5\text{kN} \cdot \text{m} \cdot \text{s}^2$ 的

飞轮，轴的转速 $n=300$ r/min。制动器开始作用后，在 20 转内将飞轮刹停，试求轴内最大切应力。设在制动器作用前，轴已与驱动装置脱开，且轴承内的摩擦力可以不计。

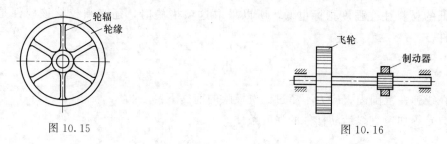

图 10.15　　　　　　　　　　　　　　图 10.16

10.5　图 10.17 所示钢轴 AB 的直径为 80mm，轴上有一直径为 80mm 的钢质圆杆 CD，CD 垂直于 AB，若 AB 以匀角速度 $\omega=40$ rad/s 转动，材料的许用应力 $[\sigma]=70$ MPa，密度 $\rho=7800$ kg/m^3，试校核 AB 轴及 CD 杆的强度。

10.6　圆轴 AD 以等角速度 ω 转动，在轴的纵向对称平面内，于轴线的两侧装有两个重量均为 P 的偏心球。试求图 10.18 所示位置时，轴内的最大弯矩。

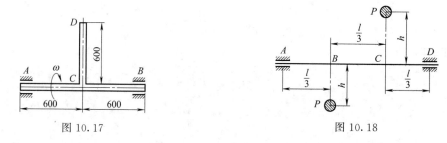

图 10.17　　　　　　　　　　　　　　图 10.18

10.7　设重物 P 在距梁的支座 B 为 $l/3$ 处，自高为 h 处自由落下（图 10.19），梁的 EI 及抗弯截面系数 W 均为已知，试求梁受冲击时最大的正应力和跨度中点的挠度。

10.8　图 10.20 所示钢杆的下端有一圆盘，其上放置一弹簧。弹簧在 1kN 的静荷作用下缩短 0.625mm。钢杆直径 $d=40$ mm，$l=4$ m，许用应力 $[\sigma]=120$ MPa，$E=200$ GPa。今有重量为 $G=18$ kN 的重物自由下落，试求其许可高度 h。若无弹簧，则许可高度 h 将等于多大？

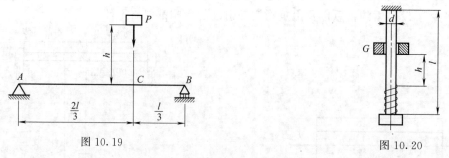

图 10.19　　　　　　　　　　　　　　图 10.20

10.9　直径 $d=300$ mm、长 $l=6$ m 的圆木桩，下端固定，上端受重 $W=2$ kN 的重锤作用（图 10.21）。木材的 $E=10$ GPa。试求下列三种情况，木桩内的最大正应力。

（1）重锤以静载荷的方式作用于木桩上；

（2）重锤从离桩顶 0.5m 的高度自由落下；

（3）在桩顶放置直径为 150mm、厚为 40mm 的橡皮垫，橡皮的弹性模量 $E_2=8$ MPa，重锤也是从离橡皮垫顶面 0.5m 的高度自由落下。

10.10 如图 10.22 所示，轴上装一钢质圆盘，盘上有一圆孔，若轴与盘以等角速度 $\omega=$ 40rad/s 转动，试求轴内由这一圆孔引起的最大弯曲正应力。

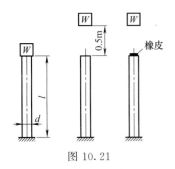

图 10.21

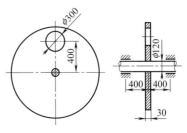

图 10.22

10.11 如图 10.23 所示，AB 杆下端固定，长为 l，在 C 点受到水平运动物体的冲击。物体的重量为 P，与杆件接触时的速度为 v，设杆件的 E、I 及 W 皆为已知，试求 AB 杆的最大正应力。

10.12 如图 10.24 所示，10 号工字梁的 C 端固定，A 端铰支于空心钢管 AB 上，钢管的内径和外径分别为 30mm 和 40mm，B 端铰支。梁和钢管同为 Q235 钢。当重为 300N 的重物落于梁的 A 端时，试校核 AB 杆的稳定性。规定稳定安全因数 $n_{st}=2.5$。

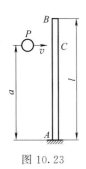

图 10.23

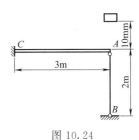

图 10.24

第十一章 能 量 法

第一节 概　述

　　弹性体力学问题有微分提法及其解法。微分提法从研究弹性体内的一个小微元入手，考虑它的平衡、变形和材料性质，建立起一组弹性体力学的基本微分方程，把弹性体力学问题归结为在给定边界条件下求解这组微分方程的边值问题。本章将介绍弹性体问题的变分提法及其解法。变分提法直接处理整个弹性系统，建立一些泛函变分方程，把弹性体力学问题归结为在给定约束条件下求泛函极（驻）值的变分问题。由于上述泛函和弹性系统的能量有关，所以变分原理又称能量原理，相应的各种变分解法称能量法。

　　变分问题有两种解法：早期以欧拉为代表的研究工作，把变分方程转化为相应的微分方程来求解，称为欧拉法。这些研究阐明了弹性体变分提法和微分提法间的相互联系，并能从统一的前提（泛函表达式）出发同时导出给定问题的域内微分方程和与之匹配的全套边界条件，因而具有重要的理论意义。如果所得微分方程有解，则可由此间接地求得变分问题的精确解。后采李兹、迦辽金等人提出了直接求解变分方程的各种近似解法，统称为直接法，开辟了求解变分问题的新途径。目前在直接法及其各种推广形式（例如有限单元法）的基础上已经发展出一批能利用计算机进行高速运算的、有效的数值计算方法，因而反过来又出现了把尚未解开的微分方程转化为相应变分方程来求解的趋势。

　　功能原理：若外力从零开始缓慢增加到最终值，弹性体在变形中的每一瞬间都处于平衡，动能和其他能量皆可不计，则固体的变形能（应变能）V_ε 在数值上等于外力所做的功 W，此称为功能原理，即 $V_\varepsilon = W$。

第二节　应变能的计算

　　材料力学以杆件为研究对象，主要是等截面直杆，下面给出杆的不同变形形式的变形能（应变能）。

（1）拉压变形　作用线沿杆轴线的外力从零开始缓慢增加到最终值 [图 11.1（a）]。在线弹性范围内，力与杆伸长量成正比 [图 11.1（b）]，且

$$\Delta l = \frac{Fl}{EA} = \frac{F_{N}l}{EA}$$

外力所做的功为

$$W = \frac{1}{2}F\Delta l = \frac{F_{N}^{2}l}{2EA}$$

根据功能原理，杆件应变能为

$$V_{\varepsilon} = W = \frac{F_{N}^{2}l}{2EA}$$

当轴力 F_{N} 为变量 $F_{N}(x)$ 时，可先求出微段 $\mathrm{d}x$ 内的应变能

$$\mathrm{d}V_{\varepsilon} = \frac{F_{N}^{2}(x)\mathrm{d}x}{2EA}$$

积分得出整个杆件应变能

$$V_{\varepsilon} = \int_{l} \frac{F_{N}^{2}(x)\mathrm{d}x}{2EA}$$

应变能密度 v_{ε}（单位体积的应变能）为

$$v_{\varepsilon} = \frac{1}{2}\sigma\varepsilon = \frac{\sigma^{2}}{2E}$$

（2）纯剪切　线弹性范围内，应变能密度

$$v_{\varepsilon} = \frac{1}{2}\tau\gamma = \frac{\tau^{2}}{2G}$$

（3）扭转变形　线弹性范围内，如图 11.2 所示，仿照拉压变形有

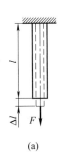
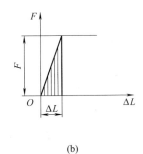
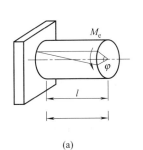
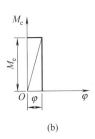

(a)　　　　　　(b)　　　　　　　　　(a)　　　　　　　(b)

图 11.1　　　　　　　　　　　图 11.2

$$\varphi = \frac{M_{e}l}{GI_{p}} = \frac{Tl}{GI_{p}}$$

$$W = \frac{1}{2}M_{e}\varphi$$

$$V_{\varepsilon} = W = \frac{M_{e}^{2}l}{2GI_{p}} = \frac{T^{2}l}{2GI_{p}}$$

当扭矩 T 沿轴线变化为 $T(x)$ 时

$$V_{\varepsilon} = \int_{l} \frac{T^{2}(x)\mathrm{d}x}{2GI_{p}}$$

（4）弯曲变形

① 纯弯曲　如图 11.3 所示

$$\theta = \frac{M_e l}{EI}$$

$$W = \frac{1}{2} M_e \theta$$

$$V_\varepsilon = W = \frac{M_e^2 l}{2EI} = \frac{M^2 l}{2EI}$$

式中，M 为弯矩。

② 横力弯曲　如图 11.4 所示，细长梁的情况下，剪切应变能与弯曲应变能相比很小，可以不计，仅计算弯曲应变能。首先取微段，计算应变能，然后积分计算整个梁的应变能。

$$\mathrm{d}V_\varepsilon = \frac{M^2(x)\mathrm{d}x}{2EI}$$

$$V_\varepsilon = \int_l \frac{M^2(x)\mathrm{d}x}{2EI}$$

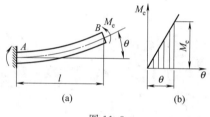

图 11.3

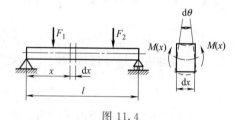

图 11.4

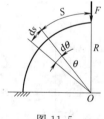

图 11.5

（5）小曲率曲杆　如图 11.5 所示

$$V_\varepsilon = \int_l \frac{M^2(s)\mathrm{d}s}{2EI}$$

由上可见，杆件基本变形应变能可统一表达为

$$V_\varepsilon = W = \frac{1}{2} F\delta$$

式中，F 为广义力，δ 为广义位移。线弹性范围内 F 与 δ 成线性关系。下节将讨论组合变形的变形能。

第三节　应变能的普遍表达式

1. 一般弹性体的应变能

假设：

（1）设物体受一定约束，只产生变形位移，不引起刚性位移。

（2）设弹性体上外力，按相同比例，从零开始逐渐增加到最终值，相应的位移也按相同比例达到最终值。外力与位移之间成线性关系。物体的应变能为

$$V_\varepsilon = W = \frac{1}{2} F_1 \delta_1 + \frac{1}{2} F_2 \delta_2 + \frac{1}{2} F_3 \delta_3 + \cdots$$

这个结论称为克拉贝依隆原理，如图 11.6 所示。其中 δ_1、δ_2、δ_3 分别为 F_1、F_2、F_3 作用点沿其方向产生的位移，F、δ 为广义力和广义位移。

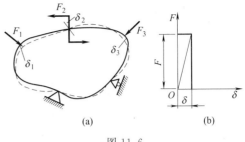

图 11.6

因为外力与位移之间成线性关系，所以应变能为外力的二次齐次函数（亦为位移的二次齐次函数）。

2. 组合变形杆件的应变能

根据克拉贝依隆原理，微段 $\mathrm{d}x$ 内的应变能为

$$\mathrm{d}V_\varepsilon = \frac{1}{2}F_N(x)\mathrm{d}(\Delta l) + \frac{1}{2}M(x)\mathrm{d}\theta + \frac{1}{2}T(x)\mathrm{d}\varphi = \frac{F_N^2(x)\mathrm{d}x}{2EA} + \frac{M^2(x)\mathrm{d}x}{2EI} + \frac{T^2(x)\mathrm{d}x}{2GI_p}$$

整个杆件的应变能

$$V_\varepsilon = \int_l \frac{F_N^2(x)\mathrm{d}x}{2EA} + \int_l \frac{M^2(x)\mathrm{d}x}{2EI} + \int_l \frac{T^2(x)\mathrm{d}x}{2GI_p}$$

对非圆截面杆，以 I_t 代替 I_p。

【例 11.1】 钢架 $ABCD$ 承受一对 P 力作用，如图 11.7 所示，其抗弯刚度为 EI，抗拉刚度为 EA，a、l 均已知，试利用功能原理求截面 A、D 之间的相对水平位移。

解：（1）计算内力

AB（CD）段

$$M(x) = Px$$

BC 段

$$M(x) = Pa$$

$$F_N(x) = P$$

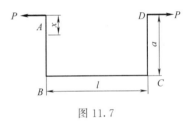

图 11.7

（2）计算变形能

$$V_\varepsilon = V_{\varepsilon AB} + V_{\varepsilon BC} + V_{\varepsilon CD}$$

$$= 2\int_0^a \frac{(Px)^2\mathrm{d}x}{2EI} + \int_0^l \frac{(Pa)^2\mathrm{d}x}{2EI} + \int_0^l \frac{P^2\mathrm{d}x}{2EA}$$

$$= \frac{P^2a^3}{3EI} + \frac{P^2a^2l}{2EI} + \frac{P^2l}{2EA}$$

（3）计算 δ_{AD}，根据功能原理有

$$V_\varepsilon = W = \frac{1}{2}P\delta_{AD}$$

则

$$\delta_{AD} = \frac{2Pa^3}{3EI} + \frac{Pa^2l}{EI} + \frac{Pl}{EA}$$

第四节 虚功原理

如图 11.8 所示，实线表示处于平衡状态下杆（轴线）的真实变形。虚线表示的杆件位移（可称为虚位移）是由另外力或温度变化等其他原因引起，是在平衡位置上再增加的位移。它必须满足边界条件、连续条件，符合小变形要求，在虚位移上原外力和内力保持不

变。虚线是杆件可能发生的位移。

变形体系的虚功原理：变形体系平衡的必要与充分条件是，对于任意微小的虚位移，外力所做的虚功与内力所做的虚功之和等于零（外力虚功与内力虚功大小相等）。

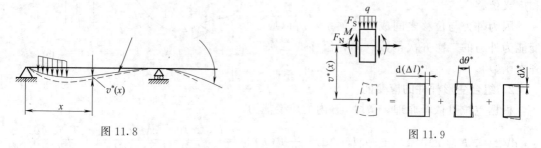

图 11.8　　　　　　　　　　　　图 11.9

外力虚功：杆件上的外力由于虚位移而完成的功。

$$W = F_1 v_1^* + F_2 v_2^* + F_3 v_3^* + \cdots + \int_l q(x) v^*(x)\mathrm{d}x \tag{11.1a}$$

式中，F_1、F_2、$\cdots$、$q(x)$ 为作用在杆件上的广义外力；v_1^*、v_2^*、$\cdots$、$v^*(x)$ 为外力作用点沿外力方向的虚位移，注意在虚位移中外力保持不变。

内力虚功：内力在相应的虚位移上所做的功。取微段分析，内力所做的虚功为

$$\mathrm{d}V = -(F_N \mathrm{d}(\Delta l)^* + M\mathrm{d}\theta^* + F_S \mathrm{d}\lambda^*) \tag{11.1b}$$

微段变形虚位移分别为两端截面的轴向相对位移 $\mathrm{d}(\Delta l)^*$、相对转角 $\mathrm{d}\theta^*$、相对错动 $\mathrm{d}\lambda^*$（见图 11-9）。

内力总虚功为

$$V = -\left(\int F_N \mathrm{d}(\Delta l)^* + \int M\mathrm{d}\theta^* + \int F_S \mathrm{d}\lambda^*\right) \tag{11.1c}$$

根据虚功原理有

$$W = -V = \int F_N \mathrm{d}(\Delta L)^* + \int M\mathrm{d}\theta^* + \int F_S \mathrm{d}\lambda^* \tag{11.1d}$$

此为杆件的虚功方程。

若杆件上还有扭转力偶矩 M_{e1}、M_{e2}、$\cdots$，与其相应的虚位移 φ_1^*、φ_2^*、$\cdots$，则微端截面上的内力还有扭矩 T。因虚位移使两端截面相对扭转 $\mathrm{d}\varphi^*$ 角，则虚功方程为

$$W = \int F_N \mathrm{d}(\Delta l)^* + \int M\mathrm{d}\theta^* + \int F_S \mathrm{d}\lambda^* + \int T\mathrm{d}\varphi^*$$

说明：在导出虚功原理时，未使用应力-应变关系，故虚功原理与材料的性能无关，它可用于线性弹性材料，也可用于非线弹性材料。虚功原理不要求力和位移的关系一定是线性的，故可用于力与位移成非线性关系的结构。

第五节　单位载荷法　莫尔积分

利用虚功原理可导出计算结构一点位移的单位载荷法，设在外力作用下，钢架 A 点沿 aa 方向的位移为 Δ [图 11.10 (a)]。为了计算 Δ，设想在同一钢架的 A 点上沿 aa 方向加单位力 [图 11.10 (b)]，相应的内力为 $\overline{F}_N(x)$、$\overline{M}(x)$、$\overline{F}_S(x)$。钢架在原外力作用下的位移作为虚位移，由虚功原理，式 (11.1d) 化为

$$1 \times \Delta = \int \overline{F}_N(x)\mathrm{d}(\Delta l) + \int \overline{M}(x)\mathrm{d}\theta + \int \overline{F}_S(x)\mathrm{d}\lambda$$

左端为单位力的虚功，右端中 $d(\Delta l)$、$d\theta$、$d\lambda$ 是原有外力引起的变形，现作为变形虚位移。

下面将几种常见变形情况结果说明如下。

（1）以弯曲为主的杆件（梁、钢架、小曲率曲杆）忽略轴力和剪力影响。

$$\Delta = \int_l \overline{M}(x)\mathrm{d}\theta \qquad (11.1e)$$

（2）拉压变形

$$\Delta = \int_l \overline{F}_N(x)\mathrm{d}(\Delta l)$$

若沿杆轴线轴力为常量，则

$$\Delta = \overline{F}_N \int_l \mathrm{d}(\Delta l) = \overline{F}_N \Delta l$$

桁架

$$\Delta = \sum_{i=1}^n \overline{F}_{N_i} \Delta l_i \qquad (11.1f)$$

（3）扭转变形

$$\Delta = \int_l \overline{T}(x)\mathrm{d}\varphi \qquad (11.1g)$$

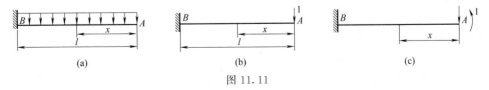

图 11.10

Δ 为正说明 Δ 与单位力方向相同，虚功原理适用于线弹性和非线弹性结构。

若材料是线弹性的，原力系相应的内力为 $F_N(x)$、$M(x)$、$T(x)$，则杆件的弯曲、拉伸和扭转变形分别是

$$\mathrm{d}\theta = \frac{M(x)}{EI}\mathrm{d}x \quad \mathrm{d}(\Delta l) = \frac{F_N(x)\mathrm{d}x}{EA} \quad \mathrm{d}\varphi = \frac{T(x)}{GI_p}\mathrm{d}x$$

于是式（11.1e）～式（11.1g）分别化为

$$\begin{cases} \Delta = \int_l \dfrac{M(x)\overline{M}(x)\mathrm{d}x}{EI} \\ \Delta = \sum_{i=1}^n F_{Ni}\dfrac{\overline{F}_{Ni}l_i}{EA_i} \\ \Delta = \int_l \dfrac{T(x)\overline{T}(x)\mathrm{d}x}{GI_p} \end{cases} \qquad (11.2)$$

上式称为莫尔定理，式中积分称为莫尔积分。它们只适用于线弹性结构，非圆截面杆以 I_t 代替 I_p。

如果求相对位移，可加一对反向单位力。单位力为广义力，位移为广义位移。不用虚功原理也可以得到莫尔定理，大家可以试试。

【例 11.2】　如图 11.11（a）所示，已知 q、EI。求 A 端的挠度和转角 w_A、θ_A。

图 11.11

解：（1）求 w_A　如图 11.11（b）所示，A 处加一向下单位力，可求图 11.11（a）、（b）的弯矩方程

$$M(x) = -\frac{1}{2}qx^2, \overline{M}(x) = -x$$

由莫尔定理得

$$w_A = \int_0^l \frac{M(x)\overline{M}(x)\mathrm{d}x}{EI} = \frac{1}{EI}\int_0^l \left(-\frac{1}{2}qx^2\right)(-x)\mathrm{d}x = \frac{ql^4}{8EI}$$

正号说明挠度 w_A 与所加单位力的方向一致

（2）求 θ_A 图 11.11（c）中 A 端加一单位力偶，同理可得

$$\overline{M}(x) = 1$$

$$\theta_A = \frac{1}{EI}\int_0^l \left(-\frac{1}{2}qx^2\right) \times 1\mathrm{d}x = -\frac{ql^3}{6EI}(\downarrow)$$

负号说明 A 截面转角 θ_A 与单位力偶的方向相反。

【例 11.3】 如图 11.12（a）所示，已知 q、EI。求 δ_{Ay}、θ_B。

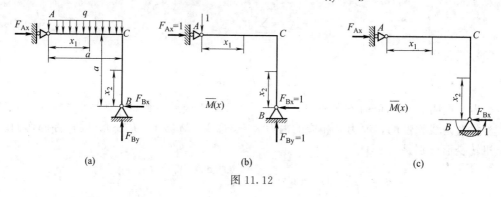

图 11.12

解：（1）先求约束力，如图 11.12（a）所示。

$$\sum M_B = 0, \quad F_{Ax}a - \frac{1}{2}qa^2 = 0, \quad F_{Ax} = \frac{1}{2}qa$$

$$\sum F_x = 0, \quad F_{Bx} = F_{Ax} = \frac{1}{2}qa$$

$$\sum F_y = 0, \quad F_{By} = qa$$

列弯矩方程

AC 段
$$M(x_1) = -\frac{1}{2}qx_1^2$$

BC 段
$$M(x_2) = \frac{1}{2}qax_2$$

（2）加单位力，求约束力（过程略去），如图 11.12（b）所示。列弯矩方程

AC 段
$$\overline{M}(x_1) = -x_1$$

BC 段
$$\overline{M}(x_2) = x_2$$

由莫尔定理得

$$\delta_{Ay} = \frac{1}{EI}\int_0^a \left(-\frac{1}{2}qx_1^2\right)(-x_1)\mathrm{d}x_1 + \frac{1}{EI}\int_0^a \left(\frac{1}{2}qax_2\right)(x_2)\mathrm{d}x_2 = -\frac{qa^4}{24EI}(\downarrow)$$

（3）加单位力偶，求约束力，如图 11.12（c）所示。列平衡方程可解得

$$F_{Ax} = F_{Bx} = \frac{1}{a}, \quad F_{By} = 0$$

列弯矩方程

AC 段
$$\overline{M}(x_1)=0$$

BC 段
$$\overline{M}(x_2)=\frac{1}{a}x_2-1$$

由莫尔定理得

$$\theta_B=\frac{1}{EI}\int_0^a\left(\frac{1}{2}qax_2\right)\left(\frac{1}{a}x_2-1\right)\mathrm{d}x_2=-\frac{qa^3}{12EI}$$

负值表示顺时针方向。

【例 11.4】 钢架如图 11.13 所示，已知 F、EI，求相对位移 δ_{AB}、θ_{AB}。

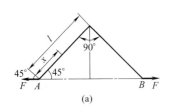 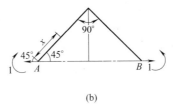 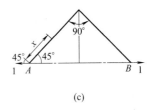

(a)　　　　　　　　　　(b)　　　　　　　　　　(c)

图 11.13

解：（1）忽略轴力剪力影响，先求图 11.13（a）的弯矩
$$M(x)=xF\cos45°$$

在 A、B 加一对单位力，如图 11.13（c）所示，求出弯矩
$$\overline{M}(x)=x\cos45°$$

由莫尔定理得

$$\delta_{AB}=\frac{2}{EI}\int_0^l(xF\cos45°)(x\cos45°)\mathrm{d}x=\frac{Fl^3}{3EI}(\leftrightarrow)$$

（2）在 A、B 加一对单位力偶，如图 11.13（b）所示，求出弯矩
$$\overline{M}(x)=1$$

由莫尔定理得

$$\theta_{AB}=\frac{2}{EI}\int_0^l(xF\cos45°)\times1\mathrm{d}x=\frac{\sqrt{2}Fl^2}{2EI}$$

第六节　图　乘　法

在上一节讨论梁和钢架的位移计算时，经常遇到以下的积分式

$$\int_l\frac{M(x)\overline{M}(x)\mathrm{d}x}{EI}$$

上述积分通常较为复杂，但在一定条件下可以得到简化。若 EI 为常数，则上式可写成

$$\frac{1}{EI}\int_l M(x)\overline{M}(x)\mathrm{d}x$$

现计算积分 $\int_l M(x)\overline{M}(x)\mathrm{d}x$，如果由单位力引起的 $\overline{M}(x)$ 图为一直线，则 $M(x)$ 为直线或曲线，现延长斜直线与 x 轴线交点为 O 点，选取坐标系如图 11.14 所示。

对于图示坐标轴有

$$\overline{M}(x) = x\tan\alpha$$

代入积分式得

$$\int_l M(x)\overline{M}(x)\mathrm{d}x = \tan\alpha \int_l x\,\mathrm{d}\omega = \omega x_C \tan\alpha = \omega \overline{M}_C$$

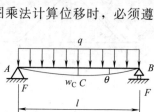

式中，$\mathrm{d}\omega = M(x)\mathrm{d}x$ 为 M 图中微面积，ω 为弯 M 图的面积，$\overline{M}_C$ 为 $\overline{M}$ 图中与 M 图的形心相对应的纵坐标，于是积分可写成

$$\int_l \frac{M(x)\overline{M}(x)\mathrm{d}x}{EI} = \frac{\omega \overline{M}_C}{EI}$$

图 11.14

由此可知，计算由弯矩引起的位移时，可用荷载弯矩图的面积乘以其形心下相对应的单位弯矩图中的竖标，再除以杆的弯曲刚度得到。其正负号规定如下：若两个弯矩图在基线的同一侧时，结果为正，否则为负。

上述求位移的方法，就称为图形相乘法，简称图乘法。用图乘法计算位移时，必须遵守两个条件，第一杆，件为等截面直杆，EI 为常数；第二，两个弯矩图中至少有一个是直线形，而 $\overline{M}_C$ 必须取自直线图形。

思考：如图 11.15 所示，试回忆用莫尔积分法求 w_C、θ_B 的思路。

【例 11.5】 如图 11.16 所示，已知 F、EI 为常数，利用图乘法，求 w_C、θ_B。

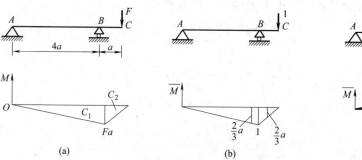

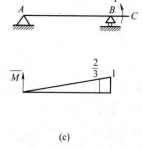

(a)　　　　　　　(b)　　　　　　　(c)

图 11.16

解：（1）在 C 截面加一单位力，作 M 图、$\overline{M}$ 图，如图 11.16（a）、（b）所示。

（2）分段图乘

$$\omega_1 = -\frac{1}{2} \times 4a \times Fa = -2Fa^2 \qquad \overline{M}_{C1} = -\frac{2a}{3}$$

$$\omega_2 = -\frac{1}{2}a \times Fa = -\frac{1}{2}Fa^2 \qquad \overline{M}_{C2} = -\frac{2a}{3}$$

$$w_C = \frac{1}{EI}(\omega_1\overline{M}_{C1} + \omega_2\overline{M}_{C2})$$

$$= \frac{1}{EI}\left[(-2Fa^2)\left(-\frac{2a}{3}\right) + \left(-\frac{1}{2}Fa^2\right)\left(-\frac{2a}{3}\right)\right]$$

$$= \frac{5Fa^3}{3EI}\quad(\downarrow)$$

正号说明位移方向与单位力方向一致。

（3）求 θ_B　在 B 截面加一单位力偶，同理有

$$\omega_1 = -2Fa^2 \qquad \overline{M}_{C1} = \frac{2}{3}$$

$$\omega_2 = -\frac{1}{2}Fa^2 \qquad \overline{M}_{C2} = 0$$

$$\theta_B = \frac{\omega_1 \overline{M}_{C1}}{EI} = \frac{1}{EI}(-2Fa^2)\left(\frac{2}{3}\right) = -\frac{4Fa^2}{3EI}$$

负号说明 θ_B 方向与单位力方向相反。

【例 11.6】 如图 11.17 所示，已知 EI 为常数，利用图乘法，求 w_C。

解：多载荷作用下载荷弯矩图比较复杂。

（1）按弯矩可以叠加的原理作弯矩图，如图 11.17（a）所示。

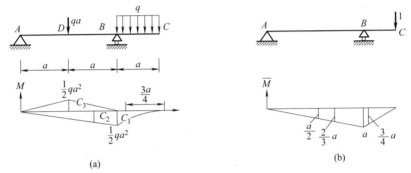

图 11.17

（2）如图 11.17（b）所示，在 C 截面加一单位力，作 $\overline{M}$ 图，则

$$\omega_1 = -\frac{1}{3}a\left(\frac{1}{2}qa^2\right) = -\frac{qa^3}{6} \qquad \overline{M}_{C1} = -\frac{3a}{4}$$

$$\omega_2 = -\frac{1}{2}(2a)\left(\frac{1}{2}qa^2\right) = -\frac{qa^2}{2} \qquad \overline{M}_{C2} = -\frac{2a}{3}$$

$$\omega_3 = -\frac{1}{2}(2a)\left(\frac{1}{2}qa^2\right) = \frac{qa^3}{2} \qquad \overline{M}_{C3} = -\frac{a}{2}$$

$$w_C = \frac{1}{EI}(\omega_1\overline{M}_{C1} + \omega_2\overline{M}_{C2} + \omega_3\overline{M}_{C3})$$

$$= \frac{1}{EI}\left[\left(-\frac{qa^3}{6}\right)\left(-\frac{3}{4}a\right) + \left(-\frac{qa^3}{2}\right)\left(-\frac{2a}{3}\right) + \left(\frac{qa^3}{2}\right)\left(-\frac{a}{2}\right)\right]$$

$$= \frac{5qa^4}{24EI}(\downarrow)$$

【例 11.7】 如图 11.18（a）所示，已知 EI 为常数，利用图乘法，求 δ_{Ay}、δ_{Ax}、θ_A。

解：作钢架 M 图、$\overline{M}$ 图，如图 11.18（b）～（e）所示。

求得

$$\omega_1 = -\frac{1}{2}Fa^2 \qquad \omega_2 = -Fa^2$$

$$\left.\begin{array}{l}\overline{M}_{C1} = -\dfrac{2a}{3}\\[2mm]\overline{M}_{C2} = -a\end{array}\right\} \qquad \left.\begin{array}{l}\overline{M}_{C1} = 0\\[2mm]\overline{M}_{C2} = -\dfrac{a}{2}\end{array}\right\} \qquad \left.\begin{array}{l}\overline{M}_{C1} = 1\\[2mm]\overline{M}_{C2} = 1\end{array}\right\}$$

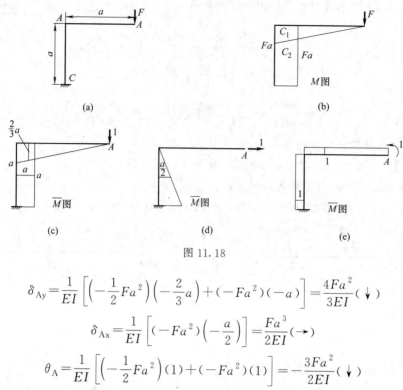

图 11.18

$$\delta_{Ay} = \frac{1}{EI}\left[\left(-\frac{1}{2}Fa^2\right)\left(-\frac{2}{3}a\right) + (-Fa^2)(-a)\right] = \frac{4Fa^2}{3EI}(\downarrow)$$

$$\delta_{Ax} = \frac{1}{EI}\left[(-Fa^2)\left(-\frac{a}{2}\right)\right] = \frac{Fa^3}{2EI}(\rightarrow)$$

$$\theta_A = \frac{1}{EI}\left[\left(-\frac{1}{2}Fa^2\right)(1) + (-Fa^2)(1)\right] = -\frac{3Fa^2}{2EI}(\downarrow)$$

注意：弯矩图约定画于杆件受压一侧，弯矩图有正负号。

第七节　弹性体系的几个互等定理

在超静定结构的内力分析中，常常用到弹性体系的四个互等定理，即功的互等定理、位移互等定理、反力互等定理和反力与位移互等定理。其中最基本的是功的互等定理，另外三个定理都可由功的互等定理推导得到。本节将分别讨论这几个互等定理。

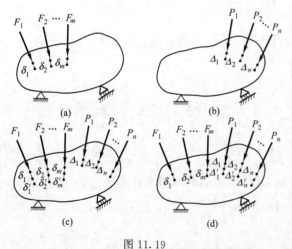

图 11.19

给出一个线弹性结构，利用应变能概念导出功的互等定理。

第一组力 F_1、F_2、$\cdots$、F_m 作用（同时按比例达到最终值），如图 11.19（a）所示，则力作用点沿作用线方向的位移 δ_1、δ_2、$\cdots$、δ_m 达到终值；第二组力 P_1、P_2、$\cdots$、P_n 作用（同时按比例达到最终值），如图 11.19（b）所示，则力作用点沿作用线方向的位移 Δ_1、Δ_2、$\cdots$、Δ_n 达到终值。先加第一组力 F_1、F_2、$\cdots$、F_m 作用，然后加 P_1、P_2、$\cdots$、P_n，则位移分别为 δ_1、δ_2、$\cdots$、δ_m，Δ_1、Δ_2、$\cdots$、Δ_n，因第二组力作用导致第一组力沿力的方向产生位移 δ_1'、δ_2'、$\cdots$、δ_m'，如图 11.19（c）所示，

则应变能为

$$V_{\varepsilon 1} = \sum_1^m \frac{1}{2}F_i\delta_i + \sum_1^n \frac{1}{2}P_i\Delta_i + \sum_1^m F_i\delta_i'$$

先加 P_1、P_2、$\cdots$、P_n，然后再加 F_1、F_2、$\cdots$、F_m，仿照上面应变能为

$$V_{\varepsilon 2} = \sum_1^m \frac{1}{2}F_i\delta_i + \sum_1^n \frac{1}{2}P_i\Delta_i + \sum_1^n P_i\Delta_i'$$

Δ_1'、Δ_2'、$\cdots$、Δ_n' 为第一组力作用导致第二组力沿力的方向产生的位移。

由于应变能只决定力和位移的最终值，与加力的次序无关，故 $V_{\varepsilon 1} = V_{\varepsilon 2}$

$$\sum_1^m F_i\delta_i' = \sum_1^n P_i\Delta_i' \tag{11.3}$$

第一组力在第二组力引起的位移上所做之功等于第二组力在第一组力引起的位移上所做之功，这就是功的互等定理。进一步可以得到其他互等定理，下面以梁为例详细说明。

1. 功的互等定理

如上，通常用 δ（或 Δ）来表示弹性体上一点的位移，为了表达力作用点沿力方向的位移及位移引起原因，通常加下标表示，如用 δ_{ij}（或 Δ_{ij}）表示 F_i（或 P_i）作用点沿 F_i（或 P_i）方向由于 F_j（或 P_j）作用引起的位移。

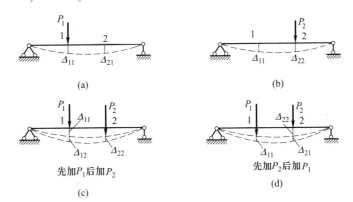

图 11.20

图 11.20（a）、（b）表示任一弹性结构分别承受外力 P_1 和 P_2 的两种状态，并称图（a）为第一状态，图（b）为第二状态。现在考虑这两个力按不同的次序先后做用于这一结构上时所做的功。假设在结构上先加力 P_1 后加力 P_2，结构变形情况如图 11.20（c）所示，则外力所做总功为

$$W_1 = \frac{1}{2}P_1\Delta_{11} + P_1\Delta_{12} + \frac{1}{2}P_2\Delta_{22} \tag{a}$$

式中，位移 Δ 的第一个脚标表示位移所在的位置和方向，第二个脚标表示引起位移的原因。例如，Δ_{11} 表示由于力 P_1 的作用在 1 点处沿 P_1 的方向所引起的位移；Δ_{12} 表示由于力 P_2 的作用在 1 点处沿 P_1 方向所引起的位移。

若先加 P_2 后加 P_1，如图 11.8（d）所示，则此时外力所做总功为

$$W_2 = \frac{1}{2}P_2\Delta_{22} + P_2\Delta_{21} + \frac{1}{2}P_1\Delta_{11} \tag{b}$$

在上述两种加载过程中，外力作用的先后次序虽然不同，但最后的荷载及变形情况则是一样的。因此，两种加载情况所做的总功应该相等，即外力所做总功与加载次序无关。故

$$W_1 = W_2$$

将式（a）与式（b）代入上式得

$$\frac{1}{2}P_1\Delta_{11} + P_1\Delta_{12} + \frac{1}{2}P_2\Delta_{22} = \frac{1}{2}P_2\Delta_{22} + P_2\Delta_{21} + \frac{1}{2}P_1\Delta_{11}$$

由此可得

$$P_1\Delta_{12} = P_2\Delta_{21} \qquad\qquad (11.4)$$

这就是功的互等定理，可叙述如下：在弹性体系中，第一状态的外力由于第二状态的位移所做的虚功等于第二状态的外力由于第一状态的位移所做的虚功。

【例 11.8】 试就图 11.21（a）、（b）所示梁的两种受力状态验证功的互等定理。

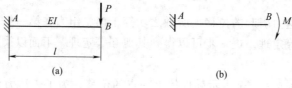

图 11.21

解：在图 11.21（a）中，B 截面的转角为

$$\theta_B = \frac{Pl^2}{2EI} (\; \downharpoonleft \;)$$

在图 11.21（b）中，B 点的挠度为

$$w_B = \frac{Ml^2}{2EI} (\downarrow)$$

将第一状态的力 P 乘以第二状态中由 M 所引起的 B 点挠度，得到的虚功为

$$W_1 = Pw_B = \frac{PMl^2}{2EI}$$

将第二状态的 M 乘以第一状态中由力 P 所引起的 B 截面转角，得到的虚功为

$$W_2 = M\theta_B = \frac{PMl^2}{2EI}$$

由此可知 $W_1 = W_2$，功的互等定理得以验证。

2. 位移互等定理

如果作用在结构上的力是单位力，即 $P_1 = P_2 = 1$，并用 δ 表示单位力所引起的位移，如图 11.22 所示，则由式（11.4）可得

$$1 \times \delta_{12} = \delta_{21} \times 1$$

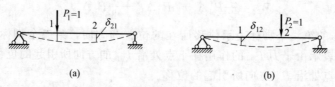

图 11.22

即

$$\delta_{12} = \delta_{21} \qquad\qquad (11.5)$$

这就是位移互等定理，即在第一个单位力的方向上由第二个单位力所引起的位移 δ_{12} 等于

在第二个单位力的方向上由第一个单位力所引起的位移 δ_{21}。这一关系同样适用于角位移与角位移以及角位移与线位移之间，而后者只是数值上相等，量纲则并不相同。例如图 11.23 所示的简支架，若在跨中 C 点加一集中力 P，如图 11.23（a）所示，则 B 端的转角为

$$\theta_B = \frac{Pl^2}{16EI}$$

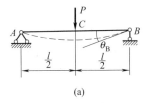
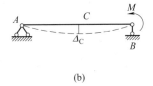

图 11.23

若在 B 端加一力偶 M，如图 11.23（b）所示，则跨中 C 点挠度为

$$w_C = \frac{Ml^2}{16EI}$$

当 $P = M = 1$ 时，则 $\theta_B = w_C$，即表明上述论证是正确的。

3. 反力互等定理

在超静定结构的计算中，常用到反力互等定理，它也是功的互等定理的特殊情形。例如图 11.24 所示结构，在图 11.24（a）中由于支座 1 处发生单位位移 $\Delta_1 = 1$，此时，各支座处将产生反力，设在支座 1 处所产生的反力为 r_{11}，在支座 2 处所产生的反力为 r_{21}。在图 11.24（b）中设在支座 2 处发生单位位移 $\Delta_2 = 1$，此时，在支座 1 处的反力为 r_{12}，在支座 2 处的反力为 r_{22}。反力 r 的第一个脚标表示它所在的位置，第二个脚标表示产生它的原

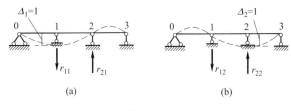

图 11.24

因。例如，r_{12} 表示在支座 1 处由于支座 2 发生单位位移时的反力，其余类推。

对上述两种状态应用功的互等定理，则得

$$r_{11} \times 0 - r_{21} \times 1 = -r_{12} \times 1 + r_{22} \times 0$$

即

$$r_{12} = r_{21} \tag{11.6}$$

这就是反力互等定理，它表示支座 1 由于支座 2 的单位位移所引起的反力 r_{12}，等于支座 2 由于支座 1 的单位位移所引起的反力 r_{21}。这一关系适用于结构中任何两个支座上的反力。应该注意，在两种状态中，同一支座的反力与位移应是对应的，即两者的乘积应具有功的量纲。

4. 反力与位移互等定理

反力与位移之间也有互等关系，例如图 11.25 所示结构，设在截面 2 处作用一单位力 $P_2 = 1$ 时，支座 1 处的反力矩为 r_{12}，并设其指向如图 11.25（a）所示。再设在支座 1 处顺 r_{12} 的方向发生一单位转角 $\theta_1 = 1$ 时，截面 2 处沿 P_2 作用方向的位移为 δ_{21}，如图 11.25（b）所示。

对于上述两种状态应用功的互等定理，则得

$$r_{12} \times 1 + 1 \times \delta_{21} = 0$$

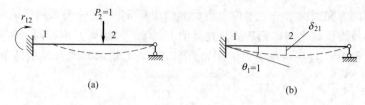

图 11.25

$$r_{12} = -\delta_{21} \tag{11.7}$$

这就是反力与位移互等定理，即由于单位荷载作用，在结构中某一支座所产生的反力，在数值上等于该支座发生与反力方向相一致的单位位移时在单位荷载作用处所引起的位移，唯符号相反。

特别说明：（1）结构只发生变形位移，不发生刚性位移；（2）力和位移都是广义的。

第八节　卡 氏 定 理

先看下面的例子。

【例 11.9】　求图 11.26 所示悬臂梁 B 点的竖直位移，已知 F、EI。

解：查表 6.4 得

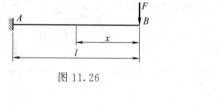

图 11.26

$$w_B = \frac{Fl^3}{3EI} (\downarrow)$$

$$V_\varepsilon = \int_l \frac{M^2(x)\,\mathrm{d}x}{2EI} = \int_0^l \frac{(-Fx)^2\,\mathrm{d}x}{2EI} = \frac{F^2 l^3}{6EI}$$

$$\frac{\mathrm{d}V_\varepsilon}{\mathrm{d}F} = \frac{Fl^3}{3EI} (\downarrow)$$

即

$$w_B = \frac{\mathrm{d}V_\varepsilon}{\mathrm{d}F}$$

猜想：

杆件应变能对外力 F 求导数，就求得力 F 作用点沿其作用方向的位移，这是一个普遍的规律吗？（力和位移都是广义的）。

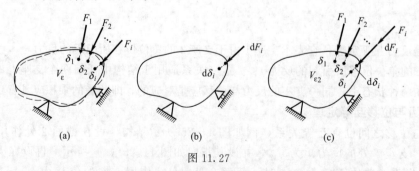

图 11.27

1. 卡氏定理

如图 11.27（a）所示，设线弹性结构在支座约束下，无任何刚性位移。

F_1、F_2、$\cdots$、F_i 为作用于弹性结构上外力的最终值，而 δ_1、δ_2、$\cdots$、δ_i 为相应的位

移最终值，则外力做功转化为弹性体的应变能，而力与相应的位移也有一定的关系，因此应变能既可表达为力的函数，也可表达为位移的函数，首先以力为自变量，应变能表达如下

$$V_\varepsilon = f\ (F_1 、 F_2 、 \cdots 、 F_i)$$

给 F_i 一个增量 $\mathrm{d}F_i$，则应变能的增量为

$$\Delta V_\varepsilon = \frac{\partial V_\varepsilon}{\partial F_i}\mathrm{d}F_i$$

结构的应变能为

$$V_\varepsilon + \Delta V_\varepsilon = V_\varepsilon + \frac{\partial V_\varepsilon}{\partial F_i}\mathrm{d}F_i$$

加载：先加 $\mathrm{d}F_i$，然后再加 $F_1 、 F_2 、 \cdots 、 F_i$，如图 11.27 （c）所示，则应变能为

$$\frac{1}{2}\mathrm{d}F_i\mathrm{d}\delta_i + V_\varepsilon + \mathrm{d}F_i\delta_i$$

上式成立的前提是材料服从胡克定律，为小变形线弹性体。因应变能与加载次序无关，则

$$V_\varepsilon + \frac{\partial V_\varepsilon}{\partial F_i}\mathrm{d}F_i = \frac{1}{2}\mathrm{d}F_i\mathrm{d}\delta_i + V_\varepsilon + \mathrm{d}F_i\delta_i$$

略去二阶微量 $\frac{1}{2}\mathrm{d}F_i\mathrm{d}\delta_i$ 得

$$\delta_i = \frac{\partial V_\varepsilon}{\partial F_i} \tag{11.8}$$

上式为卡氏第二定理。弹性结构的应变能，对某一外力的偏导数，即等于该外力作用点沿其作用方向的位移。

若应变能表示为位移的函数，则应变能对任一位移的偏导数，等于该位移方向上作用的载荷。

$$V_\varepsilon = f(\delta_1 、\delta_2 、\cdots 、\delta_i)$$

$$F_i = \frac{\partial V_\varepsilon}{\partial \delta_i} \tag{11.9}$$

这是卡氏第一定理。

注意：F_i 为广义力，δ_i 为广义位移。卡氏第一定理适用于线性和非线性的弹性结构，卡氏第二定理仅适用于线弹性结构。

2. 卡氏定理应用于几种常见情况

（1）横力弯曲

$$V_\varepsilon = \int_l \frac{M^2(x)\mathrm{d}x}{2EI}$$

$$\delta_i = \frac{\partial V_\varepsilon}{\partial F_i} = \frac{\partial}{\partial F_i}\left(\int_l \frac{M^2(x)\mathrm{d}x}{2EI}\right)$$

由于上式中积分、微分变量不同，所以先对 x 积分再对 F_i 求导改变为函数先对 F_i 求导，然后再对 x 积分，于是

$$\delta_i = \int_l \frac{M(x)}{EI} \times \frac{\partial M(x)}{\partial F_i}\mathrm{d}x$$

（2）小曲率平面曲杆（只考虑弯矩）

$$\delta_i = \int_s \frac{M(s)}{EI} \times \frac{\partial M(s)}{\partial F_i}\mathrm{d}s$$

（3）刚架

$$\delta_i = \sum_{i=1}^{n} \int_{l_i} \frac{M(x)}{EI} \times \frac{\partial M(x)}{\partial F_i} \mathrm{d}x$$

（4）桁架

$$V_\varepsilon = \sum_{i=1}^{n} \frac{F_{Ni}^2 l_i}{2EA_i}$$

$$\delta_i = \frac{\partial V_\varepsilon}{\partial F_i} = \sum_{i=1}^{n} \frac{F_N l_i}{EA_i} \times \frac{\partial F_{Ni}}{\partial F_i}$$

（5）组合变形杆件

$$\delta_i = \frac{\partial V_\varepsilon}{\partial F_i} = \int_l \frac{F_N(x)}{EA} \times \frac{\partial F_N(x)}{\partial F_i} \mathrm{d}x + \int_l \frac{M(x)}{EI} \times \frac{\partial M(x)}{\partial F_i} \mathrm{d}x + \int_l \frac{T(x)}{GI_p} \frac{\partial T}{\partial F_i} \mathrm{d}x$$

【例 11.10】 如图 11.28 所示，已知杆长 l，EI 为常数，求 B 端截面转角 θ。

解： 先求出约束力

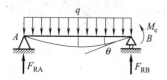

图 11.28

$$F_{RA} = \frac{1}{2}ql + \frac{M_e}{l}$$

$$F_{RB} = \frac{1}{2}ql - \frac{M_e}{l}$$

列弯矩方程，并求导数

$$M(x) = F_{RA}x - \frac{1}{2}qx^2 = \frac{1}{2}qlx + \frac{M_e}{l}x - \frac{1}{2}qx^2$$

$$\frac{\partial M(x)}{\partial M_e} = \frac{x}{l}$$

求 θ

$$\theta = \int_0^l \frac{M(x)}{EI} \times \frac{\partial M(x)}{\partial M_e} \mathrm{d}x = \int_0^l \frac{\frac{1}{2}qlx + \frac{M_e}{l}x - \frac{1}{2}qx^2}{EI} \times \frac{x}{l} \mathrm{d}x = \frac{1}{EI}\left(\frac{ql^3}{24} + \frac{M_e l}{3}\right)$$

注：正号说明 θ 转向与 M_e 方向一致。

【例 11.11】 如图 11.29（a）所示，EI 为常数。用附加力法求 δ_{Cy}、δ_{Cx}、θ_C。

解：（1）求 δ_{Cy}，加附加力 F_a，如图 11.29（b）所示。

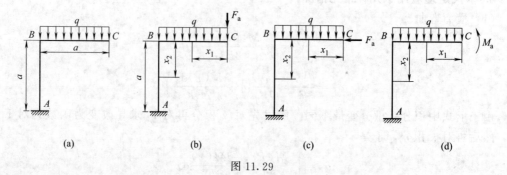

(a)   (b)   (c)   (d)

图 11.29

BC 段

$$M(x_1) = -F_a x_1 - \frac{1}{2}qx_1^2 \qquad \frac{\partial M(x_1)}{\partial F_a} = -x_1$$

BA 段

$$M(x_2) = -F_a a - \frac{1}{2}qa^2 \qquad \frac{\partial M(x_2)}{\partial F_a} = -a$$

令 $F_a = 0$

则

$$\delta_{cy} = \frac{1}{EI}\int_0^a \left(-\frac{1}{2}qx_1^2\right)(-x_1)\mathrm{d}x_1 + \frac{1}{EI}\int_0^a \left(-\frac{1}{2}qa^2\right)(-a)\mathrm{d}x_2 = \frac{5qa^4}{8EI}(\downarrow)$$

正号说明 δ_{Cy} 与 F_a 方向一致。

（2）求 δ_{Cx}，如图 11.29（c）所示。

BC 段

$$M(x_1) = -\frac{1}{2}qx_1^2 \qquad \frac{\partial M(x_1)}{\partial F_a} = 0$$

BA 段

$$M(x_2) = -\frac{1}{2}qa^2 + F_a x_2 \qquad \frac{\partial M(x_2)}{\partial F_a} = x_2$$

令 $F_a = 0$

$$\delta_{Cx} = \frac{1}{EI}\int_0^a \left(-\frac{1}{2}qx_1^2\right)(0)\mathrm{d}x_1 + \frac{1}{EI}\int_0^a \left(-\frac{1}{2}qa^2\right)(x_2)\mathrm{d}x_2 = -\frac{qa^4}{4EI}(\rightarrow)$$

负号说明 δ_{Cx} 方向与 F_a 方向相反。

（3）求 θ_C，如图 11.29（d）所示。

BC 段

$$M(x_1) = M_a - \frac{1}{2}qx_1^2 \qquad \frac{\partial M(x_1)}{\partial M_a} = 1$$

BA 段

$$M(x_2) = M_a - \frac{1}{2}qa^2 \qquad \frac{\partial M(x_2)}{\partial M_a} = 1$$

令 $M_a = 0$

$$\theta_C = \frac{1}{EI}\int_0^a \left(-\frac{1}{2}qx_1^2\right)(1)\mathrm{d}x_1 + \frac{1}{EI}\int_0^a \left(-\frac{1}{2}qa^2\right)(1)\mathrm{d}x_2 = -\frac{2qa^3}{3EI}$$

负号说明 θ_C 方向与 M_a 方向相反。

【例 11.12】　杆件受力如图 11.30 所示，抗弯刚度 EI，试用卡氏定理计算 B 截面的竖直位移 δ_{By}。

解：法 1：为了区分梁上的两个力，可将作用于 B 截面的力标为 P_1。

BC 段

$$M(x_1) = -P_1 x_1 \qquad (0 \leqslant x_1 \leqslant l)$$

$$\frac{\partial M(x_1)}{\partial P_1} = -x_1$$

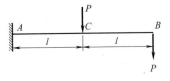

图 11.30

AC 段

$$M(x_2) = -P_1 x_2 - P(x_2 - l) \qquad (l \leqslant x_2 \leqslant 2l)$$

$$\frac{\partial M(x_2)}{\partial P_1} = -x_2$$

$$\delta_{By} = \frac{\partial V_\varepsilon}{\partial P_1} = \int_0^l \frac{M(x_1)}{EI} \times \frac{\partial M(x_1)}{\partial P_1} dx_1 + \int_l^{2l} \frac{M(x_2)}{EI} \times \frac{\partial M(x_2)}{\partial P_1} dx_2$$

$$= \int_0^l \frac{P_1 x_1 \cdot x_1}{EI} dx_1 + \int_l^{2l} \frac{[P_1 x_2 + P(x_2 - l)]x_2}{EI} dx_2$$

令 $P_1 = P$

则

$$\delta_{By} = \frac{7Pl^3}{2EI} (\downarrow)$$

法 2：在 B 截面上施加一向下附加力 P'。

BC 段

$$M(x_1) = -Px_1 - P'x_1 \qquad (0 \leqslant x_1 \leqslant l)$$

$$\frac{\partial M(x_1)}{\partial P'} = -x_1$$

AC 段

$$M(x_2) = -Px_2 - P'x_2 - P(x_2 - l) \qquad (l \leqslant x_2 \leqslant 2l)$$

$$\frac{\partial M(x_2)}{\partial P'} = -x_2$$

$$\delta_{By} = \frac{\partial V_\varepsilon}{\partial P_1} = \int_0^l \frac{M(x_1)}{EI} \times \frac{\partial M(x_1)}{\partial P'} dx_1 + \int_l^{2l} \frac{M(x_2)}{EI} \times \frac{\partial M(x_2)}{\partial P'} dx_2$$

$$= \int_0^l \frac{(Px_1 + P'x_1)x_1}{EI} dx_1 + \int_l^{2l} \frac{[Px_2 + P'x_2 + P(x_2 - l)]x_2}{EI} dx_2$$

令 $P' = 0$

则

$$\delta_{By} = \frac{7Pl^3}{2EI} (\downarrow)$$

【例 11.13】 如图 11.31 所示，各杆长均为 l，抗拉压刚度均为 EA，求铅垂力作用时各杆的内力。

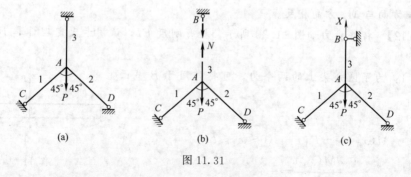

图 11.31

解：此为一次超静定结构，采用解除内力约束的方法。在 3 杆任意截面处切开，多余未知力为 N_3。

由静力学条件得

$$N_1 = N_2 = (P - N_3)/\sqrt{2}$$

则系统的变形能为

$$V_\varepsilon = \frac{N_3^2 l}{2EA} + 2\frac{[(P - N_3)/\sqrt{2}]^2 l}{2EA}$$

由卡氏定理

$$\frac{\partial V_\varepsilon}{\partial N_3} = \frac{N_3 l}{EA} - \frac{(P - N_3)l}{EA} = 0$$

得两斜杆所受轴向压力

$$N_1 = N_2 = \frac{\sqrt{2}}{4}P \qquad N_3 = \frac{P}{2}$$

说明：此题也可解除外约束，如解除 B 支座铅垂方向的约束，如图 11.31（c）所示，多余未知力为约束力 X，变形协调条件为 B 点的铅垂位移等于 0。

小　结

（1）了解杆件及一般弹性体的应变能、应变能密度概念，会表达应变能。
（2）能量原理及其应用。
（3）虚功原理、莫尔积分及图乘法。
（4）互等定理及应用。
（5）卡式定理及应用。

习　题

11.1　如图 11.32 所示圆截面直杆的横截面面积为 A，长度为 l，弹性模量为 E。上端固定，下端受中心拉力 P 作用，设直杆自重为 P，试求杆的弹性变形能。

11.2　试求图 11.33 所示悬臂梁 B 截面的挠度及转角。设 EI 为常数。

图 11.32

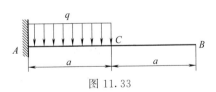

图 11.33

11.3　如图 11.34 所示，悬臂梁受集中力偶矩 M_0 的作用。若 EI、l 均为已知，试利用功能原理求自由端 C 截面的转角 θ_C。

11.4　等截面直杆 AB 和 BC 组成的构架受力如图 11.35 所示。若两杆的抗拉（压）刚度均为 EA，设 P、l、E、A 都已知。试利用功能原理求 B 的竖直位移。

11.5　抗弯刚度为 EI 的刚架受力如图 11.36 所示，试求刚架 A 截面的水平位移 δ_{Ax}、竖直位移 δ_{Ay}、转角 θ_A。

11.6　试就图 11.37 所示杆件的受载情况，证明构件内弹性应变能的数值与加载次序无关。

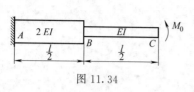

图 11.34

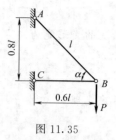

图 11.35

11.7　直杆的支承及受载如图 11.38 所示，试证明当 $F_1 = 2F/3$ 时，杆中应变能最小，并求出此时的应变能值。

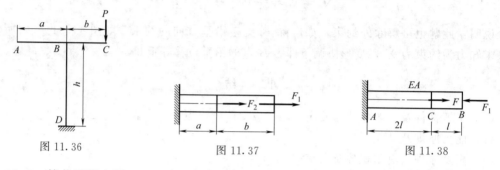

图 11.36　　　　　图 11.37　　　　　图 11.38

11.8　等截面简支梁 AB 上有一移动的集中载荷 F，如图 11.39（a）所示。已知载荷 F 在截面 C 处时［图（b）］梁的挠度曲线方程为

$$w = -Fx(15l^2/16 - x^2)/24EI \qquad (0 \leqslant x \leqslant 3l/4)$$
$$w = -F[4(x - 3l/4)^3 + 15l^2x/16 - x^3]/24EI \qquad (3l/4 \leqslant x \leqslant l)$$

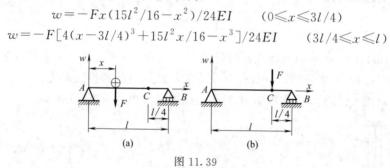

（a）　　　　　　　（b）

图 11.39

试写出截面挠度 w_C 随载荷 F 的位置 x 变化的关系式。

11.9　如图 11.40 所示，杆 AB 的拉压刚度为 EA，求（1）在 F_1 及 F_2 二力作用下，杆的弹性应变能；（2）令 F_2 为变量，F_2 为何值时，杆中的应变能最小？此时杆的应变能是多少？

11.10　用图乘法求图 11.41 所示梁截面 A 的挠度及截面 B 的转角，EI 为常数。

11.11　用图乘法求图 11.42 所示梁截面 A 的挠度及截面 B 的转角，EI 为常数。

图 11.40　　　　　　　　　图 11.41

11.12　欲测定图 11.43 所示梁端截面的转角 θ_A，但只有测量挠度的仪器，怎样用改变加载方式的方法达到此目的？

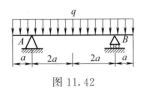

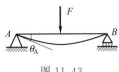

图 11.42

图 11.43

11.13　图 11.44 所示的悬臂梁，由于条件的限制，测挠度的千分表只能安装在自由端 A 点之下，但加力装置允许在梁的任意位置加载。现欲测载荷 F 作用在 A 点时中点 B 的挠度值，则载荷 F 应加在何处。

11.14　已知梁的 EI 为常量，试用单位载荷法求图 11.45 所示外伸梁 A 点的挠度。

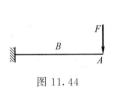

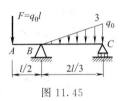

图 11.44

图 11.45

11.15　试用莫尔积分法求图 11.46 所示结构 C 点的铅垂位移。已知杆 AC 的弯曲刚度 EI 和 BD 杆的拉压刚度 EA；受弯构件不计剪力和轴力的影响，BD 杆不会失稳。

11.16　简支梁受均布载荷 q 作用如图 11.47 所示，弯曲刚度 EI 已知。试用莫尔积分法求横截面 A、C 之间的相对角位移 θ_{AC}。

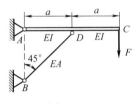

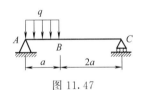

图 11.46

图 11.47

11.17　对于图 11.48 所示的线弹性简支梁，试用单位载荷法计算变形后梁的轴线与变形前梁的轴线所围成的面积 A^*。已知 EI 为常数。

11.18　已知梁的弯曲刚度 EI 为常数，试用莫尔积分法求图 11.49 所示三角形分布载荷作用下简支梁两端截面的转角 θ_A 和 θ_B。

11.19　用图乘法求图 11.50 所示刚架截面 C 的水平位移及转角，EI 为常数。

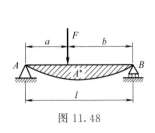

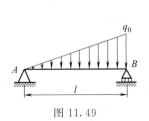

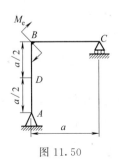

图 11.48

图 11.49

图 11.50

第十二章　超静定结构

第一节　超静定结构概述

1. 概念

静定结构：由静力平衡方程可以求得全部未知力（内力和外力）的结构，称为静定结构 [图 12.1（a）]。

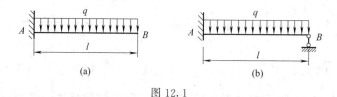

图 12.1

超静定结构：工程中为了提高结构的刚度或强度往往给结构增加约束，这样结构的约束力数目就会增加，使得结构未知力的数目多于结构独立的静力平衡方程的数目，仅仅依靠静力方程就不能将未知力全部求出来，这种结构称为超静定结构，如图 12.1（b）所示，此类问题称为超静定问题。

超静定次数：结构未知力的数目减去独立的静力平衡方程的数目称为超静定次数。根据超静定次数，结构分为一次、二次、n 次超静定结构。

多余约束：超静定结构的某些约束解除后结构仍然为几何不变结构（即静定或超静定结构），这些可以解除的约束称为多余约束。

2. 超静定结构特点

与静定结构比较，超静定结构具有以下一些重要特性。

（1）静定结构的内力只用静力平衡条件即可确定，其值与结构的材料性质以及杆件截面尺寸无关。超静定结构的内力仅有静力平衡条件则不能全部确定，还需同时考虑位移协调条件。所以，超静定结构的内力与结构的材料性质以及杆件截面尺寸有关，如图 12.2 所示。

（2）在静定结构中，除了荷载作用以外，其他因素，如支座移动、温度改变、材料收

226

缩、制造误差等，都不会引起内力。在超静定结构中，任何上述因素作用，则都可能引起内力。这是由于上述因素都将引起结构变形，而此种变形由于受到结构的多余联系的限制，因而往往使结构中产生内力。

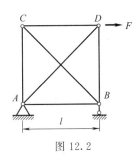

图 12.2

（3）静定结构在任一联系（约束）遭到破坏后，即丧失几何不变性，因而就不能再承受荷载。而超静定结构则由于具有多余联系，在多余联系遭到破坏后，仍能维持其几何不变性，因而还具有一定的承载能力。

（4）局部载荷作用对超静定结构比对静定结构影响的范围大。例如图 12.3（a）所示的连续梁，当中跨受荷载作用时，两边跨也将产生内力。但图 12.3（b）所示的静定多跨梁则不同，当中跨受荷载作用时，两边跨只随之转动，不产生内力。因此，从结构的内力分布情况看，超静定结构比静定结构均匀些。

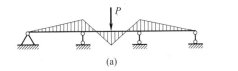 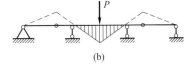

图 12.3

第二节　力法原理与力法方程

以前我们用变形比较法求解超静定梁。解超静定问题的关键是，建立变形协调条件，增加补充方程，使总的方程数目与未知力数相等，从而使问题求解。

首先，适当选择约束作为多余约束，解除后用多余力代替，得到基本静定系统。

其次，多余约束处静定基的变形应与原超静定结构保持一致，从而建立变形协调条件，求得补充方程。

【例 12.1】　试作图 12.4（a）所示梁的弯矩图，EI 为常数。

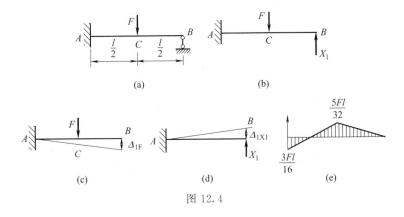

图 12.4

解：法 1：选 B 支座作为多余约束，变形协调条件为

$$\Delta_1 = \Delta_{1F} + \Delta_{1X_1} = 0 \tag{a}$$

查表 6.4 得结果

$$\Delta_{1F} = \frac{5Fl^3}{48EI}(\downarrow), \quad \Delta_{1X_1} = \frac{X_1 l^3}{3EI}(\uparrow)$$

代入式（a）得

$$-\frac{5Fl^3}{48EI} + \frac{X_1 l^3}{3EI} = 0$$

$$X_1 = \frac{5}{16}F(\uparrow)$$

之后按静定问题求解，弯矩图如图 12.4（e）所示。

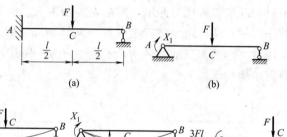

图 12.5

法 2：选 A 端的力偶矩为多余力（广义力），则变形协调条件为

$$\Delta_1 = \Delta_{1F} + \Delta_{1X_1} = 0 \tag{a}$$

查表

$$\left. \begin{aligned} \Delta_{1F} &= \frac{Fl^2}{16EI} \\ \Delta_{1X_1} &= \frac{X_1 l}{3EI} \end{aligned} \right\} \tag{b}$$

代入式（a）得

$$\frac{Fl^2}{16EI} + \frac{X_1 l}{3EI} = 0, \quad X_1 = -\frac{3}{16}Fl$$

负号说明所设多余力 X_1 方向与实际方向相反（图 12.5）。

【例 12.2】 试求解图 12.6（a）所示定端梁，已知 F，EI 为常数。

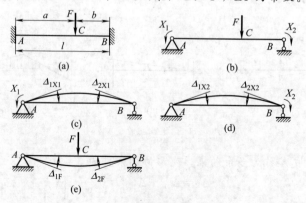

图 12.6

解：定端梁为二次超静定结构。定端梁实为三次超静定，但由于梁的水平位移忽略，可认为水平方向的约束力数值很小，略去不计，所以简化为二次超静定问题。选取两端限制转动的约束为多余约束。变形协调条件为

$$\left.\begin{array}{r}\Delta_1=0\\\Delta_2=0\\\Delta_{1X_1}+\Delta_{1X_2}+\Delta_{1F}=0\\\Delta_{2X_1}+\Delta_{2X_2}+\Delta_{2F}=0\end{array}\right\} \tag{a}$$

查表，方向如图 12.6（c）～（e）所示。

$$\Delta_{1X_1}=\frac{X_1l}{3EI}\quad\Delta_{2X_1}=\frac{X_1l}{6EI}$$

$$\Delta_{1X_2}=\frac{X_2l}{6EI}\quad\Delta_{2X_2}=\frac{X_2l}{3EI}$$

$$\Delta_{1F}=\frac{Fab(l+b)}{6EIl}\quad\Delta_{2F}=\frac{Fab(l+a)}{6EIl}$$

代入式（a）得补充方程组

$$\left.\begin{array}{r}\dfrac{X_1l}{3EI}+\dfrac{X_2l}{6EI}-\dfrac{Fab(l+b)}{6EIl}=0\\\dfrac{X_1l}{6EI}+\dfrac{X_2l}{3EI}-\dfrac{Fab(l+a)}{6EIl}=0\end{array}\right\} \tag{b}$$

解得

$$X_1=\frac{Fab^2}{l^2},X_2=\frac{Fa^2b}{l^2}$$

下面介绍力法。

1. 力法的基本原理

力法是计算超静定结构最基本的方法之一，下面通过一个简单的例子来说明力法的基本原理。

图 12.7（a）所示为一两跨连续梁，它是具有一个多余约束的超静定结构。若在支座 B 处的支杆作为多余约束，在去掉该约束并代以多余力 X_1 后，则得如图 12.7（b）所示的简支梁。这种去掉多余约束后所得到的静定结构，称为原结构的基本结构。如果我们能设法把多余力 X_1 计算出来，那么，基本结构在荷载和多余力 X_1 共同作用下的内力和变形就与原结构在荷载作用下的情况完全一样，从而将超静定结构的计算问题即转化为静定结构的计算问题。

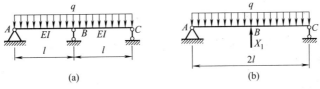

图 12.7

以上分析可知，计算超静定结构的关键，就在于求出多余力。为此，仍用上例来考察支座 B 处的位移情况。由于支座 B 处的约束作用，原结构在支座 B 处是不可能有竖向位移

的。而基本结构［图 12.7（b）］则因该支杆已被去掉，在 B 点处就可能产生竖向位移。为了使基本结构与原结构的情况完全相符，就应该使基本结构在荷载 q 和多余力 X_1 共同作用下，B 点的竖向位移（即沿 X_1 方向的位移）Δ_B 等于零

$$\Delta_B = 0 \tag{a}$$

这是建立求解多余力 X_1 的位移条件。

设以 Δ_{11} 和 Δ_{1P} 分别表示基本结构在多余力 X_1 和荷载 q 单独作用下 B 点沿 X_1 方向的位移［图 12.8（b）、（c）］，并都以沿所假定的 X_1 方向为正。根据叠加原理，应有

$$\Delta_B = \Delta_{11} + \Delta_{1P} = 0$$

若以 δ_{11} 表示 X_1 为单位力即 $X_1 = 1$ 时，B 点沿 X_1 方向所产生的位移，则 $\Delta_{11} = \delta_{11} X_1$。于是上式可写成

$$\delta_{11} X_1 + \Delta_{1P} = 0 \tag{b}$$

由于 δ_{11} 和 Δ_{1P} 都是静定结构在已知外力作用下的位移，因此按上一章所介绍的方法求得后，代入式（b）就可以计算多余力 X_1。求得多余力 X_1 之后，即可应用静力平衡条件计算简支梁在荷载 q 及多余力 X_1 共同作用下［图 12.8（a）］的约束力与内力。

上述计算超静定结构的方法就称为力法。它的基本特点就是以多余力作为基本未知量，根据所去掉的多余约束处相应的位移条件，建立关于多余力的方程或者方程组（称为力法方程），解此方程即可求出多余力，此后就是求解静定结构的问题。

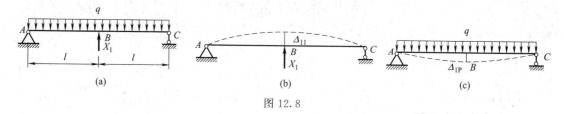

图 12.8

在力法方程式（b）中，δ_{11} 称为方程的系数，Δ_{1P} 称为方程的自由项。在此例中

$$\delta_{11} = \frac{1 \times (2l)^3}{48EI} = \frac{l^3}{6EI}$$

$$\Delta_{1P} = -\frac{5q(2l)^4}{384EI} = -\frac{5ql^4}{24EI}$$

代入式（b）即可解得

$$X_1 = -\frac{\Delta_{1P}}{\delta_{11}} = \frac{10}{8}ql = \frac{5}{4}ql$$

所得结果为正值，表明 X_1 是指向上的。得到 X_1 后，就可以求基本结构在荷载 q 和 X_1 共同作用下的约束力与内力。显然，它们就是原结构的约束力与内力，进一步画剪力图和弯矩图如图 12.9 所示。

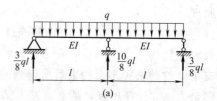

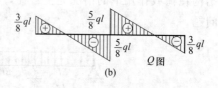

2. 力法的典型方程

以下讨论如何根据相应的位移协调条件来建立关于多余力的力法方程，以求解多余力。我们以一个三次超静定刚架为例，来说明如何建立力法方程。

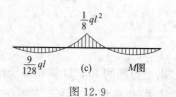

图 12.9

图 12.10（a）所示为一三次超静定刚架，若去掉固定支座 B 处三个多余联系，并以多余力 X_1、X_2 和 X_3 代替所去掉的约束的作用，即得如图 12.10（b）所示的基本结构。由于原结构在 B 处不可能有任何位移，所以在荷载和各多余力共同作用下，基本结构在 B 点处沿多余力 X_1、X_2 和 X_3 方向相应位移都应为零，即

图 12.10

$$\Delta_1 = \Delta_2 = \Delta_3 = 0 \qquad\qquad (c)$$

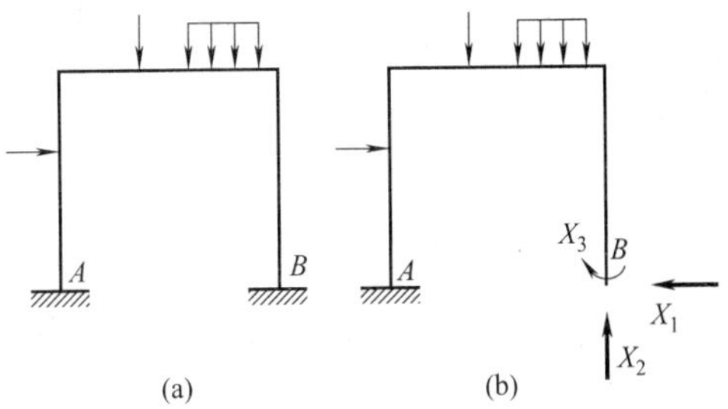

为了便于列出力法方程，对于基本结构上的位移，仍采用上一章所述的符号，即在位移符号下加两个脚标，第一个脚标表示产生位移的位置和方向，第二个脚标表示产生位移的原因。即令：

δ_{ii} 表示在多余力 X_i 的作用点并沿其作用方向由于 X_i 为单位力即 $X_i = 1$ 单独作用时所产生的位移。

δ_{ij} 表示在多余力 X_i 的作用点并沿其作用方向由于 X_j 为单位力即 $X_j = 1$ 单独作用时所产生的位移。

Δ_{ip} 表示多余力 X_i 的作用点并沿其作用方向由于荷载单独作用时所产生的位移。

按照上述符号规定，图 12.10（b）所示基本结构在多余力和荷载共同作用下，在 B 点处沿 X_1 方向的位移 Δ_1 根据叠加原理应为

$$\Delta_1 = \delta_{11} X_1 + \delta_{12} X_2 + \delta_{13} X_3 + \Delta_{1P}$$

式中，$\delta_{11} X_1$ 表示由于 X_1 单独作用时 B 点沿 X_1 方向的位移，右边其他三项分别表示由于 X_2、X_3 和荷载单独作用时 B 点沿 X_1 方向的位移。

同理，可得 B 点沿 X_2 和 X_3 方向的位移为

$$\Delta_2 = \delta_{21} X_1 + \delta_{22} X_2 + \delta_{23} X_3 + \Delta_{2P}$$
$$\Delta_3 = \delta_{31} X_1 + \delta_{32} X_2 + \delta_{33} X_3 + \Delta_{3P}$$

根据基本结构的位移应满足式（c）的条件，即得

$$\left. \begin{aligned} \Delta_1 &= \delta_{11} X_1 + \delta_{12} X_2 + \delta_{13} X_3 + \Delta_{1P} = 0 \\ \Delta_2 &= \delta_{21} X_1 + \delta_{22} X_2 + \delta_{23} X_3 + \Delta_{2P} = 0 \\ \Delta_3 &= \delta_{31} X_1 + \delta_{32} X_2 + \delta_{33} X_3 + \Delta_{3P} = 0 \end{aligned} \right\} \qquad (12.1)$$

这就是为求解多余力 X_1、X_2 和 X_3 所需要建立的力法方程。其物理意义是：在基本结构中，由于全部多余力和已知载荷的共同作用，在去掉多余约束处的位移应与原结构中相应的位移相等。

计算方程中的系数和自由项，然后，将它们代入方程组（12.1），即可求解 X_1、X_2 和 X_3，以下的计算就是静定结构的问题。

用以上同样的分析方法，可以建立力法的一般方程。对于 n 次超静定的结构，它具有 n 个多余联系。用力法计算时，去掉 n 个多余联系，可得到静定的基本结构，在去掉的多余联系处代以 n 个多余力，相应地也就有 n 个已知的位移条件 Δ_i（$i = 1, 2, \cdots, n$）。根据这 n 个已知位移条件，可以建立 n 个关于多余力的方程。

在以上的方程组中，位于左上方至右下方的一条主斜线上的系数 δ_{ii} 称为主系数，主斜线两侧的其他系数 δ_{ij}（$i \neq j$）则称为副系数；最后一项 Δ_{iP} 称为自由项。所有系数和自由项都是基本结构上沿某一多余力方向的位移，并规定与所设多余力方向一致的为正。由于主

系数 δ_{ii} 代表由于单位力 $\overline{X}_i=1$ 的作用,在其本身方向所引起的位移,所以它总是与该单位力的方向一致,故总是正的。而副系数 δ_{ij} ($i \neq j$) 则可能为正、为负或为零。根据位移互等定理,有

$$\delta_{ij}=\delta_{ji} \tag{d}$$

它表明,力法方程中位于主斜线两侧对称位置的两个副系数是相等的。

由于系数 δ_{ii}、δ_{ij} 为单位力作用时所产生的位移,故也统称为柔度系数。上述方程组在组成上具有一定的规律,且具有副系数互等的关系,因此,通常就称之为力法的典型方程。

因为基本结构是静定结构,所以力法方程中的系数和自由项都可按上一章中求位移的方法求得。对于梁和刚架,可按下列公式或图乘法计算:

$$\delta_{ii} = \sum \int \frac{\overline{M}_i^2}{EI}\mathrm{d}x$$

$$\delta_{ij} = \int \frac{\overline{M}_i\overline{M}_j}{EI}\mathrm{d}x$$

$$\Delta_{iP} = \sum \int \frac{\overline{M}_i M_{\mathrm{P}}}{EI}\mathrm{d}x$$

式中,$\overline{M}_i$、$\overline{M}_j$ 和 M_{P} 分别代表在 $\overline{X}_i=1$、$\overline{X}_j=1$ 和荷载单独作用下基本结构中的弯矩。

从力法方程中解出多余力 X_i ($i=1$, 2, $\cdots$, n) 后,就可以按照静定结构的分析方法求原结构的约束力与内力,或按下述叠加公式求出弯矩:

$$M=X_1\overline{M}_1+X_2\overline{M}_2+\cdots+X_n\overline{M}_n+M_{\mathrm{P}} \tag{12.2}$$

再根据平衡条件即可求解其剪力和轴力。

需要指出的是,在以上的分析中,我们是去掉超静定结构的所有多余联系,从而得到静定的基本结构,这样做是为了计算的方便。也可以去掉原结构中的部分多余联系,从而得到超静定的基本结构。在本章的讨论中,我们只采用静定基本结构。

第三节　力法计算和对称性的利用

1. 力法计算

根据以上所述,用力法计算超静定结构的步骤可归纳如下。

(1) 去掉结构的多余联系得静定的基本结构,并以多余力代替相应的多余联系的作用。在选取基本结构的形式时,以使计算尽可能简单为原则。

(2) 根据基本结构在多余力和荷载共同作用下,多余联系处的位移应与原结构相应的位移相同的条件,建立力法方程。

(3) 作出基本结构的单位内力图和荷载内力图(或写出内力表达式),按照求位移的方法计算方程中的系数和自由项。

(4) 将计算所得的系数和自由项代入力法方程,求解各多余力。

(5) 求出多余力后,按分析静定结构的方法,绘出原结构的内力图,即最后内力图。最后内力图也可以利用已作出的基本结构的单位内力图和荷载内力图按公式(12.4)求得。

2. 对称与反对称性质

对称结构:几何尺寸、形状,构件材料及约束条件均对称于某一轴的结构。

　　当对称结构受力也对称于结构对称轴时，则此结构将产生对称变形；若外力反对称于结构对称轴，则结构将产生反对称变形；当对称结构上受对称载荷的作用时，在对称截面上，反对称内力为零或已知；当对称结构上作用反对称载荷时，在对称截面上，对称内力为零或已知。当对称结构上作用的载荷不是对称或反对称的，但可把它转化为对称和反对称的两种载荷的叠加，则可求出对称和反对称两种情况的解，叠加后即为原载荷作用下的解。

　　下面通过几个例题来说明如何应用力法计算超静定结构。

　　【例 12.3】　试分析图 12.11（a）所示的单跨超静定梁。设 EI 为常数。

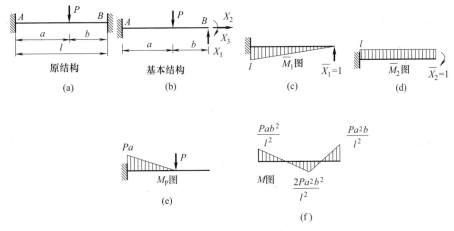

图 12.11

　　解：（对比例 12.2）此梁具有三个多余联系，是三次超静定。取基本结构如图 12.11（b）所示，B 端三个多余联系以多余力 X_1、X_2 和 X_3 代替。由于两端固定梁在竖向荷载作用下产生的轴力较小，通常可忽略不计，即梁的水平约束力可认为等于零。因此有 $X_3 = 0$，即只需计算 X_1、X_2。根据支座 B 处位移为零的条件，可建立力法方程

$$\delta_{11}X_1 + \delta_{12}X_2 + \Delta_{1P} = 0$$
$$\delta_{21}X_1 + \delta_{22}X_2 + \Delta_{2P} = 0$$

　　式中，X_1、X_2 分别代表支座 B 处的竖向约束力和约束力偶矩。

　　作基本结构的单位弯矩图和荷载弯矩图，如图 12.11（c）～（e）所示。

　　利用图乘法求得力法方程的各系数和自由项为

$$\delta_{11} = \frac{1}{EI}\left(\frac{1}{2}\times l \times l \times \frac{2}{3}l\right) = \frac{l^3}{3EI}$$

$$\delta_{12} = \delta_{21} = -\frac{1}{EI}\left(\frac{1}{2}l\times l \times 1\right) = -\frac{l^2}{2EI}$$

$$\delta_{22} = \frac{1}{EI}(l\times l \times 1) = \frac{l^2}{EI}$$

$$\Delta_{1P} = -\frac{1}{EI}\left[\frac{Pa}{2}\times a \times \left(l - \frac{a}{3}\right)\right] = -\frac{Pa^2(3l-a)}{6EI}$$

$$\Delta_{2P} = \frac{1}{EI}\left(\frac{1}{2}Pa\times a \times 1\right) = \frac{Pa^2}{2EI}$$

　　将以上各值代入力法方程并消去 $\dfrac{1}{6EI}$，得

$$2l^3 X_1 - 3l^2 X_2 - Pa(3l-a) = 0$$
$$-3l^2 X_1 + 6l X_2 + 3Pa = 0$$

解上方程组求得

$$X_1 = \frac{Pa^2(l+2b)}{l^3}, \quad X_2 = \frac{Pa^2 b}{l^2}$$

按公式

$$M = X_1 \overline{M_1} + X_2 \overline{M_2} + M_P$$

可作出最后弯矩图如图 12.11（f）所示。

【例 12.4】 试作图 12.12（a）所示梁的弯矩图，设 B 端弹簧支座的弹簧刚度为 k，EI 为常数。

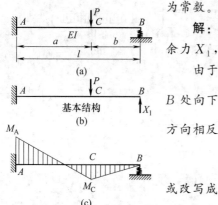

图 12.12

解：此梁是一次超静定，去掉支座 B 的弹簧联系代以多余力 X_1，得图 12.12（b）所示的基本结构。

由于 B 处为弹簧支座，在荷载作用下弹簧将被压缩，即 B 处向下移动 $\Delta = -\dfrac{1}{k} X_1$（负号表示移动方向与多余力 X_1 的方向相反），据此建立如下力法方程

$$\delta_{11} X_1 + \Delta_{1P} = -\frac{1}{k} X_1$$

或改写成

$$\left(\delta_{11} + \frac{1}{k}\right) X_1 + \Delta_{1P} = 0$$

作出基本结构的单位弯矩图和荷载弯矩图，利用图乘法可求得 ［参看图 12.4（c）～（e）以及系数和自由项的计算］

$$\delta_{11} = \frac{l^3}{3EI} \Delta_{1P} = -\frac{Pa^2(3l-a)}{6EI}$$

将以上各值代入力法方程解得

$$X_1 = \frac{Pa^2(3l-a)}{2l^3 + \dfrac{6EI}{k}} = \frac{Pa^3\left(1 + \dfrac{3}{2}\dfrac{b}{a}\right)}{l^3\left(1 + \dfrac{3EI}{kl^3}\right)}$$

由上式可以看出，由于 B 端为弹簧支座，多余力 X_1 的值不仅与弹簧刚度 k 值有关，而且与梁 AB 的弯曲刚度 EI 有关。当 $k = \infty$ 时，相当于 B 端为刚性支承情形，此时

$$X_1' = \frac{Pa^2(3l-a)}{2l^3} = \frac{Pa^3\left(1 + \dfrac{3}{2}\dfrac{b}{a}\right)}{l^3}$$

当 $k = 0$ 时，相当于 B 端为完全柔性支承（即自由端）情形，此时

$$X_1'' = 0$$

故实际上 B 端多余力（即 B 支座处竖向约束力）在 X_1' 和 X_2'' 之间。

求得 X_1 后，根据 $M = X_1 \overline{M_1} + M_P$ 作出最后弯矩图如图 12.12（c）所示。

$$M_A = \frac{Pa}{l^2} \cdot \frac{\dfrac{3EI}{kl} + \dfrac{ab}{2} + b^2}{1 + \dfrac{3EI}{kl^2}}, \quad M_C = \frac{Pa^3 b\left(1 + \dfrac{3}{2} \times \dfrac{b}{a}\right)}{l^3\left(1 + \dfrac{3EI}{kl^3}\right)}$$

【例 12.5】 试作图 12.13（a）所示的刚架弯矩图。设 EI 为常数。

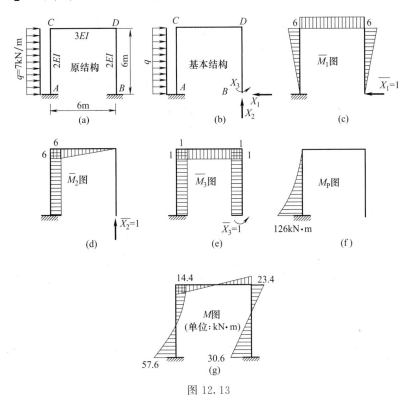

图 12.13

解： 此刚架是三次超静定，去掉支座 B 处的三个多余联系代以多余力 X_1、X_2 和 X_3，得图 12.13（b）所示的基本结构，根据原结构在支座 B 处不可能产生位移的条件，建立力法方程如下

$$\delta_{11}X_1 + \delta_{12}X_2 + \delta_{13}X_3 + \Delta_{1P} = 0$$
$$\delta_{21}X_1 + \delta_{22}X_2 + \delta_{23}X_3 + \Delta_{2P} = 0$$
$$\delta_{31}X_1 + \delta_{32}X_2 + \delta_{33}X_3 + \Delta_{3P} = 0$$

分别绘出基本结构的单位弯矩图和荷载弯矩图，如图 12.13（c）～（f）所示。用图乘法求得各系数和自由项如下

$$\delta_{11} = \frac{2}{2EI}\left(\frac{1}{2} \times 6\,\text{m} \times 6\,\text{m} \times \frac{2}{3} \times 6\,\text{m}\right) + \frac{1}{3EI}(6\,\text{m} \times 6\,\text{m} \times 6\,\text{m}) = \frac{144}{EI}\,\text{m}^3$$

$$\delta_{22} = \frac{1}{2EI}(6\,\text{m} \times 6\,\text{m} \times 6\,\text{m}) + \frac{1}{3EI}\left(\frac{1}{2} \times 6\,\text{m} \times 6\,\text{m} \times \frac{2}{3} \times 6\,\text{m}\right) = \frac{132}{EI}\,\text{m}^3$$

$$\delta_{33} = \frac{2}{2EI}(1 \times 6\,\text{m} \times 1) + \frac{1}{3EI}(1 \times 6\,\text{m} \times 1) = \frac{8}{EI}\,\text{m}$$

$$\delta_{12} = \delta_{21} = -\frac{1}{2EI}\left(\frac{1}{2} \times 6\,\text{m} \times 6\,\text{m} \times 6\,\text{m}\right) - \frac{1}{3EI}\left(\frac{1}{2} \times 6\,\text{m} \times 6\,\text{m} \times 6\,\text{m}\right) = -\frac{90}{EI}\,\text{m}^3$$

$$\delta_{13}=\delta_{31}=-\frac{2}{2EI}\left(\frac{1}{2}\times6\text{m}\times6\text{m}\times1\right)-\frac{1}{3EI}(6\text{m}\times6\text{m}\times1)=-\frac{30}{EI}\text{m}^2$$

$$\delta_{23}=\delta_{32}=\frac{1}{2EI}(6\text{m}\times6\text{m}\times1)+\frac{1}{3EI}\left(\frac{1}{2}\times6\text{m}\times6\text{m}\times1\right)=\frac{24}{EI}\text{m}^2$$

$$\Delta_{1P}=\frac{1}{2EI}\left(\frac{1}{3}\times126\text{kN}\cdot\text{m}\times6\text{m}\times\frac{1}{4}\times6\text{m}\right)=\frac{189}{EI}\text{kN}\cdot\text{m}^3$$

$$\Delta_{2P}=-\frac{1}{2EI}\left(\frac{1}{3}\times126\text{kN}\cdot\text{m}\times6\text{m}\times6\text{m}\right)=-\frac{756}{EI}\text{kN}\cdot\text{m}^3$$

$$\Delta_{3P}=-\frac{1}{2EI}\left(\frac{1}{3}\times126\text{kN}\cdot\text{m}\times6\text{m}\times1\right)=-\frac{126}{EI}\text{kN}\cdot\text{m}^2$$

将系数和自由项代入力法方程，化简后得

$$24X_1-15X_2-5X_3-31.5=0$$
$$-15X_1+22X_2+4X_3-126=0$$
$$-5X_1+4X_2+\frac{4}{3}X_3-21=0$$

解此方程组得

$$X_1=9\text{kN},\ X_2=6.3\text{kN},\ X_3=30.6\text{kN}\cdot\text{m}$$

求得 X_1、X_2 和 X_3 后，按式（12.4）绘出最后弯矩图如图 12.13（g）所示。

【例 12.6】 抗弯刚度为 EI 的梁 AB 的支承及受力情况如图 12.14（a）所示，试求约束力。

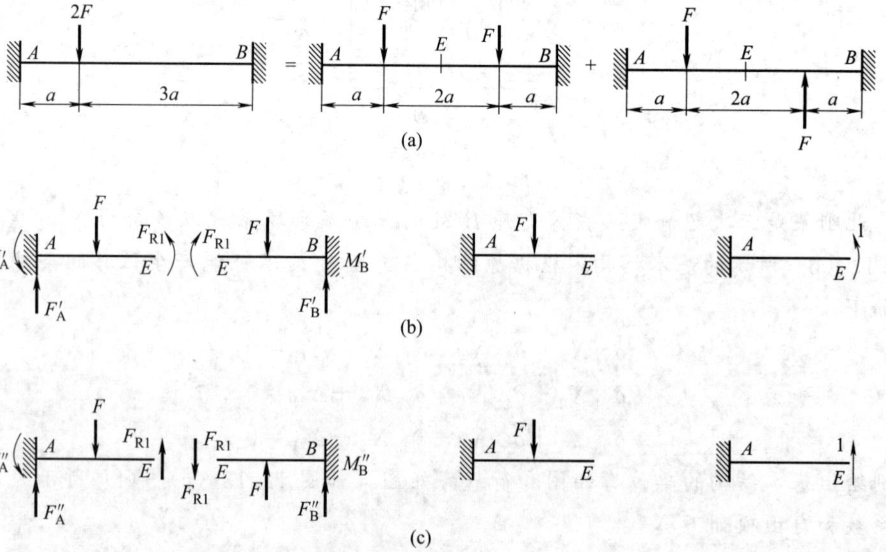

图 12.14

解：图 12.14（a）所示结构是关于梁中点对称的结构，结构上的载荷既非对称又非反对称，但我们可将其分解成对称和反对称两种载荷的叠加。我们先来研究对称载荷的情况。将图示梁沿对称截面 E 切开，对于平面问题，对称截面上将有三对内力。由于对称载荷只有对称内力，则作为反对称的剪力为零。其次，在没有水平方向载荷的情况下，由于梁的弯曲变形很微小，横截面的水平位移为二阶微量，可以忽略，因此，水平方向的约束力也可忽略不计，于是约束力仅有一对，即力偶 F_{R1} ［图 12.14（b）］。注意到对称截面的转角为零，

研究其中一半，力法方程可写成

$$F_{R1}\delta_{11}+\Delta_{1F}=0 \qquad\qquad\qquad (a)$$

式中，Δ_{1F} 是由于 F 引起的 E 截面的转角，δ_{11} 为 $F_{R1}=1$ 时引起的 E 截面的转角，由图 (b) 不难得到

$$\Delta_{1F}=-\frac{Fa^2}{2EI},\delta_{11}=\frac{2a}{EI}$$

将 Δ_{1F} 和 δ_{11} 代入方程式 (a) 中，可得

$$F_{R1}=\frac{Fa}{4}$$

由此求得图 12.14 (b) 中 A 点的约束力

$$F'_A=F(\uparrow)\qquad M'_A=\frac{3Fa}{4}$$

同理可得 B 点的约束力

$$F'_B=F(\uparrow)\qquad M'_B=\frac{3Fa}{4}$$

其次，再研究反对称载荷。沿结构对称截面 E 切开，截面只有反对称内力，即剪力 F_{R1} [图 12.14 (c)]。注意到，反对称截面的垂直位移为零，研究其中一半结构，其力法方程同式 (a)，由图 12.14 (c) 可得

$$\Delta_{1F}=-\frac{5Fa^3}{6EI},\delta_{11}=\frac{8a^3}{3EI}$$

将 Δ_{1F} 和 δ_{11} 代入方程式 (a) 中，可得

$$F_{R1}=\frac{5F}{16}$$

由此求得图 12.14 (c) 中 A 点和 B 点的约束力

$$F''_A=\frac{11F}{16}(\uparrow)\qquad M''_A=\frac{3Fa}{8}$$

$$F''_B=\frac{11F}{16}(\downarrow)\qquad M''_B=\frac{3Fa}{8}$$

由叠加法可知，结构 A 端和 B 端的约束力分别为

$$F_A=F'_A+F''_A=\frac{27F}{16}(\uparrow)\qquad M_A=M'_A+M''_A=\frac{9Fa}{8}$$

$$F_B=F'_B+F''_B=\frac{5F}{16}(\uparrow)\qquad M_B=M'_B+M''_B=\frac{3Fa}{8}$$

【例 12.7】 试作图 12.15 (a) 所示刚架的弯矩图，已知 F、EI 为常数。

解：一次静不定刚架。力法方程

$$\delta_{11}X_1+\Delta_{1F}=0$$

用图乘法求系数 δ_{11} 和常量 Δ_{1F}

$$\delta_{11}=\frac{1}{EI}\left[\frac{1}{2}a^2\times\frac{2}{3}a+a^2\times a\right]=\frac{4a^3}{3EI}$$

$$\Delta_{1F}=\frac{1}{EI}\left[\left(-\frac{1}{2}Fa\times a\right)a+0\right]=-\frac{Fa^3}{2EI}$$

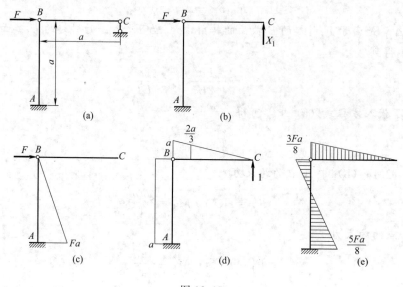

图 12.15

$$X_1 = -\frac{\Delta_{1F}}{\delta_{11}} = \frac{3F}{8}(\uparrow)$$

正号表明所设 X_1 方向与实际方向一致。弯矩图如图 12.15 (e) 所示。

小 结

（1）理解超静定结构中的一些基本概念，即：静定与超静定、超静定次数、多余约束、超静定系统（结构）、基本静定系以及相当系统等。

（2）熟练掌握用力法求解超静定结构。

（3）掌握对称与反对称性质并能熟练应用这些性质求解超静定结构。

习 题

12.1　试用力法计算图 12.16 所示的超静定梁，并绘出 M 图。

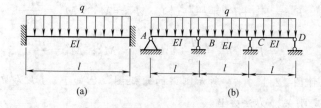

图 12.16

12.2　试用力法计算图 12.17 所示的结构，并绘其内力图。

12.3　已知桁架各杆的长度均为 a（图 12.18），各杆的拉压刚度为 EA，试求各杆轴力。

12.4　试求图 12.19 所示桁架各杆的轴力，设各杆的 EA 均相同。

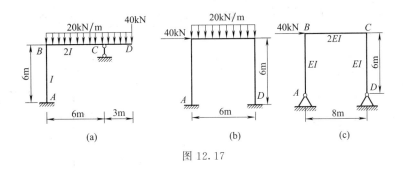

图 12.17

12.5　图 12.20 所示的平面桁架，已知各杆的拉压刚度为 EA，其中杆 1、2、3 横截面面积为 30cm^2，其余各杆面积为 15cm^2，$a=6\text{m}$，$F=130\text{kN}$。试求杆 2 轴力。

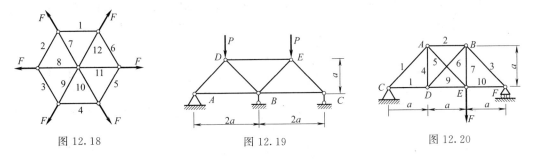

图 12.18　　　　　　　　图 12.19　　　　　　　　图 12.20

12.6　试用力法计算图 12.21 所示的各结构，并绘出内力图。

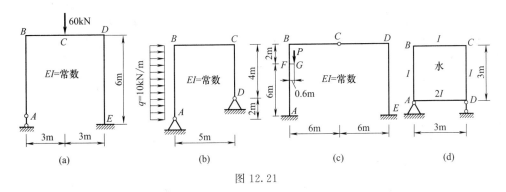

图 12.21

12.7　已知结构的弯曲刚度为 EI，试求对称轴上 A 截面的内力（图 12.22）。

12.8　已知桁架各杆的拉压刚度为 EA（图 12.23），求各杆的轴力。

12.9　试证明当任意载荷作用于梁 ABC（图 12.24）的外伸部分时，若 AB 跨内无任何外载荷，则截面 A 上的弯矩在数值上等于截面 B 上的弯矩之一半。

12.10　刚架的弯曲刚度为 EI，承受力 F 后，支座 C 有一下陷量 Δ（图 12.25），试求刚架 C 处的约束力。

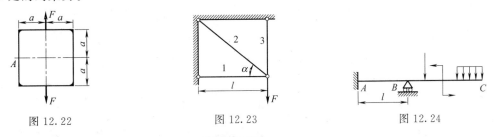

图 12.22　　　　　　　　图 12.23　　　　　　　　图 12.24

12.11　如图 12.26 所示，已知刚架的弯曲刚度为 EI，试求刚架支座 B 处的约束力 F_{By}。

图 12.25　　　　　　　　　　　　图 12.26

12.12　如图 12.27 所示两刚架由 C 点铰链连接，已知刚架的弯曲刚度为 EI。试求铰链 C 处的约束力。

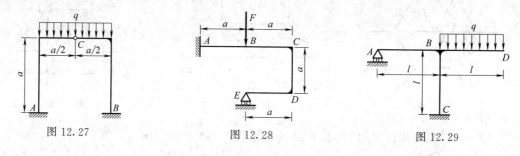

图 12.27　　　　　　　图 12.28　　　　　　　图 12.29

12.13　如图 12.28 所示，已知刚架的弯曲刚度为 EI，试求支座 E 的约束力。

12.14　如图 12.29 所示，已知刚架的弯曲刚度为 EI。试求刚架支座 A 的约束力和最大弯矩及其作用位置。

附录

附录一　截面图形的几何性质

　　不同受力形式下杆件的应力和变形，不仅取决于外力的大小以及杆件的尺寸，而且与杆件截面的几何性质有关。当研究杆件的应力、变形，以及研究失效问题时，都要涉及与截面形状和尺寸有关的几何量。这些几何量包括形心、静矩、惯性矩、惯性半径、极惯性矩、惯性积、主轴等，统称为"平面图形的几何性质"。

　　平面图形的几何性质一般与杆件横截面的几何形状和尺寸有关，下面介绍的几何性质表征量在杆件应力与变形的分析与计算中占有举足轻重的地位。

一、截面的静矩与形心

　　任意平面几何图形如附图1所示。在其上取面积微元 $\mathrm{d}A$，该微元在 yOz 坐标系中的坐标为 z、y。定义下列积分

$\mathrm{d}A$ 对 z 轴的静矩

$$\mathrm{d}S_z = y\,\mathrm{d}A$$

$\mathrm{d}A$ 对 y 轴的静矩

$$\mathrm{d}S_y = z\,\mathrm{d}A$$

$$S_z = \int_A y\,\mathrm{d}A$$

$$S_y = \int_A z\,\mathrm{d}A \tag{1}$$

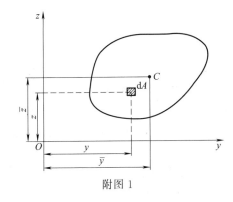

附图1

量纲为长度的 3 次方，单位：m^3、cm^3、mm^3。

　　由于均质薄板的重心与平面图形的形心有相同的坐标 $\bar{z}$ 和 $\bar{y}$，由此可得薄板重心的坐标 $\bar{z}$ 和 $\bar{y}$ 为

$$\overline{y} = \frac{\int_A y \, dA}{A}, \quad \overline{z} = \frac{\int_A z \, dA}{A}$$

所以形心坐标

$$S_y = \int_A z \, dA = A\overline{z}, \quad S_z = \int_A y \, dA = A\overline{y} \tag{2}$$

由式（2）得知，若某坐标轴通过形心轴，则图形对该轴的静矩等于零，即 $\overline{y}$ 等于零，则 S_z 等于零，$\overline{z}$ 等于零，则 S_y 等于零；反之，若图形对某一轴的静矩等于零，则该轴必然通过图形的形心。静矩与所选坐标轴有关，其值可能为正、负或零。

如一个平面图形是由几个简单平面图形组成的，则称为组合平面图形。设第 i 块分图形的面积为 A_i，形心坐标为 $\overline{y}_i$、$\overline{z}_i$，则其静矩和形心坐标分别为

$$S_y = \sum_{i=1}^{n} A_i \overline{z}_i, \quad S_z = \sum_{i=1}^{n} A_i \overline{y}_i \tag{3}$$

$$\overline{y} = \frac{\sum_{i=1}^{n} A_i \overline{y}_i}{\sum_{i=1}^{n} A_i}, \quad \overline{z} = \frac{\sum_{i=1}^{n} A_i \overline{z}_i}{\sum_{i=1}^{n} A_i} \tag{4}$$

【例 1】 如附图 2 所示，求半圆形的 S_y、S_z，确定形心位置。

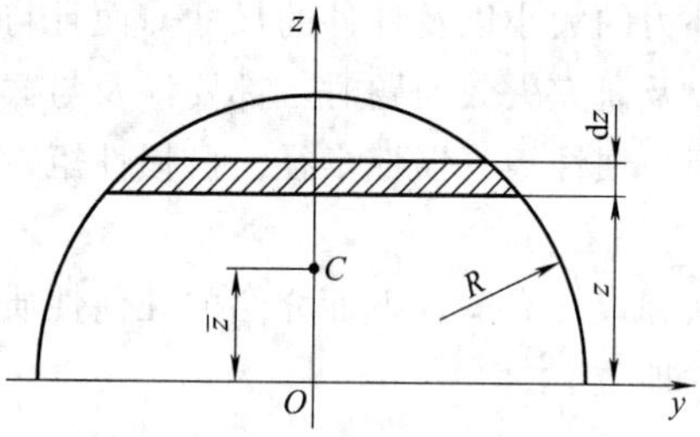

解： 由对称性，有

$$\overline{y} = 0, \quad S_z = 0$$

现取平行于 y 轴的狭长条作为微面积 dA，则

$$dA = 2y \, dz = 2\sqrt{R^2 - z^2} \, dz$$

所以

$$S_y = \int_A z \, dA = \int_0^R z \times 2\sqrt{R^2 - z^2} \, dz = \frac{2}{3} R^3$$

$$\overline{z} = \frac{S_y}{A} = \frac{4R}{3\pi}$$

附图 2

【例 2】 如附图 3 所示，确定形心位置。

解： 将图形看作由两个矩形 Ⅰ 和 Ⅱ 组成，在图示坐标下每个矩形的面积及形心位置分别为

矩形 Ⅰ $\quad A_1 = (120\text{mm}) \times (10\text{mm}) = 1200\text{mm}^2$

$$\overline{y}_1 = \frac{10\text{mm}}{2} = 5 \text{ (mm)}, \quad \overline{z}_1 = \frac{120\text{mm}}{2} = 60\text{mm}$$

矩形 Ⅱ $\quad A_2 = (80\text{mm}) \times (10\text{mm}) = 800\text{mm}^2$

$$\overline{y}_2 = 10\text{mm} + \frac{80\text{mm}}{2} = 50\text{mm}, \quad \overline{z}_2 = \frac{10\text{mm}}{2} = 5\text{mm}$$

应用公式（4）求出整个图形形心 C 的坐标为

$$\overline{y} = \frac{A_1 \overline{y}_1 + A_2 \overline{y}_2}{A_1 + A_2} = 23\text{mm}$$

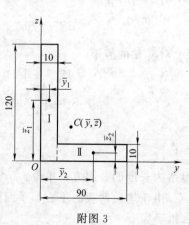

附图 3

$$\overline{z} = \frac{A_1 \overline{z}_1 + A_2 \overline{z}_2}{A_1 + A_2} = 38\text{mm}$$

二、惯性矩与惯性积、极惯性矩

（1）平面图形对某坐标轴的 2 次矩，如附图 4 所示。其面积为 A，y 轴和 z 轴为图形所在平面内的坐标轴。

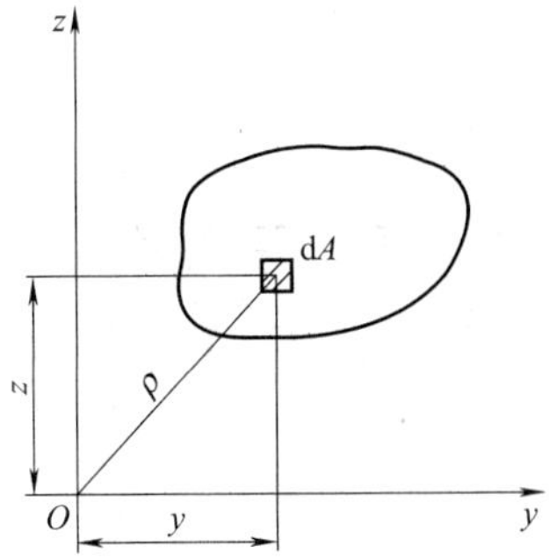

在坐标（y，z）处取微元面积 $\mathrm{d}A$，遍及整个图形面积 A 的积分

$$I_y = \int_A z^2 \mathrm{d}A, \quad I_z = \int_A y^2 \mathrm{d}A \qquad (5)$$

量纲为长度的 4 次方，恒为正。组合图形的惯性矩可先算出每一个分图形对同一轴的惯性矩，然后求其总和。即设 I_{yi}、I_{zi} 为分图形的惯性矩，则总图形对同一轴惯性矩为

$$I_y = \sum_{i=1}^{n} I_{yi}, \quad I_z = \sum_{i=1}^{n} I_{zi} \qquad (6)$$

附图 4

（2）定义下式

$$I_{yz} = \int_A yz \, \mathrm{d}A \qquad (7)$$

为图形对一对正交轴 y、z 轴的惯性积。量纲是长度的 4 次方。I_{yz} 可能为正、负或零。若 y、z 轴中有一根为对称轴，则其惯性积为零。

（3）若以 ρ 表示微面积 $\mathrm{d}A$ 到坐标原点 O 的距离，则定义图形对坐标原点 O 的极惯性矩为

$$I_p = \int_A \rho^2 \mathrm{d}A \qquad (8)$$

因为

$$\rho^2 = y^2 + z^2$$

所以极惯性矩与（轴）惯性矩有如下关系

$$I_p = \int_A (y^2 + z^2) \mathrm{d}A = I_y + I_z \qquad (9)$$

式（9）表明，图形对任意两个互相垂直轴的（轴）惯性矩之和，等于它对该两轴交点的极惯性矩。

（4）定义下式

$$i_y = \sqrt{\frac{I_y}{A}}, \quad i_z = \sqrt{\frac{I_z}{A}} \qquad (10)$$

为图形对 y 轴和对 z 轴的惯性半径。

【例 3】 如附图 5 所示，求圆形截面的 I_y、I_z、I_{yz} 和 I_p。

解：如附图 5 所示取微面积 $\mathrm{d}A$，根据定义有

$$I_y = \int_A z^2 \mathrm{d}A = \int_{\frac{D}{2}}^{\frac{D}{2}} z^2 \times 2\sqrt{R^2 - z^2} \, \mathrm{d}z = \frac{\pi D^4}{64}$$

由于轴对称性，则有

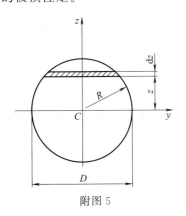

附图 5

$$I_z = I_y = \frac{\pi D^4}{64}, \quad I_{yz} = 0, \quad I_p = I_z + I_y = \frac{\pi D^4}{32}$$

对于空心圆截面，外径为 D ，内径为 d ，则

$$I_z = I_y = \frac{\pi D^4}{64} - \frac{\pi d^4}{64} = \frac{\pi(D^4 - d^4)}{64}$$

$$I_p = \frac{\pi D^4}{32} - \frac{\pi d^4}{32} = \frac{\pi(D^4 - d^4)}{32}$$

【例4】 求附图6所示三角形图形的 I_y 和 I_{yz}。

解：取平行于 y 轴的狭长矩形，由于 $\mathrm{d}A = y\,\mathrm{d}z$，其中宽度 y 随 z 变化，$y = \frac{b}{h}z$，则

$$I_y = \int_A z^2 \mathrm{d}A = \int_0^h \frac{b}{h}z^3 \mathrm{d}z = \frac{bh^3}{4}$$

由

$$I_{yz} = \int_A yz\,\mathrm{d}A$$

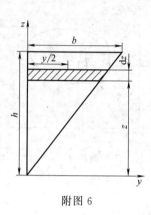

附图6

如附图6所示，可得

$$I_{yz} = \int_0^h z\,\frac{y}{2}y\,\mathrm{d}z = \frac{b^2 h^2}{8}$$

三、平行移轴公式

1. 平行移轴公式

由于同一平面图形对于相互平行的两对直角坐标轴的惯性矩或惯性积并不相同，所以如果其中一对轴是图形的形心轴（y_C，z_C）时，如附图7所示，则可得到如下平行移轴公式。

$$\begin{cases} I_y = I_{y_C} + a^2 A \\ I_z = I_{z_C} + b^2 A \\ I_{yz} = I_{y_C z_C} + abA \end{cases} \tag{11}$$

简单证明之

$$I_y = \int_A z^2 \mathrm{d}A = \int_A (z_C + a)^2 \mathrm{d}A$$

$$= \int_A z_C^2 \mathrm{d}A + 2a \int_A z_C \mathrm{d}A + a^2 \int_A \mathrm{d}A$$

式中，$\int_A z_C \mathrm{d}A$ 为图形对形心轴 y_C 的静矩，其值应等于零，则得

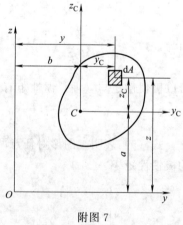

附图7

$$I_y = I_{y_C} + a^2 A$$

同理可证式（11）中的其他两式。此即关于图形对于平行轴惯性矩与惯性积之间关系的移轴定理。

其中，式（11）表明：

（1）图形对任意轴的惯性矩，等于图形对于与该轴平行的形心轴的惯性矩，加上图形面积与两平行轴间距离平方的乘积。

（2）图形对于任意一对直角坐标轴的惯性积，等于图形对于平行于该坐标轴的一对通过形心的直角坐标轴的惯性积，加上图形面积与两对平行轴间距离的乘积。

（3）因为面积及 a^2、b^2 项恒为正，故自形心轴移至与之平行的任意轴，惯性矩总是增加的。

a、b 为原坐标系原点在新坐标系中的坐标，故二者同号时为正，异号时为负。所以，移轴后惯性积有可能增加也可能减少。

结论：同一平面内对所有相互平行的坐标轴的惯性矩，对形心轴的最小。在使用惯性积移轴公式时，应注意 a、b 的正负号。

【例5】 试计算附图8所示图形对其形心轴 y_C 的惯性矩 I_{y_C}。

解： 把图形看作由两个矩形 I 和 II 组成。图形的形心必然在对称轴 z_C 上，为了确定 $\bar{z}$，取通过矩形 II 的形心且平行于底边的参考轴 y 可得

$$\bar{z} = \frac{A_1 \bar{z}_1 + A_2 \bar{z}_2}{A_1 + A_2}$$

$$= \frac{(140 \times 20 \times 80 + 100 \times 20 \times 0)\,\text{mm}^3}{(140 \times 20 + 100 \times 20)\,\text{mm}^2}$$

$$= 46.7\,\text{mm}$$

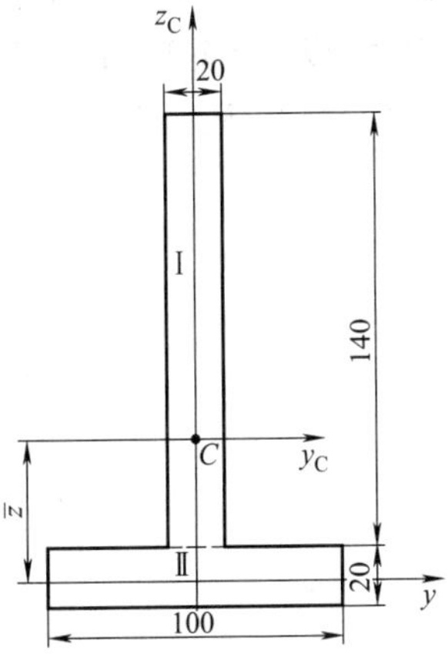

形心位置确定后，使用平行移轴公式，分别算出矩形 I 和 II 对 y_C 轴的惯性矩，它们是

$$I_{y_C}^{\text{I}} = \frac{1}{12} \times 20 \times 140^3\,\text{mm}^4 + (80 - 46.7)^2 \times 20 \times 140\,\text{mm}^4$$

$$= 7.68 \times 10^6\,\text{mm}^4$$

$$I_{y_C}^{\text{II}} = \frac{1}{12} \times 100 \times 20^3\,\text{mm}^4 + 46.7^2 \times 100 \times 20\,\text{mm}^4$$

$$= 4.43 \times 10^6\,\text{mm}^4$$

整个图形对 y_C 轴的惯性矩为

$$I_{y_C} = I_{y_C}^{\text{I}} + I_{y_C}^{\text{II}}$$

$$= 7.68 \times 10^6\,\text{mm}^4 + 4.43 \times 10^6\,\text{mm}^4$$

$$= 12.11 \times 10^6\,\text{mm}^4$$

附图8

【例6】 试求附图9所示 $r = 1\text{m}$ 的半圆形截面对于轴 x 的惯性矩，其中轴 x 与半圆形的底边平行，相距1m。

解： 知半圆形截面对其底边的惯性矩是

$$\frac{\pi d^4}{128} = \frac{\pi r^4}{8}$$

用平行轴定理得截面对形心轴 x_0 的惯性矩

$$I_{x_0} = \frac{\pi r^4}{8} - \frac{\pi r^2}{2}\left(\frac{4r}{3\pi}\right)^2 = \frac{\pi r^4}{8} - \frac{8r^4}{9\pi}$$

再用平行轴定理，得截面对 x 轴的惯性矩

$$I_x = I_{x_0} + \frac{\pi r^2}{2}\left(1 + \frac{4r}{3\pi}\right)^2 = \frac{\pi r^4}{8} + \frac{\pi r^2}{2} + \frac{4r^3}{3}$$

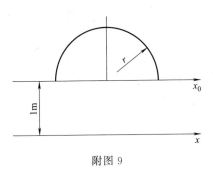

附图9

2. 组合截面的惯性矩和惯性积

工程计算中应用最广泛的是组合图形的惯性矩与惯性积，即求图形对于通过其形心轴的惯性矩与惯性积。为此必须首先确定图形的形心以及形心轴的位置。

因为组合图形都是由一些简单的图形（例如矩形、正方形、圆形等）组成的，所以在确定其形心、形心主轴以至形心主惯性矩的过程中，均不采用积分，而是利用简单图形的几何性质以及移轴和转轴定理。一般应按下列步骤进行。

将组合图形分解为若干简单图形，并应用式（4）确定组合图形的形心位置。以形心为坐标原点，一般设 yOz 坐标系 y、z 轴与简单图形的形心主轴平行。确定简单图形对自身形心轴的惯性矩，利用移轴定理（必要时用转轴定理）确定各个简单图形对 y、z 轴的惯性矩和惯性积，相加（空洞时则减）后便得到整个图形的 I_y、I_z 和 I_{yz}。

【例 7】　计算附图 10 所示图形对 y、z 轴的惯性积。

解：将图形分成 Ⅰ、Ⅱ 两部分

$$I_{yz} = \iint\limits_{A_1+A_2} yz\,\mathrm{d}A$$

$$= \iint\limits_{A_1} yz\,(\mathrm{d}y\,\mathrm{d}z) + \iint\limits_{A_2} yz\,(\mathrm{d}y\,\mathrm{d}z)$$

$$= \int_0^{40} y\,\mathrm{d}y \int_0^{10} z\,\mathrm{d}z + \int_0^{10} y\,\mathrm{d}y \int_{10}^{40} z\,\mathrm{d}z$$

$$= 40000\,\mathrm{mm}^4 + 37500\,\mathrm{mm}^4$$

$$= 7.75 \times 10^4\,\mathrm{mm}^4$$

【例 8】　试确定如附图 11 所示平面图形的形心主惯性轴的位置，并求形心主惯性矩。

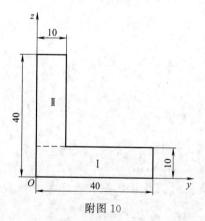

附图 10

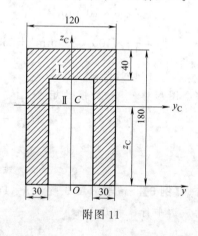

附图 11

解：（1）计算形心位置，组合图形由外面矩形 Ⅰ 减去里面矩形 Ⅱ，由组合图形的对称性（对称轴是 z_C 轴）知

$$y_C = 0$$

$$z_C = \frac{A_1 z_{C_1} - A_2 z_{C_2}}{A_1 - A_2} = 102.7\,\mathrm{mm}$$

（2）计算平面图形对 z_C 轴和 y_C 轴的惯性矩

$$I_{z_C} = \frac{1}{12} \times 180 \times 120^3 \, \mathrm{mm}^4 - \frac{1}{12} \times 140 \times 60^3 \, \mathrm{mm}^4 = 23.4 \times 10^6 \, \mathrm{mm}^4$$

$$I_{y_C} = \left[\frac{1}{12} \times 120 \times 180^3 + (102.7 - 90)^2 \times 120 \times 180 \right] \mathrm{mm}^4$$

$$- \left[\frac{1}{12} \times 60 \times 140^3 + (102.7 - 70)^2 \times 60 \times 140 \right] \mathrm{mm}^4$$

$$= 39.1 \times 10^6 \, \mathrm{mm}^4$$

（3）由于 z_C 轴是对称轴，所以 y_C 轴和 z_C 轴是形心主惯性轴，形心主惯性矩即为

$$I_{y_{C0}} = I_{y_C} = 39.1 \times 10^6 \, \mathrm{mm}^4$$

$$I_{z_{C0}} = I_{z_C} = 23.4 \times 10^6 \, \mathrm{mm}^4$$

四、转轴公式和主惯性轴

任意平面图形（附图 12）对 y 轴和 z 轴的惯性矩和惯性积，可由式（5）～式（9）求得，若将坐标轴对 y、z 轴绕坐标原点 O 点旋转 α 角，且以逆时针转角为正，则新旧坐标轴之间应有如下关系。

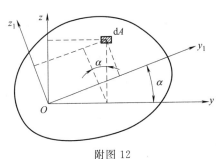

附图 12

$$y_1 = y \cos\alpha + z \sin\alpha$$

将此关系代入惯性矩及惯性积的定义式，则可得相应量的新、旧转换关系，即转轴公式

$$I_{y_1} = \int_A z_1^2 \mathrm{d}A = \frac{I_y + I_z}{2} + \frac{I_y - I_z}{2} \cos 2\alpha - I_{yz} \sin 2\alpha \qquad (12)$$

$$I_{z_1} = \frac{I_y + I_z}{2} - \frac{I_y - I_z}{2} \cos 2\alpha + I_{yz} \sin 2\alpha \qquad (13)$$

$$I_{y_1 z_1} = \frac{I_y - I_z}{2} \sin 2\alpha + I_{yz} \cos 2\alpha \qquad (14)$$

以上三式就是惯性矩和惯性积的转轴公式，它们在下面计算截面的主惯性矩时将要用到。

从式（14）可以看出，对于确定的点（坐标原点），当坐标轴旋转时，随着角度 α 的改变，惯性积也发生变化，并且根据惯性积可能为正，也可能为负的特点，总可以找到一角度 α_0 以及相应的 x_0、y_0 轴，图形对于这一对坐标轴的惯性积等于零。

为确定 α_0，令式（14）中的 $I_{y_1 z_1}$ 为零，若令 α_0 是惯性矩为极值时的方位角，则由条件 $\mathrm{d}I_{y_1}/\mathrm{d}\alpha = 0$，可得

$$\tan 2\alpha_0 = -\frac{2I_{yz}}{I_y - I_z} \qquad (15)$$

由式（15）可以求出 α_0 和 $(\alpha_0 + \pi/2)$，以确定一对主惯性轴 y_0 和 z_0。

由式（15）求出 $\sin 2\alpha_0$、$\cos 2\alpha_0$ 后代回式（12）与式（13）即可得到惯性矩的两个极值，称主惯性轴。

定义：若过一点存在这样一对坐标轴，图形对于其惯性积等于零，这一对坐标轴则称为过这一点的主轴。

图形对主轴的惯性矩称为主轴惯性矩，简称主惯性矩。显然，主惯性矩具有极大或极小的特征。

根据式（12）和式（13），即可得到主惯性矩的计算式

$$I_{y_0} = \frac{I_y + I_z}{2} + \frac{1}{2}\sqrt{(I_y - I_z)^2 + 4I_{yz}^2} \qquad (16)$$

$$I_{z_0} = \frac{I_y + I_z}{2} - \frac{1}{2}\sqrt{(I_y - I_z)^2 + 4I_{yz}^2} \qquad (17)$$

【例9】 确定附图13所示图形的形心主惯性轴位置，并计算形心主惯性矩。

解：（1）首先确定图形的形心。利用平行移轴公式分别求出各矩形对 y 轴和 z 轴的惯性矩和惯性积矩形。

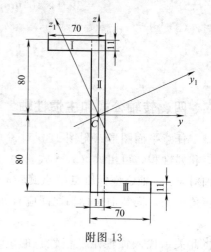

附图13

矩形 I

$$I_y^{\text{I}} = I_{y_C}^{\text{I}} + a_1^2 A_1$$

$$= \frac{1}{12} \times 59 \times 11^3 \text{mm}^4 + 74.5^2 \times 11 \times 59 \text{mm}^4$$

$$= 3.609 \times 10^6 \text{mm}^4$$

$$I_z^{\text{I}} = I_{z_C}^{\text{I}} + b_1^2 A_1$$

$$= \frac{1}{12} \times 11 \times 59^3 \text{mm}^4 + (-35)^2 \times 11 \times 59 \text{mm}^4$$

$$= 0.983 \times 10^6 \text{mm}^4$$

$$I_{yz}^{\text{I}} = I_{y_C z_C}^{\text{I}} + a_1 b_1 A_1$$

$$= 0 + 74.5 \times (-35) \times 11 \times 59 \text{mm}^4$$

$$= -1.692 \times 10^6 \text{mm}^4$$

矩形 II

$$I_y^{\text{II}} = \frac{1}{12} \times 11 \times 160^3 \text{mm}^4 = 3.755 \times 10^6 \text{mm}^4$$

$$I_z^{\text{II}} = \frac{1}{12} \times 160 \times 11^3 \text{mm}^4 = 0.0177 \times 10^6 \text{mm}^4$$

$$I_{yz}^{\text{II}} = 0$$

矩形 III

$$I_y^{\text{III}} = I_{y_C}^{\text{III}} + a_3^2 A_3$$

$$= \frac{1}{12} \times 59 \times 11^3 \text{mm}^4 + (-74.5)^2 \times 11 \times 59 \text{mm}^4$$

$$= 3.609 \times 10^6 \text{mm}^4$$

$$I_z^{\text{III}} = I_{z_C}^{\text{III}} + b_3^2 A_3$$

$$= \frac{1}{12} \times 11 \times 59^3 \text{mm}^4 + 35^2 \times 11 \times 59 \text{mm}^4$$

$$= 0.983 \times 10^6 \text{mm}^4$$

$$I_{yz}^{\text{III}} = I_{y_C z_C}^{\text{III}} + a_3 b_3 A_3$$

$$= 0 \text{mm}^4 + (-74.5) \times 35 \times 11 \times 59 \text{mm}^4$$

$$= -1.692 \times 10^6 \text{mm}^4$$

整个图形对 y 轴和 z 轴的惯性矩和惯性积为

$$I_y = I_y^{I} + I_y^{II} + I_y^{III}$$

$$= (3.607 + 3.76 + 3.607) \times 10^6 \, \text{mm}^4$$

$$= 10.973 \times 10^6 \, \text{mm}^4$$

$$I_z = I_z^{I} + I_z^{II} + I_z^{III}$$

$$= (0.982 + 0.0178 + 0.982) \times 10^6 \, \text{mm}^4$$

$$= 1.984 \times 10^6 \, \text{mm}^4$$

$$I_{yz} = I_{yz}^{I} + I_{yz}^{II} + I_{yz}^{III}$$

$$= (-1.692 + 0 - 1.692) \times 10^6 \, \text{mm}^4$$

$$= -3.384 \times 10^6 \, \text{mm}^4$$

（2）将求得的 I_y、I_z 和 I_{yz} 代入式（1.16）得

$$\tan 2\alpha_0 = \frac{-2I_{zy}}{I_y - I_z} = 0.752$$

则

$$2\alpha_0 \approx 37° \text{ 或 } 217°$$

$$\alpha_0 \approx 18°30' \text{ 或 } 108°30'$$

α_0 的两个值分别确定了形心主惯性轴 y_0 和 z_0 的位置，则

$$I_{y_0} = 12.1 \times 10^6 \, \text{mm}^4$$

$$I_{z_0} = 0.85 \times 10^6 \, \text{mm}^4$$

习　题

1. 如附图 14 所示，确定形心位置。

2. 试确定附图 15 所示组合图形的形心。

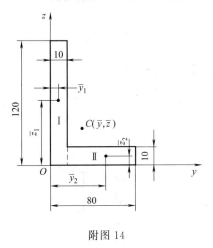

附图 14

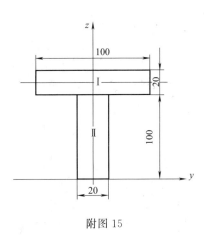

附图 15

3. 如附图 16 所示，截面由 No.14b 的槽钢截面与 12cm×2cm 的矩形截面组成，试确定

其形心主惯矩。

4. 求如附图 17 所示花键轴截面的形心主惯性矩，键可近似地看作矩形。

5. 试求如附图 18 所示的 1/4 的圆面积（半径 a）对于 z、y 轴的惯性积 I_{yz}。

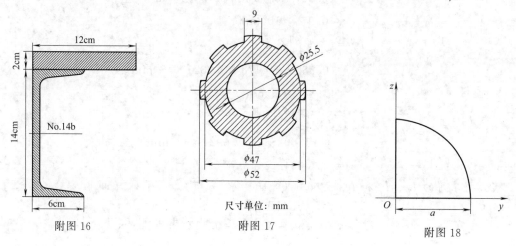

附图 16　　　　　　　附图 17　　　　　　　附图 18

6. 求附图 19 所示图形阴影线面积对 y 轴的静矩。

7. 试计算如附图 20 所示矩形对其对称轴（形心轴）y 和 z 的惯性矩。

8. 如附图 21 所示，试证由一矩形以其对角线所分成的两个三角形分别对 x 轴及 y 轴的惯积是相等的，且等于矩形面积惯积的一半。

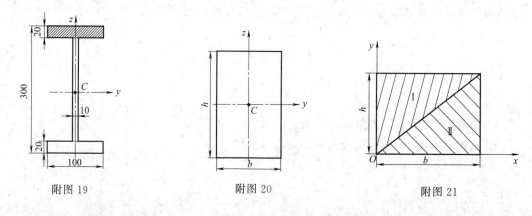

附图 19　　　　　　　附图 20　　　　　　　附图 21

9. 求附图 22 所示各图形的形心位置与形心主惯性矩值。

10. 如附图 23 所示，截面由两个 No.22a 的槽钢组成，试问当间距 a 为何值时 $I_x = I_y$。

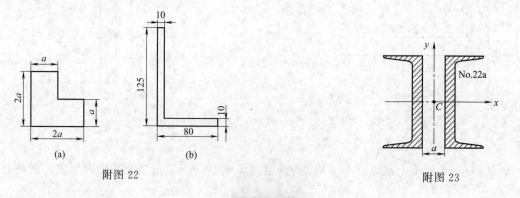

(a)　　　　　(b)

附图 22　　　　　　　　附图 23

附录二 型钢规格表

附表 1 热轧等边角钢 (GB/T 706—2008)

符号意义:
b——边宽度;
I——惯性矩;
d——边厚度;
i——惯性半径;
r_1——边端内圆弧半径;
z_0——重心距离;
r——内圆弧半径;
W——弯曲截面系数。

角钢号数	尺寸/mm b	尺寸/mm d	尺寸/mm r	截面面积 /cm²	理论重量 /(kg/m)	外表面积 /(m²/m)	参考数值 x—x I_x/cm⁴	x—x i_x/cm	x—x W_x/cm³	x_0—x_0 I_{x0}/cm⁴	x_0—x_0 i_{x0}/cm	x_0—x_0 W_{x0}/cm³	y_0—y_0 I_{y0}/cm⁴	y_0—y_0 i_{y0}/cm	y_0—y_0 W_{y0}/cm³	x_1—x_1 I_{x1}/cm⁴	z_0 /cm
2	20	3	3.5	1.132	0.889	0.078	0.40	0.59	0.29	0.63	0.75	0.45	0.17	0.39	0.20	0.81	0.60
		4	3.5	1.459	1.145	0.077	0.50	0.58	0.36	0.78	0.73	0.55	0.22	0.38	0.24	1.09	0.64
2.5	25	3	3.5	1.432	1.124	0.098	0.82	0.76	0.46	1.29	0.95	0.73	0.34	0.49	0.33	1.57	0.73
		4	3.5	1.859	1.459	0.097	1.03	0.74	0.59	0.62	0.93	0.92	0.43	0.48	0.40	2.11	0.76
3.0	30	3	4.5	1.749	1.373	0.117	1.46	0.91	0.68	2.31	1.15	1.09	0.61	0.59	0.51	2.71	0.85
		4	4.5	2.276	1.786	0.117	1.84	0.90	0.87	2.92	1.13	1.37	0.77	0.58	0.62	3.63	0.89
3.6	36	3	4.5	2.109	1.656	0.141	2.58	1.11	0.99	4.09	1.39	1.61	1.07	0.71	0.76	4.68	1.00
		4	4.5	2.756	2.163	0.141	3.29	1.09	1.28	5.22	1.38	2.05	1.37	0.70	0.93	6.25	1.04
		5	4.5	3.382	2.654	0.141	3.95	1.08	1.56	6.24	1.36	2.45	1.65	0.70	1.09	7.84	1.07
4.0	40	3	5.0	2.359	1.852	0.157	3.59	1.23	1.23	5.69	1.55	2.01	1.49	0.79	0.96	6.41	1.09
		4	5.0	3.086	2.422	0.157	4.60	1.22	1.60	7.29	1.54	2.58	1.91	0.79	1.19	8.56	1.13
		5	5.0	3.791	2.976	0.156	5.53	1.21	1.96	8.76	1.52	3.10	2.30	0.78	1.39	10.74	1.17

续表

角钢号数	尺寸/mm b	d	r	截面面积 /cm²	理论重量 /(kg/m)	外表面积 /(m²/m)	$x-x$ I_x /cm⁴	i_x /cm	W_x /cm³	x_0-x_0 I_{x0} /cm⁴	i_{x0} /cm	W_{x0} /cm³	y_0-y_0 I_{y0} /cm⁴	i_{y0} /cm	W_{y0} /cm³	x_1-x_1 I_{x1} /cm⁴	z_0 /cm
4.5	45	3	5.0	2.659	2.088	0.177	5.17	1.40	1.58	8.20	1.76	2.58	2.14	0.90	1.24	9.12	1.22
		4		3.486	2.736	0.177	6.65	1.38	2.05	10.56	1.74	3.32	2.75	0.89	1.54	12.18	1.26
		5		4.292	3.369	0.176	8.04	1.37	2.51	12.74	1.72	4.00	3.33	0.88	1.81	15.25	1.30
		6		5.076	3.985	0.176	9.33	1.36	2.95	14.76	1.70	4.64	3.89	0.88	2.06	18.36	1.33
5.0	50	3	5.5	2.971	2.332	0.197	7.18	1.55	1.96	11.37	1.96	3.22	2.98	1.00	1.57	12.50	1.34
		4		3.897	3.059	0.197	9.26	1.54	2.56	14.70	1.94	4.16	3.82	0.99	1.96	16.69	1.38
		5		4.803	3.770	0.196	11.21	1.53	3.13	17.79	1.92	5.03	4.64	0.98	2.13	20.90	1.42
		6		5.688	4.465	0.196	13.05	1.52	3.68	20.68	1.91	5.85	5.42	0.98	2.63	25.14	1.46
5.6	56	3	6.0	3.343	2.624	0.221	10.19	1.75	2.48	16.14	2.20	4.08	4.24	1.13	2.02	17.56	1.48
		4		4.390	3.446	0.220	13.18	1.73	3.24	20.92	2.18	5.28	5.46	1.11	2.52	23.43	1.53
		5		5.415	4.251	0.220	16.02	1.72	3.97	25.42	2.17	6.42	6.61	1.10	2.98	29.33	1.57
		6		6.420	5.040	0.220	18.69	1.71	4.68	29.66	2.15	7.49	7.73	1.10	3.40	35.26	1.61
		7		7.404	5.812	0.219	21.23	1.69	5.36	33.63	2.13	8.49	8.82	1.09	3.80	41.23	1.64
		8		8.367	6.568	0.219	23.63	1.68	6.03	37.37	2.11	9.44	9.89	1.09	4.16	47.24	1.68
6.0	60	5	6.5	5.829	4.576	0.236	19.89	1.85	4.59	31.57	2.33	7.44	8.21	1.19	3.48	36.05	1.67
		6		6.914	5.427	0.235	23.25	1.83	5.41	36.89	2.31	8.70	9.60	1.18	3.98	43.33	1.70
		7		7.977	6.262	0.235	26.44	1.82	6.21	41.92	2.29	9.88	10.96	1.17	4.45	50.65	1.74
		8		9.020	7.081	0.235	29.47	1.81	6.98	46.66	2.27	11.00	12.28	1.17	4.88	58.02	1.78
6.3	63	4	7.0	4.978	3.907	0.248	19.03	1.96	4.13	30.17	2.46	6.78	7.89	1.26	3.29	33.35	1.70
		5		6.143	4.822	0.248	23.17	1.94	5.08	36.77	2.45	8.25	9.57	1.25	3.90	41.73	1.74
		6		7.288	5.721	0.247	27.12	1.93	6.00	43.03	2.43	9.66	11.20	1.24	4.46	50.14	1.78
		7		8.412	6.603	0.247	30.87	1.92	6.88	48.96	2.41	10.99	12.79	1.23	4.98	58.60	1.82

参考数值

续表

角钢号数	\(b\)	\(d\)	\(r\)	截面面积 /cm²	理论重量 /(kg/m)	外表面积 /(m²/m)	参考数值												
	尺寸/mm						\(x\!-\!x\)			\(x_0\!-\!x_0\)			\(y_0\!-\!y_0\)			\(x_1\!-\!x_1\)	\(z_0\)		
							\(I_x\) /cm⁴	\(i_x\) /cm	\(W_x\) /cm³	\(I_{x0}\) /cm⁴	\(i_{x0}\) /cm	\(W_{x0}\) /cm³	\(I_{y0}\) /cm⁴	\(i_{y0}\) /cm	\(W_{y0}\) /cm³	\(I_{x1}\) /cm⁴	/cm		
6.3	63	8	7.0	9.515	7.469	0.247	34.46	1.90	7.75	54.56	2.40	12.25	14.33	1.23	5.47	67.11	1.85		
		10		11.657	9.151	0.246	41.09	1.88	9.39	64.85	2.36	14.56	17.33	1.22	6.36	84.31	1.93		
7.0	70	4	8.0	5.570	4.372	0.275	26.39	2.18	5.14	41.80	2.74	8.44	10.99	1.40	4.17	45.74	1.86		
		5		6.875	5.397	0.275	32.21	2.16	6.32	51.08	2.73	10.32	13.34	1.39	4.95	57.21	1.91		
		6		8.160	6.406	0.275	37.77	2.15	7.48	59.93	2.71	12.11	15.61	1.38	5.67	68.73	1.95		
		7		9.424	7.398	0.275	43.09	2.14	8.59	68.35	2.69	13.81	17.82	1.38	6.34	80.29	1.99		
		8		10.667	8.373	0.274	48.17	2.12	9.68	76.37	2.68	15.43	19.98	1.37	6.98	91.92	2.03		
7.5	75	5	9.0	7.412	5.818	0.295	39.97	2.33	7.32	63.30	2.92	11.94	16.63	1.50	5.77	70.56	2.04		
		6		8.797	6.905	0.294	46.95	2.31	8.64	74.38	2.90	14.02	19.51	1.49	6.67	84.55	2.07		
		7		10.160	7.976	0.294	53.57	2.30	9.93	84.96	2.89	16.02	22.18	1.48	7.44	98.71	2.11		
		8		11.503	9.030	0.294	59.96	2.28	11.20	95.07	2.88	17.93	24.86	1.47	8.19	112.97	2.15		
		9		12.825	10.068	0.294	66.10	2.27	12.43	104.71	2.86	19.75	27.48	1.46	8.89	127.30	2.18		
		10		14.126	11.089	0.293	71.98	2.26	13.64	113.92	2.84	21.48	30.05	1.46	9.56	141.71	2.22		
8.0	80	5	9.0	7.912	6.211	0.315	48.79	2.48	8.34	77.33	3.13	13.67	20.25	1.60	6.66	85.36	2.15		
		6		9.397	7.376	0.314	57.35	2.47	9.87	90.98	3.11	16.08	23.72	1.59	7.65	102.50	2.19		
		7		10.860	8.525	0.314	65.58	2.46	11.37	104.07	3.10	18.40	27.09	1.58	8.58	119.70	2.23		
		8		12.303	9.658	0.314	73.49	2.44	12.83	116.60	3.08	20.61	30.39	1.57	9.46	136.97	2.27		
		9		13.725	10.774	0.314	81.11	2.43	14.25	128.60	3.06	22.73	33.61	1.56	10.29	154.31	2.31		
		10		15.126	11.874	0.313	88.43	2.42	15.64	140.09	3.04	24.76	36.77	1.56	11.08	171.74	2.35		
9.0	90	6	10	10.637	8.350	0.354	82.77	2.79	12.61	131.26	3.51	20.63	34.28	1.80	9.95	145.87	2.44		
		7		12.301	9.656	0.354	94.83	2.78	14.54	150.47	3.50	23.64	39.18	1.78	11.19	170.30	2.48		
		8		13.944	10.946	0.353	106.47	2.76	16.42	168.97	3.48	26.55	43.97	1.78	12.35	194.80	2.52		

材料力学

续表

角钢号数	尺寸/mm b	d	r	截面面积/cm²	理论重量/(kg/m)	外表面积/(m²/m)	$x-x$ I_x/cm⁴	i_x/cm	W_x/cm³	x_0-x_0 I_{x0}/cm⁴	i_{x0}/cm	W_{x0}/cm³	y_0-y_0 I_{y0}/cm⁴	i_{y0}/cm	W_{y0}/cm³	x_1-x_1 I_{x1}/cm⁴	z_0/cm
9.0	90	9	10	15.566	12.219	0.353	117.72	2.75	18.27	186.77	3.46	29.35	48.66	1.77	13.46	219.39	2.56
		10		17.167	13.476	0.353	128.58	2.74	20.07	203.90	3.45	32.04	53.26	1.76	14.52	244.07	2.59
		12		20.306	15.940	0.352	149.22	2.71	23.57	236.21	3.41	37.12	62.22	1.75	16.49	293.76	2.67
10	100	6	12	11.932	9.366	0.393	114.95	3.10	15.68	181.98	3.90	25.74	47.92	2.00	12.69	200.07	2.67
		7		13.796	10.830	0.393	131.86	3.09	18.10	208.97	3.89	29.55	54.74	1.99	14.26	233.54	2.71
		8		15.638	12.276	0.393	148.24	3.08	20.47	235.07	3.88	33.24	61.41	1.98	15.75	267.09	2.76
		9		17.462	13.708	0.392	164.12	3.07	22.79	260.30	3.86	36.81	67.95	1.97	17.18	300.73	2.80
		10		19.261	15.120	0.392	179.51	3.05	25.06	284.68	3.84	40.26	74.35	1.96	18.57	334.48	2.84
		12		22.800	17.898	0.391	208.9	3.03	29.48	330.95	3.81	46.8	86.84	1.95	21.08	402.34	2.91
		14		26.256	20.611	0.391	236.53	3.00	33.73	374.06	3.77	52.9	99.00	1.94	23.44	470.75	2.99
		16		29.627	23.257	0.390	262.53	2.98	37.82	414.16	3.74	58.57	110.89	1.94	25.63	539.8	3.06
11	110	7	12	15.196	11.928	0.433	177.16	3.41	22.05	280.94	4.30	36.12	73.38	2.20	17.51	310.64	2.96
		8		17.238	13.532	0.433	199.46	3.40	24.95	316.49	4.28	40.69	82.42	2.19	19.39	355.20	3.01
		10		21.261	16.690	0.432	242.19	3.38	30.60	384.39	4.25	49.42	99.98	2.17	22.91	444.65	3.09
		12		25.200	19.782	0.431	282.55	3.35	36.05	448.17	4.22	57.62	116.93	2.15	26.15	534.60	3.16
		14		29.056	22.809	0.431	320.71	3.32	41.31	508.01	4.18	65.31	133.40	2.14	29.14	625.16	3.24
12.5	125	8	14	19.750	15.504	0.492	297.03	3.88	32.52	470.89	4.88	53.28	123.16	2.50	25.86	521.01	3.37
		10		24.373	19.133	0.491	361.67	3.85	39.97	573.89	4.85	64.93	149.46	2.48	30.62	651.93	3.45
		12		28.912	22.696	0.491	423.16	3.83	41.17	671.44	4.82	75.96	174.88	2.46	35.03	783.42	3.53
		14		33.367	26.193	0.490	481.65	3.80	54.16	763.73	4.78	86.41	199.57	2.45	39.13	915.61	3.61
		16		37.739	29.625	0.489	537.31	3.77	60.93	850.98	4.75	96.28	223.65	2.43	42.96	1048.62	3.68
14	140	10	14	27.373	21.488	0.551	514.65	4.34	50.58	817.27	5.46	82.56	212.04	2.78	39.20	915.11	3.82

续表

角钢号数	尺寸/mm b	d	r	截面面积/cm²	理论重量/(kg/m)	外表面积/(m²/m)	参考数值 x-x I_x/cm⁴	i_x/cm	W_x/cm³	x_0-x_0 I_{x0}/cm⁴	i_{x0}/cm	W_{x0}/cm³	y_0-y_0 I_{y0}/cm⁴	i_{y0}/cm	W_{y0}/cm³	x_1-x_1 I_{x1}/cm⁴	z_0/cm
14	140	12	14	32.512	25.522	0.551	603.68	4.31	59.80	958.79	5.43	96.85	248.57	2.76	45.02	1099.28	3.90
		14		37.567	29.490	0.550	688.81	4.28	68.75	1093.56	5.40	110.47	284.06	2.75	50.45	1284.22	3.98
		16		42.539	33.393	0.549	770.24	4.26	77.46	1221.81	5.36	123.42	318.67	2.74	55.55	1470.07	4.06
15	150	8	14	23.750	18.644	0.592	521.37	4.69	47.36	827.49	5.90	78.02	215.25	3.01	38.14	899.55	3.99
		10		29.373	23.058	0.591	637.50	4.66	58.35	1012.79	5.87	95.49	262.21	2.99	45.51	1125.09	4.08
		12		34.912	27.406	0.591	748.85	4.63	69.04	1189.97	5.84	112.19	307.73	2.97	52.38	1351.26	4.15
		14		40.367	31.688	0.590	855.64	4.60	79.45	1359.30	5.80	128.16	351.98	2.95	58.83	1578.25	4.23
		15		43.063	33.804	0.590	907.39	4.59	84.56	1441.09	5.78	135.87	373.69	2.95	61.90	1692.10	4.27
		16		45.739	35.905	0.589	958.08	4.58	89.59	1521.02	5.77	143.40	395.14	2.94	64.89	1806.21	4.31
16	160	10	16	31.502	24.729	0.630	779.53	4.98	66.70	1237.30	6.27	109.36	321.76	3.20	52.76	1365.33	4.31
		12		37.441	29.391	0.630	916.58	4.95	78.98	1455.68	6.24	128.67	377.49	3.18	60.74	1639.57	4.39
		14		43.296	33.987	0.629	1048.36	4.92	90.95	1665.02	6.20	147.17	431.70	3.16	68.24	1914.68	4.47
		16		49.067	38.518	0.629	1175.08	4.89	102.60	1865.57	6.17	164.89	484.59	3.14	75.31	2190.82	4.55
18	180	12	16	42.241	33.159	0.710	1321.35	5.59	100.82	2100.10	7.05	165.00	542.61	3.58	78.41	2332.80	4.89
		14		48.896	38.383	0.709	1514.48	5.56	116.25	2407.42	7.02	189.14	625.53	3.56	88.38	2723.48	4.97
		16		55.467	43.542	0.709	1700.99	5.54	131.13	2703.37	6.98	212.40	698.60	3.55	97.83	3115.29	5.05
		18		61.955	48.634	0.708	1875.12	5.50	145.64	2988.24	6.94	234.78	762.01	3.51	105.14	3502.43	5.13
20	200	14	18	54.642	42.894	0.788	2103.55	6.20	144.70	3343.26	7.82	236.40	863.83	3.98	111.82	3734.10	5.46
		16		62.013	48.680	0.788	2366.15	6.18	163.65	3760.89	7.79	265.93	971.41	3.96	123.96	4270.39	5.54
		18		69.301	54.401	0.787	2620.64	6.15	182.22	4164.54	7.75	294.48	1076.74	3.94	135.52	4808.13	5.62
		20		76.505	60.056	0.787	2867.30	6.12	200.42	4554.55	7.72	322.06	1180.04	3.93	146.55	5347.51	5.69
		24		90.661	71.168	0.785	3338.25	6.07	236.17	5294.97	7.64	374.41	1381.53	3.90	166.65	6457.16	5.87

续表

角钢号数	尺寸/mm b	尺寸/mm d	尺寸/mm r	截面面积/cm²	理论重量/(kg/m)	外表面积/(m²/m)	x—x I_x/cm⁴	x—x i_x/cm	x—x W_x/cm³	x_0—x_0 I_{x0}/cm⁴	x_0—x_0 i_{x0}/cm	x_0—x_0 W_{x0}/cm³	y_0—y_0 I_{y0}/cm⁴	y_0—y_0 i_{y0}/cm	y_0—y_0 W_{y0}/cm³	x_1—x_1 I_{x1}/cm⁴	z_0/cm
22	220	16	21	68.644	53.901	0.866	3187.36	6.81	199.55	5063.73	8.59	325.51	1310.99	4.37	153.81	5681.62	6.03
		18		76.752	60.250	0.866	3534.30	6.79	222.37	5615.32	8.55	360.97	1453.27	4.35	168.29	6395.93	6.11
		20		84.756	66.533	0.865	3871.49	6.76	244.77	6150.08	8.52	395.34	1592.90	4.34	182.16	7112.04	6.18
		22		92.676	72.751	0.865	4199.23	6.73	266.78	6668.37	8.48	428.66	1730.10	4.32	195.45	7830.19	6.26
		24		100.512	78.902	0.864	4517.83	6.70	288.39	7170.55	8.45	460.94	1865.11	4.31	208.21	8550.57	6.33
		26		108.264	84.987	0.864	4827.58	6.68	309.62	7656.98	8.41	492.21	1998.17	4.30	220.49	9273.39	6.41
25	250	18	24	87.842	68.956	0.985	5268.22	7.74	290.12	8369.04	9.76	473.42	2167.41	4.97	224.03	9379.11	6.84
		20		97.045	76.180	0.984	5779.34	7.72	319.66	9181.94	9.73	519.41	2376.74	4.95	242.85	10426.97	6.92
		24		115.201	90.433	0.983	6763.93	7.66	377.34	10742.67	9.66	607.70	2785.19	4.92	278.38	12529.74	7.07
		26		124.154	97.461	0.982	7238.08	7.63	405.50	11491.13	9.62	650.05	2984.84	4.90	295.19	13585.18	7.15
		28		133.022	104.422	0.982	7700.60	7.61	433.22	1221.39	9.58	691.23	3181.81	4.89	311.42	1464.62	7.22
		30		141.807	111.318	0.981	8151.80	7.58	460.51	12927.26	9.55	731.28	3376.34	4.88	327.12	15705.30	7.30
		32		150.508	118.149	0.981	8592.01	7.56	487.39	13615.32	9.51	770.20	3568.71	4.87	342.33	16770.41	7.37
		35		163.402	128.271	0.980	9232.44	7.52	526.97	14611.16	9.46	826.53	3853.72	4.86	364.30	18374.95	7.48

注：截面图中的 $r_1=1/3d$；表中 r 值的数据用于孔型设计，不作交货条件。

附表 2　热轧工字钢（GB/T 706—2008）

符号意义：

h——高度；
b——腿宽度；
d——腰厚度；
t——平均腿厚度；
r——内圆弧半径；

I——惯性矩；
W——截面系数；
i——惯性半径；
S——半截面的静力矩；
r_1——腿端圆弧半径。

斜度1:6

续表

型号		h	b	d	t	r	r₁	截面面积 /cm²	理论重量 /(kg/m)	I_x /cm⁴	W_x /cm³	i_x /cm	I_x/S_x /cm	I_y /cm⁴	W_y /cm³	i_y /cm
				尺寸/mm						x—x				y—y		
10		100	68	4.5	7.6	6.5	3.3	14.345	11.261	245	49.0	4.14	8.59	33.0	9.72	1.52
12		120	74	5.0	8.4	7.0	3.5	17.818	13.987	436	72.7	4.95	—	46.9	12.7	1.62
12.6		126	74	5.0	8.4	7.0	3.5	18.118	14.223	488	77.5	5.20	10.80	46.9	12.70	1.61
14		140	80	5.5	9.1	7.5	3.8	21.516	16.890	712	102	5.76	12.0	64.4	16.1	1.73
16		160	88	6.0	9.9	8.0	4.0	26.131	20.513	1130	141	6.58	13.8	93.1	21.2	1.89
18		180	94	6.5	10.7	8.5	4.3	30.756	24.143	1660	185	7.36	15.4	122	26.0	2.00
20	a	200	100	7.0	11.4	9.0	4.5	35.578	27.929	2370	237	8.15	17.2	158	31.5	2.12
	b		102	9.0	11.4	9.0	4.5	39.578	31.069	2500	250	7.96	16.9	169	33.1	2.06
22	a	220	110	7.5	12.3	9.5	4.8	42.128	33.070	3400	309	8.99	18.9	225	40.9	2.31
	b		112	9.5	12.3	9.5	4.8	46.528	36.524	3570	325	8.78	18.7	239	42.7	2.27
24	a	240	116	8.0	13.0	10.0	5.0	47.741	37.477	4570	381	9.77	—	280	48.4	2.42
	b		118	10.0	13.0	10.0	5.0	52.541	41.245	4800	400	9.57	—	297	50.4	2.38
25	a	250	116	8.0	13.0	10.0	5.0	48.541	38.105	5020	402	10.2	21.6	280	48.3	2.40
	b		118	10.0	13.0	10.0	5.0	53.541	42.030	5280	423	9.94	21.3	309	52.4	2.40
27	a	270	122	8.5	13.7	10.5	5.3	54.554	42.825	6550	485	10.9	—	345	56.6	2.51
	b		124	10.5	13.7	10.5	5.3	59.954	47.064	6870	509	10.7	—	366	58.9	2.47
28	a	280	122	8.5	13.7	10.5	5.3	55.404	43.492	7110	508	11.3	24.6	345	56.6	2.50
	b		124	10.5	13.7	10.5	5.3	61.004	47.888	7480	534	11.1	24.2	379	61.2	2.49
30	a	300	126	9.0	14.4	11.0	5.5	61.254	48.084	8950	597	12.1	—	400	63.5	2.55
	b		128	11.0	14.4	11.0	5.5	67.254	52.794	9400	627	11.8	—	422	65.9	2.50
	c		130	13.0	14.4	11.0	5.5	73.254	57.504	9850	657	11.6	—	445	68.5	2.46
32	a	320	130	9.5	15.0	11.5	5.8	67.156	52.717	11100	692	12.8	27.5	460	70.8	2.62
	b		132	11.5	15.0	11.5	5.8	73.556	57.741	11600	726	12.6	27.1	502	76.0	2.61
	c		134	13.5	15.0	11.5	5.8	79.956	62.765	12200	760	12.3	26.8	544	81.2	2.61

续表

型号		尺寸/mm						截面面积/cm²	理论重量/(kg/m)	x—x				y—y		
		h	b	d	t	r	r₁			I_x/cm⁴	W_x/cm³	i_x/cm	I_x/S_x/cm	I_y/cm⁴	W_y/cm³	i_y/cm
36	a	360	136	10.0	15.8	12.0	6.0	76.480	60.037	15800	875	14.4	30.7	552	81.2	2.69
	b		138	12.0			6.0	83.680	65.689	16500	919	14.1	30.3	582	84.3	2.64
	c		140	14.0			6.0	90.880	71.341	17300	962	13.8	29.9	612	87.4	2.60
40	a	400	142	10.5	16.5	12.5	6.3	86.112	67.598	21700	1090	15.9	34.1	660	93.2	2.77
	b		144	12.5			6.3	94.112	73.878	22800	1140	15.6	33.6	692	96.2	2.71
	c		146	14.5			6.3	102.112	80.158	23900	1190	15.2	33.2	727	99.6	2.65
45	a	450	150	11.5	18.0	13.5	6.8	102.446	80.420	32200	1430	17.7	38.6	855	114	2.89
	b		152	13.5			6.8	111.446	87.485	33800	1500	17.4	38.0	894	118	2.84
	c		154	15.5			6.8	120.446	94.550	35300	1570	17.1	37.6	938	122	2.79
50	a	500	158	12.0	20.0	14.0	7.0	119.304	93.654	46500	1860	19.7	42.8	1120	142	3.07
	b		160	14.0			7.0	129.304	101.504	48600	1940	19.4	42.4	1170	146	3.01
	c		162	16.0			7.0	139.304	109.354	50600	2080	19.0	41.8	1220	151	2.96
55	a	550	166	12.5	21.0	14.5	7.3	134.185	105.335	62900	2290	21.6	—	1370	164	3.19
	b		168	14.5			7.3	145.185	113.970	65600	2390	21.2	—	1420	170	3.14
	c		170	16.5			7.3	156.185	122.606	68400	2490	20.9	—	1480	175	3.08
56	a	560	166	12.5	21.0	14.5	7.3	135.435	106.316	65600	2340	22.0	44.7	1370	165	3.18
	b		168	14.5			7.3	147.635	115.108	68500	2450	21.6	47.2	1490	174	3.16
	c		170	16.5			7.3	158.835	124.900	71400	2550	21.3	46.7	1560	183	3.16
63	a	630	176	13.0	22.0	15.0	7.5	154.658	121.407	93900	2980	24.5	54.2	1700	193	3.31
	b		178	15.0			7.5	167.258	131.298	98100	3160	24.2	53.5	1810	204	3.29
	c		180	17.0			7.5	179.858	141.189	102000	3300	23.8	52.9	1920	214	3.27

注：1. 截面图和表中标注的圆弧半径 r、r_1 的数据用于孔型设计，不作交货条件。
2. 表中保留了原来 GB706—88 中的 I_x/S_x 数值，但此项内容在 GB/T 706—2008 中已不再给出，故新增的工字钢型号中没有此项的数值。

附表 3 热轧槽钢 (GB/T 706—2008)

符号意义：

h——高度；
b——腿宽度；
d——腰厚度；
t——平均腿厚度；
r——内圆弧半径；
W——截面系数；
i——惯性半径；
z_0——y—y轴与y_1—y_1轴间距；
I——惯性矩；
r_1——腿端圆弧半径。

型号		尺寸/mm						截面面积 /cm²	理论重量 /(kg/m)	x—x			y—y			y_1—y_1	z_0 /cm
		h	b	d	t	r	r_1			I_x /cm⁴	W_x /cm³	i_x /cm	I_y /cm⁴	W_y /cm³	i_y /cm	I_{y1} /cm⁴	
5		50	37	4.5	7.0	7.0	3.5	6.928	5.438	26.0	10.4	1.94	8.30	3.55	1.10	20.9	1.35
6.3		63	40	4.8	7.5	7.5	3.8	8.451	6.634	50.8	16.1	2.45	11.9	4.50	1.19	28.4	1.36
6.5		65	40	4.3	7.5	7.5	3.8	8.547	6.709	55.2	17.0	2.54	12.0	4.59	1.19	28.3	1.38
8		80	43	5.0	8.0	8.0	4.0	10.248	8.045	101	25.3	3.15	16.6	5.79	1.27	37.4	1.43
10		100	48	5.3	8.5	8.5	4.2	12.748	10.007	198	39.7	3.95	25.6	7.80	1.41	54.9	1.52
12		120	53	5.5	9.0	9.0	4.5	15.362	12.059	346	57.7	4.75	37.4	10.2	1.56	77.7	1.62
12.6		126	53	5.5	9.0	9.0	4.5	15.692	12.318	391	62.1	4.95	38.0	10.2	1.57	77.1	1.59
14	a	140	58	6.0	9.5	9.5	4.8	18.516	14.535	564	80.5	5.52	53.2	13.0	1.70	107	1.71
	b		60	8.0	9.5	9.5	4.8	21.316	16.733	609	87.1	5.35	61.1	14.1	1.69	121	1.67
16	a	160	63	6.5	10.0	10.0	5.0	21.962	17.240	866	108	6.28	73.3	16.3	1.83	144	1.80
	b		65	8.5	10.0	10.0	5.0	25.162	19.752	935	117	6.10	83.4	17.6	1.82	161	1.75

续表

型号		h	b	d	t	r	r_1	截面面积 /cm²	理论重量 /(kg/m)	I_x /cm⁴	W_x /cm³	i_x /cm	I_y /cm⁴	W_y /cm³	i_y /cm	I_{y1} /cm⁴	z_0 /cm
18	a	180	68	7.0	10.5	10.5	5.2	25.699	20.174	1270	141	7.04	98.6	20.0	1.96	190	1.88
	b		70	9.0	10.5	10.5	5.2	29.299	23.000	1370	152	6.84	111	21.5	1.95	210	1.84
20	a	200	73	7.0	11.0	11.0	5.5	28.837	22.637	1780	178	7.86	128	24.2	2.11	244	2.01
	b		75	9.0	11.0	11.0	5.5	32.837	25.777	1910	191	7.64	144	25.9	2.09	268	1.95
22	a	220	77	7.0	11.5	11.5	5.8	31.846	24.999	2390	218	8.67	158	28.2	2.23	298	2.10
	b		79	9.0	11.5	11.5	5.8	36.246	28.453	2570	234	8.42	176	30.1	2.21	326	2.03
24	a	240	78	7.0	12.0	12.0	6.0	34.217	26.860	3050	254	9.45	174	30.5	2.25	325	2.10
	b		80	9.0	12.0	12.0	6.0	39.017	30.628	3280	274	9.17	194	32.5	2.23	355	2.03
	c		82	11.0	12.0	12.0	6.0	43.817	34.396	3510	293	8.96	213	34.4	2.21	388	2.00
25	a	250	78	7.0	12.0	12.0	6.0	34.917	27.410	3370	270	9.82	176	30.6	2.24	322	2.07
	b		80	9.0	12.0	12.0	6.0	39.917	31.335	3530	282	9.41	196	32.7	2.22	353	1.98
	c		82	11.0	12.0	12.0	6.0	44.917	35.260	3690	295	9.07	218	35.9	2.21	384	1.92
27	a	270	82	7.5	12.5	12.5	6.2	39.284	30.838	4360	323	10.5	216	35.5	2.34	393	2.13
	b		84	9.5	12.5	12.5	6.2	44.684	35.077	4690	347	10.3	239	37.7	2.31	428	2.06
	c		86	11.5	12.5	12.5	6.2	50.084	39.316	5020	372	10.1	261	39.8	2.38	467	2.03
28	a	280	82	7.5	12.5	12.5	6.2	40.034	31.427	4760	340	10.9	218	35.7	2.33	388	2.10
	b		84	9.5	12.5	12.5	6.2	45.634	35.823	5130	366	10.6	242	37.9	2.30	428	2.02
	c		86	11.5	12.5	12.5	6.2	51.234	40.219	5500	393	10.4	268	40.3	2.29	463	1.95
30	a	300	85	7.5	13.5	13.5	6.8	43.902	34.463	6050	403	11.7	260	41.1	2.43	467	2.17
	b		87	9.5	13.5	13.5	6.8	49.902	39.173	6500	433	11.4	289	44.0	2.41	515	2.13
	c		89	11.5	13.5	13.5	6.8	55.902	43.883	6950	463	11.2	316	46.4	2.38	560	2.09
32	a	320	88	8.0	14.0	14.0	7.0	48.513	38.083	7600	475	12.5	305	46.5	2.50	552	2.24
	b		90	10.0	14.0	14.0	7.0	54.913	43.107	8140	509	12.2	336	49.2	2.47	593	2.16
	c		92	12.0	14.09	14.0	7.0	61.313	48.131	8690	543	11.9	374	52.6	2.47	643	2.09

续表

型号		尺寸/mm						截面面积 /cm²	理论重量 /(kg/m)	x—x			y—y			y₁—y₁	z₀ /cm
		h	b	d	t	r	r₁			I_x /cm⁴	W_x /cm³	i_x /cm	I_y /cm⁴	W_y /cm³	i_y /cm	I_{y1} /cm⁴	
36	a	360	96	9.0	16.0	16.0	8.0	60.910	47.814	11900	660	14.0	455	63.5	2.73	818	2.44
	b		98	11.0	16.0	16.0	8.0	68.110	53.466	12700	703	13.6	497	66.9	2.70	880	2.37
	c		100	13.0	16.0	16.0	8.0	75.310	59.118	13400	746	13.4	536	70.0	2.67	948	2.34
40	a	400	100	10.5	18.0	18.0	9.0	75.068	58.928	17600	879	15.3	592	78.8	2.81	1070	2.49
	b		102	12.5	18.0	18.0	9.0	83.068	65.208	18600	932	15.0	640	82.5	2.78	1140	2.44
	c		104	14.5	18.0	18.0	9.0	91.068	71.488	19700	986	14.7	688	86.2	2.75	1220	2.42

附表 4　热轧不等边角钢（GB/T 706—2008）

符号意义：
B—长边宽度；
b—短边宽度；
d—边厚度；
r—内圆弧半径；
i—惯性半径；

r_1—边端内弧半径；
x_0—重心距离；
y_0—重心距离；
I—惯性矩；
W—截面系数。

角钢 号数	尺寸/mm				截面面积 /cm²	理论重量 /(kg/m)	外表面积 /(m²/m)	x—x			y—y			x₁—x₁		y₁—y₁		u—u			tanα
	B	b	d	r				I_x /cm⁴	i_x /cm	W_x /cm³	I_y /cm⁴	i_y /cm	W_y /cm³	I_{x1} /cm⁴	y_0 /cm	I_{y1} /cm⁴	x_0 /cm	I_u /cm⁴	i_u /cm	W_u /cm³	
2.5/ 1.6	25	16	3	3.5	1.162	0.912	0.080	0.70	0.78	0.43	0.22	0.44	0.19	1.56	0.86	0.43	0.42	0.14	0.34	0.16	0.392
			4	3.5	1.499	1.176	0.079	0.88	0.77	0.55	0.27	0.43	0.24	2.09	0.90	0.59	0.46	0.17	0.34	0.20	0.381
3.2/ 2	32	20	3	3.5	1.492	1.171	0.102	1.53	1.01	0.72	0.46	0.55	0.30	3.27	1.08	0.82	0.49	0.28	0.43	0.25	0.382
			4	3.5	1.939	1.522	0.101	1.93	1.00	0.93	0.57	0.54	0.39	4.37	1.12	1.12	0.53	0.35	0.42	0.32	0.374

续表

角钢号数	尺寸/mm				截面面积 /cm²	理论重量 /(kg/m)	外表面积 /(m²/m)	参考数值													
								x—x			y—y			x_1-x_1		y_1-y_1		u—u			
	B	b	d	r				I_x /cm⁴	i_x /cm	W_x /cm³	I_y /cm⁴	i_y /cm	W_y /cm³	I_{x1} /cm⁴	y_0 /cm	I_{y1} /cm⁴	x_0 /cm	I_u /cm⁴	i_u /cm	W_u /cm³	tanα
4/ 2.5	40	25	3	4	1.890	1.484	0.127	3.08	1.28	1.15	0.93	0.70	0.49	5.39	1.32	1.59	0.59	0.56	0.54	0.40	0.385
			4	4	2.467	1.936	0.127	3.93	1.26	1.49	1.18	0.69	0.63	8.53	1.37	2.14	0.63	0.71	0.54	0.52	0.381
4.5/ 2.8	45	28	3	5	2.149	1.687	0.143	4.45	1.44	1.47	1.34	0.79	0.62	9.10	1.47	2.23	0.64	0.80	0.61	0.51	0.383
			4	5	2.806	2.203	0.143	5.69	1.42	1.91	1.70	0.78	0.80	12.13	1.51	3.00	0.68	1.02	0.60	0.66	0.380
5/ 3.2	50	32	3	5.5	2.431	1.908	0.161	6.24	1.60	1.84	2.02	0.91	0.82	12.49	1.60	3.31	0.73	1.20	0.70	0.68	0.404
			4	5.5	3.177	2.494	0.160	8.02	1.59	2.39	2.58	0.90	1.06	16.65	1.65	4.45	0.77	1.53	0.69	0.87	0.402
5.6/ 3.6	56	36	3	6	2.743	2.153	0.181	8.88	1.80	2.32	2.92	1.03	1.05	17.54	1.78	4.70	0.80	1.73	0.79	0.87	0.408
			4	6	3.590	2.818	0.180	11.45	1.79	3.03	3.76	1.02	1.37	23.39	1.82	6.33	0.85	2.23	0.79	1.13	0.408
			5	6	4.415	3.466	0.180	13.86	1.77	3.71	4.49	1.01	1.65	29.25	1.87	7.94	0.88	2.67	0.78	1.36	0.404
6.3/ 4	63	40	4	7	4.058	3.185	0.202	16.49	2.02	3.87	5.23	1.14	1.70	33.30	2.04	8.63	0.92	3.12	0.88	1.40	0.398
			5	7	4.993	3.920	0.202	20.02	2.00	4.74	6.31	1.12	2.71	41.63	2.08	10.86	0.95	3.76	0.87	1.71	0.396
			6	7	5.908	4.638	0.201	23.36	1.96	5.59	7.29	1.11	2.43	49.98	2.12	13.12	0.99	4.34	0.86	1.99	0.393
			7	7	6.802	5.339	0.201	26.53	1.98	6.40	8.24	1.10	2.78	58.07	2.15	15.47	1.03	4.97	0.86	2.29	0.389
7/ 4.5	70	45	4	7.5	4.547	3.570	0.226	23.17	2.26	4.86	7.55	1.29	2.17	45.92	2.24	12.26	1.02	4.40	0.98	1.77	0.410
			5	7.5	5.609	4.403	0.225	27.95	2.23	5.92	9.13	1.28	2.65	57.10	2.28	15.39	1.06	5.40	0.98	2.19	0.407
			6	7.5	6.647	5.218	0.225	32.54	2.21	6.95	10.62	1.26	3.12	68.35	2.32	18.58	1.09	6.35	0.98	2.59	0.404
			7	7.5	7.657	6.011	0.225	37.22	2.20	8.03	12.01	1.25	3.57	79.99	2.36	21.84	1.13	7.16	0.97	2.94	0.402
7.5/ 5	75	50	5	8	6.125	4.808	0.245	34.86	2.39	6.83	12.61	1.44	3.30	70.00	2.40	21.04	1.17	7.41	1.10	2.74	0.435
			6	8	7.260	5.699	0.245	41.12	2.38	8.12	14.70	1.42	3.88	84.30	2.44	25.37	1.21	8.54	1.08	3.19	0.435
			8	8	9.467	7.431	0.244	52.39	2.35	10.52	18.53	1.40	4.99	112.50	2.52	34.23	1.29	10.87	1.07	4.10	0.429
			10	8	11.590	9.098	0.244	62.71	2.33	12.79	21.96	1.38	6.04	140.80	2.60	43.43	1.36	13.10	1.06	4.99	0.423

续表

角钢号数	B	b	d	r	截面面积/cm²	理论重量/(kg/m)	外表面积/(m²/m)	I_x/cm⁴	i_x/cm	W_x/cm³	I_y/cm⁴	i_y/cm	W_y/cm³	I_{x1}/cm⁴	y_0/cm	I_{y1}/cm⁴	x_0/cm	I_u/cm⁴	i_u/cm	W_u/cm³	$\tan\alpha$
8/5	80	50	5	8.5	6.375	5.005	0.255	41.96	2.56	7.78	12.82	1.42	3.32	85.21	2.60	21.06	1.14	7.66	1.10	2.74	0.388
			6	8.5	7.560	5.935	0.255	49.49	2.56	9.25	14.95	1.41	3.91	102.53	2.65	25.41	1.18	8.85	1.08	3.20	0.387
			7	8.5	8.724	6.848	0.255	56.16	2.54	10.58	16.96	1.39	4.48	119.33	2.69	29.82	1.21	10.18	1.08	3.70	0.384
			8	8.5	9.867	7.745	0.254	62.83	2.52	11.92	18.85	1.38	5.03	136.41	2.73	34.32	1.25	11.38	1.07	4.16	0.381
9/5.6	90	56	5	9	7.212	5.661	0.287	60.45	2.90	9.92	18.32	1.59	4.21	121.32	2.91	29.53	1.25	10.93	1.23	3.49	0.385
			6	9	8.557	6.717	0.286	71.03	2.88	11.74	21.42	1.58	4.96	145.59	2.95	35.58	1.29	12.90	1.23	4.13	0.384
			7	9	9.880	7.756	0.286	81.01	2.86	13.49	24.36	1.57	5.70	169.60	3.00	41.71	1.33	14.67	1.22	4.72	0.382
			8	9	11.183	8.779	0.286	91.03	2.85	15.27	27.15	1.56	6.41	194.17	3.04	47.93	1.36	16.34	1.21	5.29	0.380
10/6.3	100	63	6	10	9.617	7.550	0.320	99.06	3.21	14.64	30.94	1.79	6.35	199.71	3.24	50.50	1.43	18.42	1.38	5.25	0.394
			7	10	11.111	8.722	0.320	113.45	3.20	16.88	35.26	1.78	7.29	233.00	3.28	59.14	1.47	21.00	1.38	6.20	0.393
			8	10	12.584	9.878	0.319	127.37	3.18	19.08	39.39	1.77	8.21	266.32	3.32	67.88	1.50	23.50	1.37	6.78	0.391
			10	10	15.467	12.142	0.319	153.81	3.15	23.32	47.12	1.74	9.98	333.06	3.40	85.73	1.58	28.33	1.35	8.24	0.387
10/8	100	80	6	10	10.637	8.350	0.354	107.04	3.17	15.19	61.24	2.40	10.16	199.83	2.95	102.68	1.97	31.65	1.72	8.37	0.627
			7	10	12.301	9.656	0.354	122.73	3.16	17.52	70.08	2.39	11.71	233.20	3.00	119.98	2.01	36.17	1.72	9.60	0.626
			8	10	13.944	10.946	0.353	137.92	3.14	19.81	78.58	2.37	13.21	266.61	3.04	137.37	2.05	40.58	1.71	10.80	0.625
			10	10	17.167	13.476	0.353	166.87	3.12	24.24	94.65	2.35	16.12	333.63	3.12	172.48	2.13	49.10	1.69	13.12	0.622
11/7	110	70	6	10	10.637	8.350	0.354	133.37	3.54	17.85	42.92	2.01	7.90	265.78	3.53	69.08	1.57	25.36	1.54	6.53	0.403
			7	10	12.301	9.656	0.354	153.00	3.53	20.60	49.01	2.00	9.09	310.07	3.57	80.82	1.61	28.95	1.53	7.50	0.402
			8	10	13.944	10.946	0.353	172.04	3.51	23.30	54.87	1.98	10.25	354.39	3.62	92.70	1.65	32.45	1.53	8.45	0.401
			10	10	17.167	13.467	0.353	208.39	3.48	28.54	65.88	1.96	12.48	443.13	3.07	116.83	1.72	39.20	1.51	10.29	0.397
12.5/8	125	80	7	11	14.096	11.066	0.403	227.98	4.02	26.86	74.42	2.30	12.01	454.99	4.01	120.32	1.80	43.81	1.76	9.92	0.408
			8	11	15.989	12.551	0.403	256.77	4.01	30.41	83.49	2.28	13.56	519.99	4.06	137.85	1.84	49.15	1.75	11.18	0.407
			10	11	19.712	15.474	0.402	312.04	3.98	37.33	100.67	2.26	16.56	650.09	4.14	173.40	1.92	59.45	1.74	13.64	0.404
			12	11	23.351	18.330	0.402	364.41	3.95	44.01	116.67	2.24	19.43	780.39	4.22	209.67	2.00	69.35	1.72	16.01	0.400

注：参考数值中 $x\text{-}x$、$y\text{-}y$、$x_1\text{-}x_1$、$y_1\text{-}y_1$、$u\text{-}u$。

续表

角钢号数	尺寸/mm				截面面积 /cm²	理论重量 /(kg/m)	外表面积 /(m²/m)	参考数值														
	B	b	d	r				x—x			y—y			x₁—x₁		y₁—y₁		u—u				
								I_x/cm⁴	i_x/cm	W_x/cm³	I_y/cm⁴	i_y/cm	W_y/cm³	I_{x1}/cm⁴	y_0/cm	I_{y1}/cm⁴	x_0/cm	I_u/cm⁴	i_u/cm	W_u/cm³	$\tan\alpha$
14/9	140	90	8	12	18.038	14.160	0.453	365.64	4.50	38.48	120.69	2.59	17.34	730.53	4.50	195.79	2.04	70.83	1.98	14.31	0.411
			10	12	22.261	17.475	0.452	445.50	4.47	47.31	146.03	2.56	21.22	931.20	4.58	245.92	2.21	85.82	1.96	17.48	0.409
			12	12	26.400	20.724	0.451	521.59	4.44	55.87	169.79	2.54	24.95	1096.09	4.66	296.89	2.19	100.21	1.95	20.54	0.406
			14	12	30.456	23.908	0.451	594.10	4.42	64.18	192.10	2.51	28.54	1279.26	4.74	348.82	2.27	114.13	1.94	23.52	0.403
15/9	150	90	8	12	18.839	14.788	0.473	442.05	4.84	43.86	122.80	2.55	17.47	898.35	4.92	195.96	1.97	74.14	1.98	14.48	0.364
			10	12	23.261	18.260	0.472	539.24	4.81	53.97	148.62	2.53	21.38	1122.85	5.01	246.26	2.05	89.86	1.97	17.69	0.362
			12	12	27.600	21.666	0.471	632.08	4.79	63.79	172.85	2.50	25.14	1347.50	5.09	297.46	2.12	104.95	1.95	20.80	0.359
			14	12	31.856	25.007	0.471	720.77	4.76	73.33	195.62	2.48	28.77	1572.38	5.17	349.74	2.20	119.53	1.94	23.84	0.356
			15	12	33.952	26.652	0.471	763.62	4.74	77.99	206.50	2.47	30.53	1684.93	5.21	376.33	2.24	126.67	1.93	25.33	0.354
			16	12	36.027	28.281	0.470	805.51	4.73	82.60	217.07	2.45	32.27	1797.55	5.25	403.24	2.27	133.72	1.93	26.82	0.352
16/10	160	100	10	13	25.315	19.872	0.512	668.69	5.14	62.13	205.03	2.85	26.56	1362.89	5.24	336.59	2.28	121.74	2.19	21.92	0.390
			12	13	30.054	23.592	0.511	784.91	5.11	73.49	239.06	2.82	31.28	1635.56	5.32	405.94	2.36	142.33	2.17	25.79	0.388
			14	13	34.709	27.247	0.510	896.30	5.08	84.56	271.20	2.80	35.83	1908.50	5.40	476.42	2.43	162.23	2.16	29.56	0.385
			16	13	39.281	30.835	0.510	1003.04	5.05	95.33	301.60	2.77	40.24	2181.79	5.48	548.22	2.51	182.57	2.16	33.44	0.382
18/11	180	110	10	14	28.373	22.273	0.571	956.25	5.80	78.96	278.11	3.13	32.49	1940.40	5.89	447.22	2.44	166.50	2.42	26.88	0.376
			12	14	33.712	26.464	0.571	1124.72	5.78	93.53	325.03	3.10	38.32	2328.38	5.98	538.94	2.52	194.87	2.40	31.66	0.374
			14	14	38.967	30.589	0.570	1286.91	5.75	107.76	369.55	3.08	43.97	2716.60	6.06	631.95	2.59	222.30	2.39	36.32	0.372
			16	14	44.139	34.649	0.569	1443.06	5.72	121.64	411.85	3.06	49.44	3105.15	6.14	726.46	2.67	248.94	2.38	40.87	0.369
20/12.5	200	125	12	14	37.912	29.761	0.641	1570.90	6.44	116.73	483.16	3.57	49.99	3193.85	6.54	787.74	2.83	285.79	2.74	41.23	0.392
			14	14	43.867	34.436	0.640	1800.97	6.41	134.65	550.83	3.54	57.44	3726.17	6.62	922.47	2.91	326.58	2.72	47.34	0.390
			16	14	49.739	39.045	0.639	2023.35	6.38	152.18	615.44	3.52	64.69	4258.86	6.70	1058.86	2.99	366.21	2.71	53.32	0.388
			18	14	55.526	43.588	0.639	2238.30	6.35	169.33	677.19	3.49	71.74	4792.00	6.78	1197.13	3.06	404.83	2.70	59.18	0.385

注：括号内型号不推荐使用；截面图中的 $r_1=1/3d$；表中 r 的数据用于孔型设计，不作交货条件。

综合练习

一、综合练习 1

1. 填空题。

① 图 1 所示刚性梁由杆 1 和杆 2 连接，已知两杆的材料相同，长度不等，横截面积分别为 A_1 和 A_2，若载荷 P 使得刚梁平行下移，则其横截面面积（   ）。

A. $A_1 < A_2$ B. $A_1 > A_2$ C. $A_1 = A_2$ D. A_1、A_2 为任意

② 图 2 所示矩形截面梁，$h = 2a$，承受垂直方向的载荷，若仅将竖放截面改为平放，其他条件都不变，则梁的弯曲正应力强度（   ）。

A. 提高到原来的 2 倍   B. 提高到原来的 4 倍

C. 降低到原来的 1/2 倍   D. 降低到原来的 1/4 倍

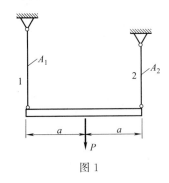

图 1

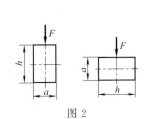

图 2

③ 二向应力状态如图 3 所示，其最大主应力 $\sigma_1 = $（   ）。

A. σ B. 2σ C. 3σ D. 4σ

④ 图 4 所示阶梯形杆总变形为（   ）。

A. $\dfrac{2Fl}{EA}$ B. $\dfrac{Fl}{EA}$ C. 0   D. EA

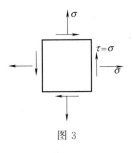

图 3

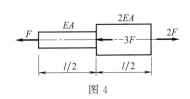

图 4

⑤ 各向同性假设认为，材料沿各个方向具有相同的（   ）。

A. 力学性质   B. 外力   C. 变形   D. 位移

⑥ 实心圆轴受扭，扭矩不变，当直径减小一半时，其最大切应力是原来的（   ）倍。

A. 2   B. 4   C. 8   D. 16

⑦ 一受弯扭组合变形的圆截面钢轴，若用第三强度理论设计的直径为 d_3，用第四强度理论设计的直径为 d_4，则有：d_3（   ）d_4。

⑧ 受弯扭组合作用的圆截面杆，危险点的应力状态属于（　　　），若用第四强度理论校核梁强度时，强度条件为（　　　）。

2. 计算题。

① 悬臂吊车受力如图 5 所示。电葫芦重 $W = 10$kN，可以沿 AB 移动。拉杆 DC 采用 Q235 圆钢，直径 $d = 40$mm；许用应力 $[\sigma] = 140$MPa，设水平梁 AB 为刚性梁。DC 杆与水平杆 ACD 间夹角 $\theta = 30°$，$AC = 4$m，$CB = 2$m。校核 DC 杆的强度。

② 如图 6 所示受扭空心轴，其外径是其内径的两倍，$D = 2d$，$d = 20$mm，$M = 10\pi$N·m，许用切应力 $[\tau] = 60$MPa。画出轴的扭矩图并且校核轴的强度。

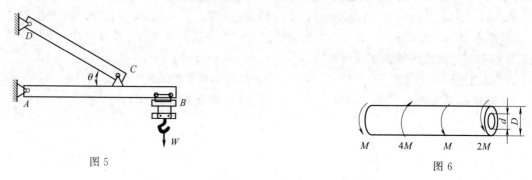

图 5　　　　　　　　　　　　　　　图 6

③ 图 7 所示压杆截面为 $d = 160$mm 的圆截面，约束及杆长见图，材料的弹性模量 $E = 200$GPa，$\lambda_1 = 100$，$\lambda_2 = 60$，直线形经验公式中的 $a = 304$MPa，$b = 1.12$MPa。试计算压杆临界力。

3. 外伸梁载荷及尺寸如图 8 所示，外伸端 BD 受均布载荷 q 作用，C 处受集中力 $F = qa$ 作用，AC 段受均布载荷 q 作用。试作图示梁的剪力图和弯矩图，并标出必要的数值。

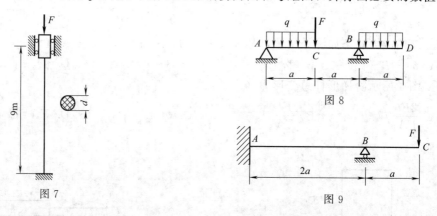

图 7　　　　　　　　　　　　　图 8

图 9

4. 在图 9 所示梁的 C 截面上作用有集中力 F，设梁的抗弯刚度为 EI。A 处为固定端支座，B 处为滚动铰链支座。①试确定 A、B 处反力及反力偶。②画出梁的弯矩图。

5. 单元体的应力如图 10 所示（图中单位为 MPa）。①试求主应力大小和主平面方位，并画出主应力单元体图。②求最大切应力。③若材料的许用应力 $[\sigma] = 120$MPa，试用第三强度理论校核该危险点的强度。

6. T 形铸铁截面外伸梁受力如图 11 所示，已知截面对中性轴的惯性矩 $I_z = 6 \times 10^{-6}$m⁴，$y_1 = 30$mm，$y_2 = 70$mm，抗拉强度 $[\sigma_t] = 30$MPa，抗压强度 $[\sigma_c] = 120$MPa。试按正应力强度条件校核梁的强度。

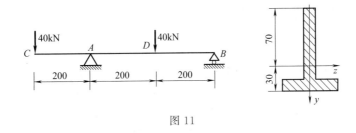

图 11

二、综合练习2

1. 填空题。

① 用同一材料制成的实心圆轴和空心圆轴，若长度和横截面面积均相同，则抗扭刚度较大的是（　　）。

　A. 实心圆轴　　　　B. 空心圆轴　　　　C. 两者一样　　　　D. 无法判断

② 弯曲与拉伸组合变形杆件上危险点的应力状态属于（　　）。

③ 工程构件要正常安全地工作，必须满足一定的条件。下列除（　　）项，其他各项是必须满足的条件。

　A. 强度条件　　　　B. 刚度条件　　　　C. 稳定性条件　　　　D. 硬度条件

④ 图1所示微元体的最大剪应力 τ_{max} 为多大？（　　）

　A. $\tau_{max}=100MPa$　　B. $\tau_{max}=0$　　　C. $\tau_{max}=50MPa$　　D. $\tau_{max}=200MPa$

⑤ 现有钢、铸铁两种棒材，其直径相同。从承载能力与经济效益两个方面考虑，图2所示两种结构中，合理的选择方案是（　　）。

　A. 1杆为钢，2杆为铸铁　　　　　　　B. 1杆为铸铁，2杆为钢

　C. 两杆均为钢　　　　　　　　　　　D. 两杆均为铸铁

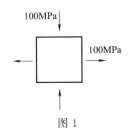

图 1

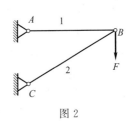

图 2

⑥ 偏心拉伸（压缩）实质上是（　　）的组合变形。

　A. 两个平面弯曲　　　　　　　　　　B. 轴向拉伸（压缩）与平面弯曲

　C. 轴向拉伸（压缩）与剪切　　　　　D. 平面弯曲与扭转

⑦ 杆件的刚度是指（　　）。

　A. 杆件的软硬程度　　　　　　　　　B. 杆件的承载能力

　C. 杆件对弯曲变形的抵抗能力　　　　D. 杆件对变形的抵抗能力

⑧ 低碳钢材料在拉伸实验过程中，不发生明显的塑性变形时，承受的最大应力应当小于（　　）。

　A. 比例极限　　　　B. 许用应力　　　　C. 强度极限　　　　D. 屈服极限

⑨ 在材料相同的条件下，随着柔度的增大（　　）。

    A. 细长杆的临界应力是减小的，中长杆不变

    B. 中长杆的临界应力是减小的，细长杆不变

    C. 细长杆和中长杆的临界应力均是减小的

    D. 细长杆和中长杆的临界应力均不是减小的

2. 小计算。

① 图 3 所示的结构，ACB 为刚性梁，A 端为固定铰链支座，杆 1 和杆 2 的抗拉压刚度 EA 及长度相等。B 端受力 F 作用，求杆 1 及杆 2 受的力。

② 工程实际中某构件可简化为一端外伸梁，分别受图 4 所示集中力 $F = ql$ 及均布载荷 q 作用。作剪力图和弯矩图，并标出必要的数值。

③ 传动轴所承受的扭矩 $T = 200 \text{N} \cdot \text{m}$，轴的直径 $d = 40 \text{mm}$，材料的许用应力 $[\tau] = 40 \text{MPa}$，剪切弹性模量 $G = 80 \text{GPa}$，许用扭转角 $\varphi' = 1 \, (°)/\text{m}$。试校核此轴的强度及刚度。

3. 已知应力状态如图 5 所示。试求：① 主应力大小，主平面位置；② 在单元体上绘出主平面位置及主应力方向；③ 最大切应力。

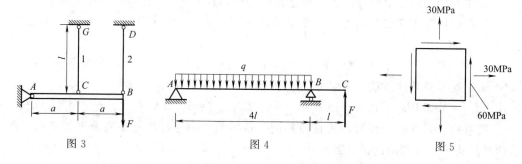

图 3   图 4   图 5

4. 图 6 所示的槽形截面悬臂梁，载荷 $P = 10 \text{kN}$，$m = 70 \text{kN} \cdot \text{m}$，材料的许用拉应力 $[\sigma_t] = 35 \text{MPa}$，许用压应力 $[\sigma_c] = 120 \text{MPa}$。截面形心至底边的距离 $y_C = 100 \text{mm}$，截面对形心轴 z 的惯性矩 $I_z = 100 \times 10^6 \text{mm}^4$。试校核梁的强度。

5. 如图 7 所示，悬臂梁的 B 截面上作用有集中力 P，C 截面受 $m = Pa/4$ 的集中力偶作用，设梁的抗弯刚度为 EI。试确定截面 C 处挠度及转角，并且画出梁的弯矩图。

6. 图 8 所示结构中杆 BA 由 Q235 钢制成，B、A 两处均为铰链连接。CB 梁受到向下的均布载荷 q 作用，CB 梁可视为刚性杆，已知 BA 杆直径：$d = 75 \text{mm}$，$AB = CB = 3 \text{m}$，材料的弹性模量 $E = 200 \text{GPa}$，$\lambda_1 = 100$，$\lambda_2 = 60$，直线形经验公式中的 $a = 304 \text{MPa}$，$b = 1.12 \text{MPa}$。稳定安全系数 $n_{st} = 3.0$。试由 BA 杆稳定性确定该结构的许可荷载 q。

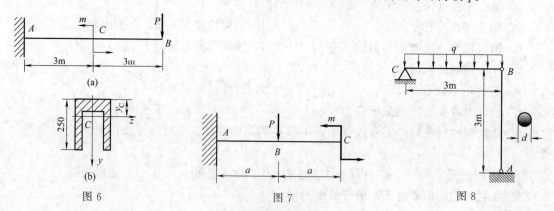

图 6   图 7   图 8

参 考 答 案

第一章

1.1 $\gamma=0$；$\gamma=(\pi/2-2\alpha)$ rad。

1.2 扭矩。

1.3 截面 1—1 上有轴力；截面 2—2 上有轴力、剪力和弯矩。

1.4 $\sigma=100$MPa，$\tau=0$。

1.5 $\varepsilon_{m}=5\times10^{-3}$。

第二章

2.1 (a) $F_{N1}=2$kN，$F_{N2}=-1$kN，$F_{Nmax}=2$kN；

    (b) $F_{N1}=4F$，$F_{N2}=2F$，$F_{Nmax}=4F$；

    (c) $F_{N1}=0$，$F_{N2}=-2$kN，$|F_{Nmax}|=2$kN。

2.2 $F_{2}=39.2$kN。

2.3 $\sigma_{\theta}=5$MPa，$\tau_{\theta}=5$MPa，应力方向略。

2.4 (1) $d\leqslant20.6$mm；(2) $A_{CD}\geqslant1416$mm^{2}；(3) $F\leqslant62.8$kN。

2.5 $b\geqslant122$mm，$h\geqslant170$mm。

2.6 $\sigma_{1}=40.8$MPa$<[\sigma]$，$\sigma_{2}=73.8$MPa$<[\sigma]$，满足强度要求。

2.7 $[F]=24$kN。

2.8 $a\geqslant228$mm，$b\geqslant398$mm。

2.9 $F_{NAD}=F_{NCD}=40$kN，$\sigma=100$MPa$<[\sigma]$，安全。

2.10 $d\geqslant22.6$mm。

2.11 $\Delta l=-0.2$mm（缩短）。

2.12 $\sigma=280$MPa，$\Delta l=0.794$mm（伸长）。

2.13 $F=21.2$kN，$\theta=10.9°$。

2.14 $\delta_{A}=0.249$mm。

2.15 $\sigma_{tmax}=\dfrac{2F}{3A}$，$\sigma_{cmax}=-\dfrac{F}{3A}$。

2.16 $\sigma_{1}=66.7$MPa，$\sigma_{2}=133.3$MPa，安全。

2.17 $A_{1}=A_{2}\geqslant2450$mm，$A_{3}\geqslant1225$mm。

2.18 $F_{N1}=F_{N3}=5.33$kN，$F_{N2}=-10.67$kN。

2.19 $\tau=8$MPa；$\sigma_{bs}=200$MPa。

2.20 $d\geqslant15$mm。

2.21 $\sigma=125$MPa，$\tau=99.5$MPa，$\sigma_{bs}=125$MPa，安全。

2.22 $F\leqslant1100$kN。

2.23 $l\geqslant119$mm。

第三章

3.1 略。

3.2 略。

3.3 $\tau_A = 35\text{MPa}$，$\tau_{max} = 87.6\text{MPa}$。

3.4 $\tau_{max} = 135.3\text{MPa}$。

3.5 $\tau_A = 63.7\text{MPa}$，$\tau_{min} = 42.4\text{MPa}$，$\tau_{max} = 84.9\text{MPa}$。

3.6 $d \leqslant 90.85\text{mm}$。

3.7 $\tau_{max} = 51.6\text{MPa} < [\tau]$，$\varphi'_{max} = 1.9 \ (°)/\text{m} < [\varphi']$，安全。

3.8 $D = 420\text{mm}$，$d = 252\text{mm}$，空心轴的重量为实心轴的 70.6%。

3.9 $\tau_{max} = 47.7\text{MPa} < [\tau]$，$\varphi'_{max} = 1.71 \ (°)/\text{m} < [\varphi']$，安全。

3.10 (1) $|T|_{max} = 700\text{N} \cdot \text{m}$；(2) $d \geqslant 35.5\text{mm}$；(3) 不合理。

3.11 (1) 略；(2) $\tau_{max} = 12.1\text{MPa}$；(3) $\varphi_{AC} = -7.55 \times 10^{-4}\text{rad}$。

3.12 $d_1 \geqslant 42.2\text{mm}$，$D_2 \geqslant 43.1\text{mm}$。

3.13 $d_1 \geqslant 73.5\text{mm}$，$d_2 \geqslant 50.3\text{mm}$。

3.14 (1) $\tau_{max} = 46.6\text{MPa}$；(2) $P = 71.7\text{kW}$。

3.15 $\tau_{max} = 71.3\text{MPa} < [\tau]$，$\varphi'_{max} = 2.05 \ (°)/\text{m} > [\varphi']$，刚度不满足要求。

3.16 由强度条件：$d \geqslant 63.4\text{mm}$；由刚度条件：$d \geqslant 68.4\text{mm}$；$\varphi_{AD} = 8.45 \times 10^{-3}\text{rad}$。

3.17 AE 段：$\tau_{max} = 45.2\text{MPa} < [\tau]$，$\varphi'_{max} = 0.462 \ (°)/\text{m} < [\varphi']$；

BC 段：$\tau_{max} = 71.3\text{MPa} < [\tau]$，$\varphi'_{max} = 1.02 \ (°)/\text{m} < [\varphi']$。

3.18 $E = 210\text{GPa}$，$G = 81.8\text{GPa}$，$\mu = 0.32$。

3.19 (1) $d_1 \geqslant 84.6\text{mm}$，$d_2 \geqslant 74.5\text{mm}$；(2) $d \geqslant 84.6\text{mm}$；(3) 主动轮 1 放在从动轮 2、3 之间比较合理。

3.20 $d \geqslant 63\text{mm}$。

3.21 $s \leqslant 39.5\text{mm}$。

第四章

4.1 (a) $F_{S1} = qa$，$M_1 = qa^2$；$F_{S2} = 0$，$M_2 = qa^2$。

(b) $F_{S1} = -\dfrac{3}{2}qa$，$M_1 = -qa^2$；$F_{S2} = 0$，$M_2 = -qa^2$。

(c) $F_{S1} = \dfrac{1}{4}qa$，$M_1 = \dfrac{3}{4}qa^2$；$F_{S2} = -\dfrac{3}{4}qa$，$M_2 = \dfrac{3}{4}qa^2$。

(d) $F_{S1} = 0$，$M_1 = 0$；$F_{S2} = qa$，$M_2 = 0$；$F_{S3} = qa$，$M_3 = 0$。

(e) $F_{S1} = 0$，$M_1 = Fa$；$F_{S2} = -F$，$M_2 = Fa$；$F_{S3} = 0$，$M_3 = 0$。

(f) $F_{S1} = -qa$，$M_1 = -\dfrac{1}{2}qa^2$；$F_{S2} = -qa$，$M_2 = -\dfrac{1}{2}qa^2$；$F_{S3} = 0$，$M_3 = 0$。

(g) $F_{S1} = 2qa$，$M_1 = -\dfrac{3}{2}qa^2$；$F_{S2} = 2qa$，$M_2 = -\dfrac{1}{2}qa^2$。

(h) $F_{S1} = -100\text{N}$，$M_1 = -20\text{N} \cdot \text{m}$；$F_{S2} = -100\text{N}$，$M_2 = -40\text{N} \cdot \text{m}$；$F_{S3} = 200\text{N}$，$M_3 = -40\text{N} \cdot \text{m}$。

4.2 方程式与图略。

(a) $|F_S|_{max} = 3F$，$|M|_{max} = 2Fa$；(b) $|F_S|_{max} = 2qa$，$|M|_{max} = 4qa^2$；

(c) $|F_S|_{max}=F$，$|M|_{max}=Fa$；(d) $|F_S|_{max}=qa$，$|M|_{max}=\dfrac{qa^2}{2}$；

(e) $|F_S|_{max}=qa$，$|M|_{max}=\dfrac{3qa^2}{2}$；(f) $|F_S|_{max}=F$，$|M|_{max}=Fa$；

(g) $|F_S|_{max}=F$，$|M|_{max}=Fa$；(h) $|F_S|_{max}=qa$，$|M|_{max}=qa^2$；

(i) $|F_S|_{max}=qa$，$|M|_{max}=\dfrac{3}{2}qa^2$；(j) $|F_S|_{max}=qa$，$|M|_{max}=qa^2$；

(k) $|F_S|_{max}=qa$，$|M|_{max}=\dfrac{1}{2}qa^2$；(l) $|F_S|_{max}=qa$，$|M|_{max}=\dfrac{5}{4}qa^2$；

(m) $|F_S|_{max}=\dfrac{11}{6}qa$，$|M|_{max}=qa^2$；(n) $|F_S|_{max}=\dfrac{3}{2}qa$，$|M|_{max}=2qa^2$；

(o) $|F_S|_{max}=qa$，$|M|_{max}=\dfrac{3}{4}qa^2$；(p) $|F_S|_{max}=\dfrac{13}{8}qa$，$|M|_{max}=\dfrac{11}{8}qa^2$。

4.3　图略。

(a) $|F_S|_{max}=22kN$，$|M|_{max}=20kN\cdot m$；(b) $|F_S|_{max}=30kN$，$|M|_{max}=30kN\cdot m$；

(c) $|F_S|_{max}=45kN$，$|M|_{max}=127.5kN\cdot m$；(d) $|F_S|_{max}=1.4kN$，$|M|_{max}=6.8kN\cdot m$；

(e) $|F_S|_{max}=30kN$，$|M|_{max}=60kN\cdot m$；(f) $|F_S|_{max}=20kN$，$|M|_{max}=820kN\cdot m$。

4.4　图略。

(a) $|F_S|_{max}=26kN$，$|M|_{max}=36kN\cdot m$；(b) $|F_S|_{max}=15kN$，$|M|_{max}=10kN\cdot m$。

4.5　略。

4.6　略。

4.7　略。

4.8　图略。

(a) $|M|_{max}=30kN\cdot m$；(b) $|M|_{max}=\dfrac{1}{8}qa^2$。

4.9　利用平衡方程$\sum M_B=0$求支座约束力F_{RA}时，三角形分布载荷对B点的力矩，等于载荷面积与其形心到B点距离的乘积。这样，由$\sum M_B=0$得

$$F_{RA}l-\frac{q_0 l}{2}\times\frac{l}{3}=0$$

$$F_{RA}=\frac{q_0 l}{6}$$

同理，由$\sum M_A=0$可以求得$F_{RB}=\dfrac{q_0 l}{3}$

以A端为坐标原点，在坐标为x的截面上，载荷集度为

$$q(x)=q_0\frac{x}{l}$$

在这一截面的左侧，分布载荷的合力等于图中画阴影线的三角形的面积。截面上的剪力和弯

矩分别为

$$F_S(x) = F_{RA} - \frac{q(x)x}{2} = \frac{q_0 l}{6} - \frac{q_0 x^2}{2l} \tag{a}$$

$$M(x) = F_{RA}x - \frac{q(x)x}{2} \times \frac{x}{3} = \frac{q_0 lx}{6}(1 - \frac{x^2}{l^2}) \tag{b}$$

由式（a）和式（b）作剪力图和弯矩图如下。

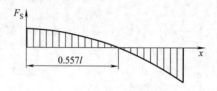

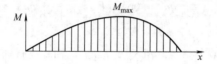

最大弯矩发生于 $F_S(x) = 0$ 的截面上，令式（a）等于零

$$\frac{q_0 l}{6} - \frac{q_0 x^2}{2l} = 0$$

由此解得

$$x = \frac{l}{\sqrt{3}} = 0.577l$$

代入式（b），求出最大弯矩为

$$M_{max} = \frac{q_0 l^2}{9\sqrt{3}} = \frac{q_0 l^2}{15.59}$$

在式（b）中令 $x = \frac{l}{2}$，求出跨度中点截面上的弯矩为

$$M_{1/2} = \frac{q_0 l^2}{16}$$

可见，M_{max} 与 $M_{1/2}$ 相差很小，故可用跨度中点截面上的弯矩代替最大弯矩。

还可以用另一种方法求解。由公式（4.3），并注意到向下的 $q(x)$ 为负，有

$$\frac{d^2 M(x)}{dx^2} = \frac{dF_S(x)}{dx} = q(x) = -q_0 \frac{x}{l}$$

将上式两端积分两次，得

$$\frac{dM(x)}{dx} = F_S(x) = -\frac{q_0}{2l}x^2 + C \tag{c}$$

$$M(x) = -\frac{q_0}{6l}x^3 + Cx + D \tag{d}$$

两端为铰支座，弯矩应等于零，故有以下边界条件：

$$x = 0 \text{ 时}, \quad M(x) = 0$$
$$x = l \text{ 时}, \quad M(x) = 0$$

使式（c）、式（d）两式满足以上边界条件，得

$$C = \frac{q_0 l}{6}, \quad D = 0$$

代回式（c）和式（d），便得到剪力方程和弯矩方程。

4.10　在小变形的情况下，用变形前的位置计算约束力和弯矩，它们都与外力成线性关系，所以可以进行叠加。例如，由平衡方程求出约束力为

$$F_{RA} = \frac{ql}{2} + \frac{Fb}{l}, \quad F_{RB} = \frac{ql}{2} + \frac{Fa}{l}$$

显然，F_{RA} 和 F_{RB} 中的两项分别是 q 和 F 各自单独作用时的约束力，两者叠加即为 $\boldsymbol{q}$ 和 $\boldsymbol{F}$ 联合作用时的约束力。

AC 和 CB 两端内的弯矩分别为

AC 段：
$$M = \left(\frac{ql}{2}x - \frac{q}{2}x^2\right) + \frac{Fb}{l}x$$

CB 段：
$$M = \left(\frac{ql}{2}x - \frac{q}{2}x^2\right) + \frac{Fa}{l}(l-x)$$

以上两式右边的两项，分别是 q 和 F 各自单独作用时的弯矩，两者叠加就是 q 和 F 联合作用时的弯矩。因此，作弯矩图也就可以用叠加法，例如，当 $F = ql$，$a = \frac{3}{5}l$，$b = \frac{2}{5}l$ 时，q 和 F 各自单独作用下的弯矩图如图 4.29（e）和（f）所示，两者叠加，得 q 和 F 共同作用下的弯矩图，如图 4.29（d）所示。

当然，作剪力图和轴力图也可利用叠加法。

4.11　$a/l = 0.2$。

4.12　当轮 C 与支座 A 的距离为 $x = \frac{l}{2} - \frac{d}{4}$ 时，最大弯矩的作用截面在 C 轮处，最大值为 $M_{max} = \frac{F}{2}(l-d) + \frac{Fd^2}{8l}$；而当轮 D 与支座 B 的距离为 $\frac{l}{2} - \frac{d}{4}$ 时，最大弯矩的作用截面在 D 轮处，最大值仍为 $M_{max} = \frac{F}{2}(l-d) + \frac{Fd^2}{8l}$。

4.13　(a) $|M|_{max} = \frac{FR}{2}$；(b) $|M|_{max} = \frac{FR}{2}$。

第五章

5.1　实心轴 $\sigma_{max} = 159\text{MPa}$，空心轴 $\sigma_{max} = 93.6\text{MPa}$；空心轴比实心轴的最大正应力减少 41%。

5.2　$\sigma = 100\text{MPa}$。

5.3　$\sigma_1 = 160.26\text{kN} \cdot \text{m}$，$\sigma_2 = 148.09\text{kN} \cdot \text{m}$。

5.4　略。

5.5　$F = 56.8\text{kN}$。

5.6　$\sigma_{t\,max} = 30\text{MPa} < [\sigma]$。

5.7　$\sigma_{max} = 6.25\text{MPa} < [\sigma]$，$\tau_{max} = 0.375\text{MPa} < [\tau]$。

5.8　$\sigma_{c\,max} = 59.8\text{MPa}$，$\sigma_{t\,max} = 33.6\text{MPa} < [\sigma_t]$，$\sigma_B = 28.3\text{MPa}$。

5.9 $b \geqslant 277\text{mm}$, $h \geqslant 416\text{mm}$。

5.10 $d_{\text{mix}} = \sqrt{\dfrac{bh\,[\sigma]}{\pi\,[\tau]}}$, $\sigma_{\max} = \dfrac{M_{\max}}{2W'} = \dfrac{12PL}{bh^2}$, $[q] \leqslant \dfrac{bh^2\,[\sigma]}{6L}$（用螺栓连接后）。

5.11 $b = 32.76\text{mm}$。

5.12 $q = 15.68\text{kN}$，如果按照杆计算 $q = 22.34\text{kN}$。

5.13 $q = 9.58\text{kN/m}$。

5.14 $\sigma_{\max} = 95.7\text{MPa} < [\sigma]$，满足强度要求。

5.15 $F = 44.3\text{kN}$。

5.16 $a = b = 2\text{m}$, $F \leqslant 14.8\text{kN}$。

5.17 $\sigma_{\max} = 102\text{MPa}$, $\tau_{\max} = 3.39\text{MPa}$。

5.18 $h = \sqrt{\dfrac{3q}{b\,[\sigma]}}\,x$。

5.19 $\sigma_{\max} = 142\text{MPa}$, $\tau_{\max} = 18.1\text{MPa}$。

5.20 $F = 3.2\text{kN}$。

5.21 $\delta = \dfrac{3Fl^2}{4Ebh^2}$。

第六章

6.1 略

6.2 (a) $\theta_A = -\dfrac{3ql^3}{128EI}$, $\theta_B = \dfrac{7ql^3}{384EI}$, $w_{1/2} = -\dfrac{5ql^4}{786EI}$, $w_{\max} = -\dfrac{5.04ql^4}{786EI}$;

    (b) $\theta_A = -\dfrac{7q_0 l^3}{360EI}$, $\theta_B = \dfrac{q_0 l^3}{45EI}$, $w_{1/2} = -\dfrac{5q_0 l^4}{786EI}$, $w_{\max} = -\dfrac{5.01q_0 l^4}{786EI}$;

    (c) $\theta_A = -\theta_B = -\dfrac{qa^3}{6EI}$, $w_{1/2} = w_{2a} = -\dfrac{19qa^4}{8EI}$;

    (d) $\theta_A = -\theta_B = -\dfrac{Fl^2}{16EI}$, $w_{1/2} = -\dfrac{Fl^3}{48EI}$。

6.3 (a) $\theta_B = \dfrac{ml}{EI}$, $w_B = \dfrac{ml^2}{2EI}$; (b) $\theta_B = -\dfrac{ql^3}{6EI}$, $w_B = -\dfrac{ql^4}{8EI}$;

    (c) $\theta_B = -\dfrac{5qa^3}{6EI}$, $w_B = -\dfrac{2qa^4}{3EI}$; (d) $\theta_B = -\dfrac{3Fa^2}{2EI}$, $w_{\text{中}} = -\dfrac{4Fa^3}{3EI}$。

6.4 $w_B = -\dfrac{1}{2R}\left(L^2 - \dfrac{E^2 L^2}{3F^2 R^2}\right)$。

6.5 (a) $\theta_B = \dfrac{ma}{EI}$, $w_B = \dfrac{3ma^2}{2EI}$; (b) $\theta_B = -\dfrac{qa^3}{6EI}$, $w_B = -\dfrac{7qa^4}{24EI}$。

6.6 (a) $\theta_B = -\dfrac{5Fl^2}{16EI}$, $w_B = -\dfrac{3Fl^3}{16EI}$; (b) $\theta_B = -\theta_A = \dfrac{5Fl^2}{128EI}$, $w_C = -\dfrac{3Fl^2}{256EI}$。

6.7 (a) $\theta_B = -\dfrac{5Fl^2}{16EI}$, $w_B = -\dfrac{3Fl^3}{16EI}$; (b) $\theta_B = -\theta_A = \dfrac{5Fl^2}{128EI}$, $w_C = -\dfrac{3Fl^2}{256EI}$。

6.8 $\theta_B = \dfrac{F_2 l^2}{16EI} - \dfrac{F_1 al}{3EI}$, $w_D = \dfrac{F_2 al}{16EI} - \dfrac{F_1 a^2(l+a)}{3EI}$。

6.9　(a) $w_B=\dfrac{57qa^4}{24EI}$，$\theta_B=\dfrac{11qa^3}{6EI}$；　(b) $w_B=-\dfrac{7Fa^2}{2EI}$，$\theta_B=-\dfrac{5Fa^2}{2EI}$。

6.10　(a) $w_B=-\dfrac{11Fa^3}{6EI}$，$\theta_C=\dfrac{3Fa^2}{2EI}$。　(b) $w_B=-\dfrac{5ql^4}{768EI}$，$\theta_C=\dfrac{7ql^3}{384EI}$。

6.11　(a) $w_C=-\dfrac{5qa^4}{24EI}$，$\theta_C=-\dfrac{qa^3}{4EI}$；

(b) $w_C=\dfrac{qal^2}{24EI}(5l+6a)$，$\theta_C=\dfrac{ql^2}{24EI}(5l+12a)$；

(c) $w_C=-\dfrac{Fa^2}{3EI}(l+a)$，$\theta_C=-\dfrac{Fa}{6EI}(3a+2l)$；

(d) $w_C=-\dfrac{qa}{24EI}(3a^2+4a^2l-l^2)$，$\theta_C=-\dfrac{q}{24EI}(4a^3+4a^2l-l^3)$。

6.12　$w_C=-\dfrac{4Fa^3}{3EI}$，$\theta_A=\dfrac{4Fa^2}{3EI}$。

6.13　(a) $F_C=\dfrac{5ql}{4}$，$F_A=F_B=\dfrac{3ql}{8}$；

(b) $F_C=\dfrac{5F}{2}$，$F_A=-\dfrac{3F}{2}$，$m_A=-\dfrac{Fa}{2}$；

(c) $m_A=\dfrac{3Fa}{8}$，$F_B=\dfrac{5F}{16}$，$F_A=\dfrac{11F}{16}$；

(d) $F_B=-\dfrac{9m}{16a}$，$F_A=\dfrac{9m}{16a}$，$m_A=\dfrac{m}{8}$。

6.14　(a) $M_B=\dfrac{3EI}{2l^2}\delta$，(b) $M_B=-\dfrac{3EI}{l^2}\delta$。

6.15　$F_B=\dfrac{Fa^2}{2l^3}(3l-a)$。

6.16　$\sigma_{max}=108MPa$，$\sigma_{BC}=31.8MPa$，$\delta_{Cy}=8.03mm$。

6.17　$F_G=\dfrac{5qa}{12}$，$M_G=\dfrac{5qa^2}{12}$，$w_{max}=-\dfrac{5qa^4}{72}$。

6.18　$\theta_C=-\left(\dfrac{1}{6}+\dfrac{\sqrt{2}}{12}\right)\dfrac{qa^3}{EI}$。

6.19　(1) $F_{N1}=\dfrac{F}{5}$，$F_{N2}=\dfrac{2F}{5}$；

(2) $F_{N1}=\dfrac{(3lI+2a^3A)}{15lI+2a^3A}F$，$F_{N2}=\dfrac{6lI}{15lI+2a^3A}F$。

6.20　$F_C=\dfrac{11}{16}F$，$F_B=\dfrac{13}{32}F$，$F_A=-\dfrac{3}{32}F$。

6.21　$\delta_x=\dfrac{Fal^2}{2EI}$，$\delta_y=-\dfrac{Fa^2(a+3l)}{3EI}$。

6.22　$F_C=-F_A=\dfrac{3}{8}F$，$m_A=\dfrac{5}{8}Fa$。

6.23　$F_C=\dfrac{5}{16}ql$，$F_B=-\dfrac{ql}{32}$，$F_A=\dfrac{7}{32}ql$。

6.24　(1) $\sigma'_{max}=\dfrac{1}{4}\sigma_{max}$，$w'_{max}=\dfrac{1}{8}w_{max}$；

(2) $\sigma''_{max}=\dfrac{1}{2}\sigma_{max}$，$w''_{max}=\dfrac{1}{2}w_{max}$；

(3) $\sigma'''_{max}=2\sigma_{max}$，$w'''_{max}=8w_{max}$。

第七章

7.1　(a) $\sigma_\alpha=20.2\text{MPa}$，$\tau_\alpha=14.3\text{MPa}$；(b) $\sigma_\alpha=35.2\text{MPa}$，$\tau_\alpha=-30.3\text{MPa}$；

(c) $\sigma_\alpha=17.3\text{MPa}$，$\tau_\alpha=44.6\text{MPa}$；(d) $\sigma_\alpha=10.0\text{MPa}$，$\tau_\alpha=34.6\text{MPa}$；

(e) $\sigma_\alpha=27.4\text{MPa}$，$\tau_\alpha=-14.5\text{MPa}$；(f) $\sigma_\alpha=-62.5\text{MPa}$，$\tau_\alpha=-21.7\text{MPa}$。

7.2　(a) $\sigma_1=62.4\text{MPa}$，$\sigma_2=17.6\text{MPa}$，$\alpha_0=-31.7°$或$58.3°$，$\tau_{max}=22.4\text{MPa}$；

(b) $\sigma_1=64.1\text{MPa}$，$\sigma_3=-14.1\text{MPa}$，$\alpha_0=-25.1°$或$64.9°$，$\tau_{max}=39.1\text{MPa}$；

(c) $\sigma_1=30\text{MPa}$，$\sigma_3=-30\text{MPa}$，$\alpha_0=45°$或$135°$，$\tau_{max}=30\text{MPa}$；

(d) $\sigma_1=45.7\text{MPa}$，$\sigma_3=-30.7\text{MPa}$，$\alpha_0=15.8°$或$105.8°$，$\tau_{max}=38.2\text{MPa}$；

(e) $\sigma_1=12\text{MPa}$，$\sigma_3=-52\text{MPa}$，$\alpha_0=-25.7°$或$64.3°$，$\tau_{max}=32\text{MPa}$；

(f) $\sigma_1=51.1\text{MPa}$，$\sigma_3=-41.1\text{MPa}$，$\alpha_0=6.3°$或$96.3°$，$\tau_{max}=46.1\text{MPa}$。

7.3　(a) $\sigma_\alpha=0\text{MPa}$，$\tau_\alpha=20\text{MPa}$；(b) $\sigma_\alpha=33.8\text{MPa}$，$\tau_\alpha=18.0\text{MPa}$；

(c) $\sigma_\alpha=-72.1\text{MPa}$，$\tau_\alpha=1.7\text{MPa}$。

7.4　(a) $\sigma_1=90\text{MPa}$，$\sigma_2=30\text{MPa}$；(b) $\sigma_1=74.3\text{MPa}$，$\sigma_3=-114.3\text{MPa}$；

(c) $\sigma_1=76.5\text{MPa}$，$\sigma_2=45.5\text{MPa}$。

7.5　用一假想截面，沿单元体左侧将容器分为两个部分，取右半部分为研究对象 [图 7.28 (b)]。考察其在水平方向的平衡，则有作用在圆筒横截面上的内力等于作用在右端筒底的总压力，即

$$\sigma'\pi D\delta=p\,\frac{\pi D^2}{4}$$

整理得轴向正应力为

$$\sigma'=\frac{pD}{4\delta}$$

在研究周向正应力时，用相距为 l 的两个横截面与一个包含轴线的水平面从圆筒中截取一部分为研究对象 [图 7.28 (c)]。考察其在铅垂方向的平衡，则有作用在两个纵向截面上的内力之和等于作用于所取部分内压力沿铅垂方向的合力 [图 7.28 (d)]。由图易知，作用在两个纵向截面上的内力之和为 $2\sigma''l\delta$。而作用于所取部分内压力沿铅垂方向的合力按如下方法确定。

对应角 φ 的增量 $d\varphi$ 的微面积为 $l\dfrac{D}{2}d\varphi$，其上作用的压力为 $pl\dfrac{D}{2}d\varphi$。它在铅垂方向的投影为 $pl\dfrac{D}{2}d\varphi\sin\varphi$。通过积分可求得合力为

$$\int_0^\pi pl\,\frac{D}{2}\sin\varphi d\varphi=plD$$

铅垂方向平衡，即有

$$2\sigma''l\delta=plD$$

整理得周向正应力为

$$\sigma'' = \frac{pD}{2\delta}$$

图 7.28（a）中单元体为平面应力状态。圆筒部分横截面受轴向拉伸，故轴向正应力 σ' 作用的截面上，即横截面上无切应力；又因为内压力是轴对称载荷，所以在周向正应力 σ'' 作用的纵向截面上也没有切应力。故图（a）中的单元体即为主单元体，上面求出的两个正应力即为主应力。它们分别为

$$\sigma_1 = \sigma'' = \frac{pD}{2\delta}, \quad \sigma_2 = \sigma' = \frac{pD}{4\delta}$$

7.6　$\sigma_\alpha = 87.5\text{MPa}$，$\tau_\alpha = -21.7\text{MPa}$。

7.7　1 点：$\sigma_1 = 180\text{MPa}$，$\sigma_2 = \sigma_3 = 0\text{MPa}$；2 点：$\sigma_1 = 95.3\text{MPa}$，$\sigma_2 = 0\text{MPa}$，$\sigma_3 = -5.3\text{MPa}$；3 点：$\sigma_1 = 30\text{MPa}$，$\sigma_2 = 0\text{MPa}$，$\sigma_3 = -30\text{MPa}$。

7.8　$\sigma_\alpha = 0.23\text{MPa}$，$\tau_\alpha = -0.39\text{MPa}$。

7.9　$\sigma_\alpha = 53.2\text{MPa}$，$\tau_\alpha = 18.8\text{MPa}$。

7.10　在例 7.2 中已对纯剪切应力状态进行过研究（图 7.6），其结论为：σ_1 发生在方位角 $\alpha_0 = -45°$ 的斜截面上，其大小为 $\sigma_1 = \tau$；σ_3 发生在方位角 $\alpha_0 = 45°$ 的斜截面上，其大小为 $\sigma_3 = -\tau$。注意到 $\sigma_2 = 0$，将以上三个主应力代入到广义胡克定律 [式（7.20）] 中，得 σ_1 方向的主应变为

$$\varepsilon_1 = \frac{1}{E}(\sigma_1 - \mu\sigma_3) = \frac{1+\mu}{E}\tau \qquad (a)$$

对于图 7.6 所示的单元体，有 $\sigma_x = 0$，$\sigma_y = 0$，$\tau_{xy} = \tau$。将上述结果代入到广义胡克定律的式（7.18）和式（7.19）中，得

$$\varepsilon_x = 0, \ \varepsilon_y = 0, \ \gamma_{xy} = \frac{\tau_{xy}}{G} \qquad (b)$$

将式（b）代入式（7.12），并令 $\alpha = \alpha_0 = -45°$，再次求得 σ_1 方向的主应变为

$$\varepsilon_1 = \frac{1}{2G}\tau \qquad (c)$$

令式（a）与式（c）相等，即可得到

$$G = \frac{E}{2(1+\mu)}$$

证毕。

7.11　略。

7.12　(a) $\sigma_1 = 106.1\text{MPa}$，$\sigma_2 = 33.9\text{MPa}$，$\sigma_3 = -50\text{MPa}$，$\tau_{max} = 78.1\text{MPa}$；
　　　(b) $\sigma_1 = 50\text{MPa}$，$\sigma_2 = 30\text{MPa}$，$\sigma_3 = -30\text{MPa}$，$\tau_{max} = 40\text{MPa}$；
　　　(c) $\sigma_1 = 41.1\text{MPa}$，$\sigma_2 = 40\text{MPa}$，$\sigma_3 = -51.1\text{MPa}$，$\tau_{max} = 46.1\text{MPa}$。

7.13　$\varepsilon_x = 380\times10^{-6}$，$\varepsilon_y = 250\times10^{-6}$，$\gamma_{xy} = 650\times10^{-6}$，$\varepsilon_{30°} = 66\times10^{-6}$。

7.14　$\sigma_1 = 0\text{MPa}$，$\sigma_2 = -30\text{MPa}$，$\sigma_3 = -100\text{MPa}$。

7.15　$\Delta l_{AC} = 12.4\times10^{-3}\text{mm}$。

7.16　$\sigma_{r3} = 900\text{MPa}$，$\sigma_{r4} = 876.1\text{MPa}$。

7.17　$\sigma_{r3} = 250\text{MPa} < [\sigma]$，$\sigma_{r4} = 229.1\text{MPa} < [\sigma]$。

7.18　按第三强度理论得 $p = 1.2\text{MPa}$；

按第四强度理论得 $p=1.39\mathrm{MPa}$。

第八章

8.1 $\sigma_B=7.5\mathrm{MPa}$，$\sigma_C=15\mathrm{MPa}$（压）。

8.2 $\sigma_C=0.875\mathrm{MPa}$（压）。

8.3 $d=128\mathrm{mm}$。

8.4 $\sigma_C=214.1\mathrm{MPa}$。

8.5 $\sigma_{\mathrm{tmax}}=163.3\mathrm{MPa}>[\sigma]$，强度不满足要求；

$\sigma=133.3\mathrm{MPa}<[\sigma]$，强度满足要求。

8.6 $x=5.2\mathrm{mm}$。

8.7 $F=12.6\mathrm{kN}$。

8.8 $F=18.38\mathrm{kN}$，$e=1.785\mathrm{mm}$。

8.9 $\sigma_{\max}=91.5\mathrm{MPa}<[\sigma]$，强度满足要求。

8.10 $\sigma_{\max}=8.02\mathrm{MPa}<[\sigma]$，强度满足要求。

8.11 （1）外力分析 不计自重情况下，CD 杆为二力杆，它对于横梁 AB 的作用力 F_D 为拉力 ［图 8.26（b）］，将其分解为两个分量 F_{Dx} 和 F_{Dy}，图示方向即为它们的实际方向。由此，可以容易地画出 A 端约束力 F_{Ax} 和 F_{Ay} 的实际方向。

三个横向力 F_{Ay}、F_{Dy} 和 W 产生弯曲，由杠杆原理可得

$$F_{Ay}=6\mathrm{kN}, F_{Dy}=18\mathrm{kN}$$

又由于

$$\tan\theta=\frac{AC}{AD}=\frac{900\mathrm{mm}}{2000\mathrm{mm}}=\frac{F_{Dy}}{F_{Dx}}$$

可得

$$F_{Dx}=40\mathrm{kN}$$

两个轴向力 F_{Dx} 和 F_{Ax} 产生压缩。研究横梁 AB 水平方向平衡，由 $\sum F_x=0$ 可求出 $F_{Ax}=40\mathrm{kN}$。

（2）内力分析 由以上分析可知，横梁 AB 受弯压组合变形作用。相应地绘制轴力图 ［图 8.26（c）］和弯矩图 ［图 8.26（d）］。可见，危险截面位于 D 的左截面，对应的轴力和弯矩分别为

$$F_N=-40\mathrm{kN}$$
$$M_{\max}=-12\mathrm{kN}\cdot\mathrm{m}$$

（3）强度计算 危险点位于 D 的左截面的下边缘，其应力的大小为

$$\sigma_{\mathrm{cmax}}=\left|\frac{F_N}{A}+\frac{M_{\max}}{W}\right| \tag{a}$$

工字钢的型号本应由弯压组合变形情况下的强度条件确定，即令式（a）所表示的最大工作应力小于或等于许用应力，由此得

$$\sigma_{\mathrm{cmax}}=\left|\frac{F_N}{A}+\frac{M_{\max}}{W}\right|\leqslant[\sigma] \tag{b}$$

但式（b）中存在两个未知量，故无法直接得到结果。这里采用试算法进行求解，其具体操作如下。首先，忽略轴力 F_N 的作用，仅根据弯曲强度条件选取工字钢，这样就可以由

型钢表查出试选的工字钢的横截面面积 A 和抗弯截面系数 W。然后，将这两个数值代回到式（b）中进行验算。如果符合，表明试算结果即为所求；如不符合，则选取更大尺寸的工字钢直至满足强度条件为止。

对于本例，由弯曲强度条件得

$$W \geqslant \frac{M_{max}}{[\sigma]} = \frac{12 \times 10^3 \text{ N} \cdot \text{m}}{100 \times 10^6 \text{ Pa}} = 12 \times 10^{-5} \text{ m}^3 = 120 \text{cm}^3$$

查型钢表，可以确定符合条件的工字钢型号为 16 号，其横截面面积和抗弯截面系数分别为

$$A = 26.131 \text{cm}^2$$
$$W = 141 \text{cm}^3$$

将以上两式代回到式（a）中，得

$$\sigma_{cmax} = \left| \frac{F_N}{A} + \frac{M_{max}}{W} \right| = \left| \frac{-40 \times 10^3 \text{ N}}{26.131 \times 10^{-4} \text{ m}^2} + \frac{-12 \times 10^6 \text{ N} \cdot \text{m}}{141 \times 10^{-6} \text{ m}^3} \right| = 100.4 \times 10^6 \text{ Pa}$$

$$= 100.4 \text{MPa}$$

计算结果表明，最大压应力与许用应力相当接近，故无需重新选择。

8.12　$d = 70$mm。

8.13　$\sigma_{r3} = 101.9$MPa $<[\sigma]$，强度满足要求。

8.14　$d \geqslant 23.6$mm。

8.15　$b = 298.4$mm。

8.16　$\sigma_{r4} = 128.8$MPa $<[\sigma]$，强度满足要求。

8.17　(1) $\sigma_1 = 3.11$MPa，$\sigma_2 = 0$MPa，$\sigma_3 = -0.22$MPa，$\tau_{max} = 1.67$MPa；

　　　(2) $\sigma_{r3} = 3.33$MPa $<[\sigma]$，强度满足要求。

第九章

9.1　(1) $F_{cr} = 37.8$kN；(2) $F_{cr} = 51.3$kN；(3) $F_{cr} = 5571$kN。

9.2　$\sigma_{cr} = 20.54$MPa。

9.3　$F_{cr} = 401.7$kN，$\sigma_{cr} = 666.0$MPa。

9.4　1 杆：$F_{cr} = 2540$kN；

　　　2 杆：$F_{cr} = 4705$kN；

　　　3 杆：$F_{cr} = 4825$kN。

9.5　许可载荷 $F = 771$kN。

9.6　$\sigma_{cr} = 7.40$MPa。

9.7　$n = 8.28 > n_{st}$，安全。

9.8　$\theta = \arctan(\cot^2 \beta)$。

9.9　$F = 7.5$kN。

9.10　$n = 3.27$。

9.11　最高温度 $T = 91.7$℃。

9.12　略。

第十章

10. 1　$\sigma_d = \dfrac{1}{A}\left[F_1 + \dfrac{x}{l}(F_2 - F_1)\right]$。

10. 2　梁中央截面上的最大应力增量 $\Delta\sigma_{max} = 15.6\text{MPa}$；
吊索应力的增量 $\Delta\sigma_{max} = 2.55\text{MPa}$。

10. 3　$\sigma_{dmax} = 6.67\text{MPa}$。

10. 4　$\tau_{dmax} = 19.5\text{MPa}$。

10. 5　CD 杆：$\sigma_{dmax} = 2.27\text{MPa} < [\sigma]$，安全；
AB 轴：$\sigma_{dmax} = 68.2\text{MPa} < [\sigma]$，安全。

10. 6　$M_{dmax} = \dfrac{Pl}{3}\left(1 + \dfrac{b\omega^2}{3g}\right)$。

10. 7　$\sigma_{dmax} = \dfrac{2Pl}{9W}\left(1 + \sqrt{1 + \dfrac{243EIh}{2Pl^3}}\right)$，

$\omega_{1/2} = \dfrac{23Pl^3}{1296EI}\left(1 + \sqrt{1 + \dfrac{243EIh}{2Pl^3}}\right)$。

10. 8　有弹簧时 $h = 308\text{mm}$，无弹簧时 $h = 7.64\text{mm}$。

10. 9　(1) $\sigma_{st} = 0.0283\text{MPa}$；

(2) $\sigma_d = 6.9\text{MPa}$；

(3) $\sigma_d = 1.2\text{MPa}$。

10. 10　$\sigma_{dmax} = 12.5\text{MPa}$。

10. 11　$\sigma_{dmax} = \sqrt{\dfrac{3EIv^2p}{gaW^2}}$。

10. 12　$n = 2.3 < n_{st}$。

第十一章

11. 1　$\dfrac{7P^2l}{6EA}$。

11. 2　$\dfrac{7qa^4}{24EI}$ $(\downarrow)$，$\dfrac{qa^3}{6EI}$ $(\curvearrowleft)$。

11. 3　$\dfrac{3M_0l}{4EI}$ $(\curvearrowleft)$。

11. 4　$\dfrac{1.9Pl}{EA}$ $(\downarrow)$。

11. 5　$\delta_{Ax} = \dfrac{Pbh^2}{2EI}$ $(\rightarrow)$，$\delta_{Ay} = \dfrac{-Pabh}{EI}$ $(\uparrow)$，$\theta_A = \dfrac{Pbh}{EI}$ $(\curvearrowleft)$。

11. 6　略。

11. 7　$V_{\varepsilon min} = \dfrac{F^2l}{3EA}$。

11. 8　$w_C = l(F_1^2 - 2F_1F_2 + 3F_2^2/2)/(EA)$。

11.9 （1）$2F_1/3$；

（2）$F_1^2 l/(3EA)$。

11.10 $\dfrac{2ql^4}{3EI}$（↓），$\dfrac{ql^3}{3EI}$（逆时针）。

11.11 $\dfrac{7qa^4}{3EI}$（↓），$\dfrac{3qa^3}{2EI}$（逆时针）。

11.12 利用功的互等定理，在 A 处施加一个数值等于 F 的力偶 M，并测出这时 C 处的挠度 w_C，则此值即为欲测之力 F 作用下的 θ_A。

11.13 根据位移互等定理，只需将载荷 F 移至 B 点，此时可测得 A 点的挠度，其值应与 F 作用在 A 点时引起 B 点的挠度相等。

11.14 $\dfrac{16q_0 l^4}{405EI}$（↓）。

11.15 $\dfrac{2Fa^3}{3EI}+\dfrac{8\sqrt{2}\,Fa}{EA}$。

11.16 $\theta_{AC}=\dfrac{7qa^3}{12EI}$。

11.17 $\left(\dfrac{a^2+b^2}{6}-\dfrac{a^3+b^3}{8l}\right)\dfrac{Fab}{EI}$。

11.18 $\theta_A=\dfrac{7q_0 l^3}{360EI}$（顺时针），$\theta_B=\dfrac{q_0 l^3}{45EI}$（逆时针）。

11.19 $\dfrac{M_e a^2}{3EI}$（→），$\dfrac{M_e a}{6EI}$（逆时针）。

第十二章

12.1 （a）$M_{AB}=\dfrac{ql^2}{12}$，$Q_{AB}=\dfrac{ql}{2}$；

（b）$M_{AB}=\dfrac{ql^2}{10}$，$Q_{BA}=\dfrac{6ql}{10}$。

12.2 （a）$M_{BC}=\dfrac{15}{7}\text{kN}\cdot\text{m}$，$Q_{BC}=24.6\text{kN}$；

（b）$M_{CB}=145.7\text{kN}\cdot\text{m}$，$N_{BC}=-24.3\text{kN}$；

（c）$M_{AB}=86.2\text{kN}\cdot\text{m}$。

12.3 $F_{Ni}=\dfrac{F}{2}$。

12.4 $N_{AB}=0.415P$。

12.5 $F_{N2}=-82.8\text{kN}$。

12.6 （a）$M_{BC}=100\text{kN}\cdot\text{m}$；

（b）$M_{CD}=92.5\text{kN}\cdot\text{m}$；

（c）$M_{ED}=0.24P$；

（d）$M_{BA}=2.44\text{kN}\cdot\text{m}$。

12.7 $M_A=\dfrac{Fa}{8}$，$F_{SA}=0$，$F_{NA}=\dfrac{F}{2}$。

12.8 $F_{N1}=\dfrac{F\sin^2\alpha\cos\alpha}{1+\cos^3\alpha+\sin^3\alpha}$，$F_{N2}=\dfrac{F\sin^2\alpha}{1+\cos^3\alpha+\sin^3\alpha}$，$F_{N3}=\dfrac{(1+\cos^3\alpha)\,F}{1+\cos^3\alpha+\sin^3\alpha}$。

12.9 略。

12.10 $X_1=\dfrac{29F}{64}-\dfrac{3EI\Delta}{4l^3}$。

12.11 $F_{By}=\dfrac{3}{20}q_0 a$（↑）。

12.12 $X_1=-\dfrac{3}{16}qa$（↔）。

12.13 $F_{Ey}=\dfrac{F}{6}$（↑）。

12.14 $F_{Ay}=\dfrac{3ql}{8}$（↓），最大弯矩在 B 右截面，$|M|_{max}=\dfrac{ql^2}{2}$。

附录一

1. $\bar{y}=19.7\text{mm}$，$\bar{z}=39.7\text{mm}$。

2. $y_C=80\text{mm}$，$z_C=0$。

3. $I_{\text{I}}=1500\text{cm}^4$，$400\text{cm}^4$。

4. $I_z=27.24\text{cm}^4$。

5. $I_{yz}=\dfrac{a^4}{8}$。

6. $S_z=2.8\times10^5\text{mm}^3$。

7. $I_y=\dfrac{bh^3}{12}$，$I_z=\dfrac{hb^3}{12}$。

8. $I_{yx}^{\text{I}}=\dfrac{b^2h^2}{8}$，$I_{yx}^{\text{II}}=\dfrac{h^2b^2}{8}$，$I_{yx}^{矩形}=\dfrac{h^2b^2}{4}$，则 $I_{yx}^{矩形}=2I_{yx}^{\text{II}}=2I_{yx}^{\text{I}}$。

9. (a) $y_C=\dfrac{5}{6}a$，$z_C=\dfrac{5}{6}a$，$I_{1,2}=\dfrac{5}{4}a^4$ 和 $\dfrac{7}{12}a^4$；

    (b) $y_C=41.86\text{mm}$，$z_C=19.36\text{mm}$，$I_{1,2}=0.547\times10^6\text{mm}^4$ 和 $3.293\times10^6\text{mm}^4$。

10. $a=12.56\text{cm}$。

综合练习1

1. ①～⑥BCBBAC，⑦大于，⑧两向应力状态，$\dfrac{1}{W}\sqrt{M^2+0.75T^2}\leqslant[\sigma]$。

2. ① $\sigma=23.89\text{MPa}<[\sigma]$，强度满足要求。

    ② 图略；$\tau_{max}=8\text{MPa}<[\tau]$，符合强度要求。

    ③ $F_{cr}=3131.08\text{kN}$。

3. 图略；$F_A=qa$，$F_B=2qa$，$M_{B-}=-\dfrac{1}{2}qa^2$，$M_{Cmax}=\dfrac{1}{2}qa^2$。

4. ①$F_B=\dfrac{7}{4}F$，$F_A=\dfrac{3F}{4}$（↓），$m_A=\dfrac{Fa}{2}$；②图略。

5. ①$\sigma_{max}=96.57\text{MPa}$，$\sigma_{min}=-16.57\text{MPa}$，$\alpha_0=22.5°$或$-67.5°$；②$\tau_{max}=56.57\text{MPa}$；
③$\sigma_1-\sigma_3=113.14\text{MPa}<[\sigma]$。

6. D 截面：$\sigma_{D\max}^{c}=35\text{MPa}<[\sigma_c]$；

A 截面：$\sigma_{A\max}^{t}=\dfrac{2\times10^6\times70}{6\times10^{-6}\times10^{12}}=23.33\text{MPa}<[\sigma_t]$。

综合练习 2

1.
①B，②单向应力状态，③～⑨DAABDDC。

2.

①$F_1=\dfrac{2}{5}F$，$F_2=\dfrac{4}{5}F$。

②图略；$F_A=\dfrac{9}{4}ql$，$F_B=\dfrac{3}{4}ql$，$M_{max}=\dfrac{81}{32}ql^2$。

③$\tau_{max}=15.92\text{MPa}\leqslant[\tau]$，$\varphi'=0.57°<[\varphi']$。

3.
①$\sigma_{max}=90\text{MPa}$，$\sigma_{min}=-30\text{MPa}$；②$\alpha_0=\pm45°$；③$\tau_{max}=60\text{MPa}$。

4. $\sigma_t=60\text{MPa}<[\sigma_t]$，$\sigma_c=45\text{MPa}<[\sigma_c]$。

5. $\omega_C=-\dfrac{Pa^3}{3EI}$（↓），$\theta_C=0$。

6. $q\leqslant75.58\text{kN/m}$。

参 考 文 献

[1] 刘鸿文，等. 材料力学 [M]. 北京：高等教育出版社，2016.

[2] 单辉祖，谢传锋. 工程力学 [M]. 北京：高等教育出版社，2013.

[3] 王永廉，马景槐. 工程力学 [M]. 北京：机械工业出版社，2018.

[4] 王永廉，汪云祥，等. 工程力学：学习指导与题解 [M]. 北京：机械工业出版社，2014.

[5] 孙训方，方孝淑，等. 材料力学 [M]. 北京：高等教育出版社，2008.

[6] 胡红玉，刘军. 工程力学 [M]. 北京：机械工业出版社，2014.

[7] 张秉荣，等. 工程力学 [M]. 北京：机械工业出版社，2011.

[8] 苟文选. 材料力学 [M]. 北京：科学出版社，2005.